本项目承教育部人文社会科学研究规划基金项目"中国网络广告业的运营现状及发展对策"及南京大学文科基金项目"中国网络媒体：产品差异化战略研究"资助，谨此致谢。

网络媒体经营与管理

大学新闻专业网络传播教材

主　编：巢乃鹏

副主编：李海权

编写者（按姓氏拼音字母为序）：

巢乃鹏　郝剑斌　黄　娴

李海权　吕梦旦　桑蕴倩

王　斌　徐笑古

福建人民出版社

编 写 说 明

今天,网络已作为一种全新的媒介登上了历史舞台。它正在迅速地影响和改变着我们的生存环境和生存方式,无疑,也深刻地改变着新闻传播业,以及与之息息相关的新闻传播教育。

20世纪以来的一百年是传播新技术发展最为迅速的一百年,面对传播新技术的新挑战,我国新闻传播教育也不断做出回应。20世纪上半叶,有了以报学为核心的新闻学;20世纪下半叶,形成涵盖报学、广播电视学和广告学三个专业的新闻传播学。今天,我们面临网络的挑战,又该如何回应呢?

为了寻找这个问题的答案,2001年冬,福建人民出版社组织南京大学、武汉大学、浙江大学、暨南大学、四川大学、厦门大学等南方六所重点高校网络传播教学方面的部分教师汇聚福州,展开了热烈而认真的讨论。最后,大家一致认为进行和完善网络传播教学是回应这一挑战的重要而实用的一项举措。

网络传播教学在今天新闻传播教学中占有非常重要的地位。网络在本质上是媒介,它对社会的冲击首先是对传播业的冲击。处于新闻传播与教育传播交叉点上的新闻传播教育,更是首当其冲。网络给新闻传播教育带来了崭新的教学方法,使学习内容和学习方式发生了重大变化。印刷机奠定的近代教育体系,正经历着一场深刻的变革。尤其重要的是,网络不仅延伸了人类传播的时间与空间,还可能改变许多传统的传播理念,变革报刊、广播与电视等传统传播媒体。了解和应对这些变化是未来传播学者所要肩负的重任。因此,培养具备网络传播知识背景和基本技能的传播人才是当务之急。

网络传播教学的重要性将随着时代的发展越来越突出。然而,开展网络传播教学,困难却不小。其中,一个最主要的原因就是缺少好的教材。网络呼啸而至,来得太快了,令人措手不及;网络日新月异,变化太快了,使人目不暇接。在这样的形势下,部分已有的教材要么在观念上已经有所滞后,要么在题材上已经出现明显的局限。因此,六大高校的学者们决心群策群力,迎难而上,编写出一套较为科学而系统的"大学新闻专业网络传播教材"。这一消息传开,清华大学、上海交通大学、上海外国语学院相关方面的教师纷纷加盟,教材编写队伍不断壮大。

在所有媒体当中网络出现的时间最短,学界的研究还较为零散。各校联袂协作的方式正好可以弥补这一缺陷,并且可以保证质量,提高编写水平。众人拾柴,火势必高,通过协作我们把分散的力量集中起来,在形式上采取统一的体例,在内容上汇集精英思想,把整套教材整合成一个科学的知识系统,从而有效地提高教材的整体水平。

这套教材由网络传播基础与网络传播业务两大方面组成。其中,网络传播基础方面包括网络传播史与网络传播理论。网络传播史的编写,是在电子媒介发展的历史背景下阐述网络的历史,探究其发展规律,分析其发展趋势。网络传播理论,则研究网络传播在计算机科学、人文社会科学视野中的基本理论问题,加深学生对网络现象的理性认识,使他们能从理论的高度上来把握网络时代。网络传播业务方面包括了对网络传播过程中各个业务环节、业务领域基本技能的阐释。从新闻采写,到视音频技术,到网络广告和网站管理,一系列实务化教学内容的导入,可以为学生今后从事新闻事业打下坚实基础。

由于经过了周详的协调与规划,这套"大学新闻专业网络传播教材"既具有系统性的特点,可以集中起来使用,作为网络传播专业的成套教材;每本又具有相对的独立性,可以分散开来使用,作为新闻传播院系基础课程和选修课程的参考教材。再者,它还是各类新闻传播业人士重要的学习参考资料。

网络的哲学是"我变故我在",网络传播的教材当然也要随之不断地变化。这套丛书将力争跟上网络发展的步伐,不断地推出新的版本,以满足广大读者的需求,为新闻传播事业和新闻传播教育的发展和繁荣做出应有的贡献。

目　　录

第一章　网络媒体概述

　　自互联网诞生以来，新闻传播业即与之结下了不解之缘，而当其飞速发展时，网络新闻又显现出了朝气蓬勃的景象，向世界展示了其非凡的魅力和影响力。本章将主要介绍有关网络媒体的基本概念及其在中国发展的历史。中国网络媒体产生、发展的整体环境与全球网络媒体既有着相同之处，也有着明显的不同，即其所经历的战略发展历程也有着自身的模式。因此，在本章中我们着重给大家展现有关中国网络媒体在战略发展、经营管理等方面所经历的各个阶段。

第一节　网络媒体的竞争与发展

　　网络和媒体分别属于两个不同的概念，从他们开始整合为"网络媒体"一词以来，世界信息传播与交流发生了翻天覆地的变化。"网络媒体"这一概念开始逐渐深入人心。我们已经看到，网络与媒体的"联姻"拉动了人类传播史上新的革命。

一、网络媒体及其分类

　　互联网问世以来，网络对人类的生产和生活产生了深远的影响。但是在网络向社会公众开放并接入服务后的相当长一段时间内，没有人试图将网络和媒体联系在一起，即使很多网站的经营者也并没有这样的意识。在中国同样如此，在 1995 年网络向社会公众开放并接入服务后的两年多的时间里，"网络"和"媒体"一直是两个鲜有联系的名词，究其原因，一方面是在中国使用网络的人数偏少，另一方面是网站经营者本身并不具备大规模新闻传播的意识。当 1998 年 1 月 17 日深夜，一个名叫德拉吉的自由撰稿人在他的个人网页上发布了震惊全美舆论的克林顿与其白宫实习生莱温斯基的性丑闻后，没有人再敢小觑互联网在传播新闻信息方面的作用。而 1998 年 5 月 8 日，新浪网最先在网上了发布了有关以美国为首的北约集团悍然轰炸我驻南斯拉夫大使馆及关于此事件的详细跟踪报道，不仅让传统媒体自愧不如，也让我们真切地感受到了网络作为一种新的媒体在信息传播方面产生的强大威力。

关于"网络媒体"的概念来源最早可以追溯到 1998 年联合国秘书长安南在联合国新闻委员会上的一段讲话："在加强传统的文字和声像传播手段的同时，应该利用最先进的第四媒体——互联网，以加强新闻传播工作"。从此，关于"第四媒体"的说法广泛使用。从 1999 年底，国内一些学者开始以"网络媒体"的称谓称呼互联网上从事新闻传播的网站。无论是学界还是业界，大多认为"网络媒体"在概念上较之"第四媒体"更为准确。实际上，"第四媒体"的称谓主要是从互联网作为媒介与传统媒体（报纸、广播、电视）具有的不同特征和功能角度出发的。而网络媒体主要指那些依托互联网技术，由专业记者编辑并从事网络新闻传播的一个个网站。"网络媒体"概念的提出除了与思想认识和实践拓展相关之外，还跟《互联网站从事登载新闻业务管理暂行规定》的制定出台有关。在我国，让受众领略互联网新闻传播力量的是新浪等商业网站，在国内各种调查中，也是新浪等商业网站的新闻内容具有绝对的占有率，但是 2000 年前，这些商业网站尤其是门户网站尽管每天都在登载新闻，但一直否认自己是"媒体"。在获得国务院新闻办公室授予新闻登载资格之后，它们在各种场合开始不再回避这一点，而且公开宣称自己是"网络媒体"，甚至宣称自己是网络传播领域中的"主流媒体"。

尽管网络媒体的发展趋势不可逆转，但是我们却很难给"网络媒体"一个精确且全面的定义，而学界和实业界关于网络媒体的定义更是林林总总：

1. 通过计算机网络传播信息（包括新闻、知识等信息）的文化载体。目前主要指互联网，也称因特网。①

2. 网络媒体从广义上说就是指互联网，从狭义上说，便指基于互联网这一传播平台进行新闻信息传播的网站。②

3. 网络媒体是借助于互联网这个信息传播平台，以电脑、电视机以及移动电话为终端，以文字、声音、图像等形式来传播新闻信息的一种数字化、多媒体的传播媒介。③

---

① 匡文波：《网络媒体概论》，清华大学出版社 2001 年版，第 1 页。
② 钱伟刚：《第四媒体的定义和特征》，载《新闻实践》2000 年第 7、8 合期。
③ 雷跃捷、金梦玉、吴凤：《互联网的概念、传播特性现状及其发展前景》，载《现代传播》，2001 年第 1 期。

4. 网络媒体广义为"遵照 TCP/IP 协议传送数字化信息的计算机通信网络";狭义为"基于互联网这一传播平台传播新闻和信息的网站"。(中国社会科学院哲学研究所研究员刘钢)

5. 经营互联网 ICP 业务的网络公司或网站。(中国新闻技术工作者联合会会长孙宝传)

6. 依靠互联网发布经过加工的信息,只要具备这一特点就是网络媒体。(中国科技信息所研究员张保明)

7. 国际公认的区别媒体和通信的基本标准是,点对点的传输即通信;点对面的传输即媒体,只要符合点对面以快速扩张及快速影响的方式传播为特征的就是媒体。(中网总裁万国平)

在我们看来,上面的每一种定义都试图从不同的角度加以阐发,都有其可取之处,但如果我们跳出这些定义来,我们可能会得出关于网络媒体的一个较为广义的概念,即借助于互联网发布信息和进行信息服务的站点。这个定义既通俗易懂又面面俱到。这个定义所说的网络媒体不仅包括具有一定规模的专业性、体制化的信息传播机构,还包括行业和企业站点,等等。

狭义的网络媒体的概念,我们认为只有在互联网上主要从事新闻信息的选择、编辑、登载和链接等信息服务的专业网站,才能被认为是网络媒体。

因此,中国网络媒体,是指依据中国有关法律、法规建立,并经国家有关部门批准、授权和认定,在国际互联网上依法从事新闻信息的选择、编辑、评述、登载和链接等信息服务的专业网站。在中国现有的条件下,凡是具备以上条件的网站,应被视作为中国网络媒体。①

我国网络媒体从 20 世纪 90 年代中期出现以来,经过 10 多年的发展,从无到有,从简单的相互模仿到独立创新,已经走出了一条有中国特色的网络新闻传播的道路。2004 年,我国重点新闻网站每天首发的新闻达到 2.4 万余条,境内受众覆盖面平均每天超过 5000 万人次。自 2001 年以来,中央重点新闻网站的访问量以平均每月递增 12% 的速度上升,一些地方重点新闻网站过去 3 年的访问量平均增长了 9 倍。(数据引自国务院新闻办公室副主任蔡名照 11 月 8 日在第四届中国网络媒体论坛开幕式上的发言)按照网站数量估算,

---

① 刘连喜主编:《崛起的力量》(下),中华书局 2003 年版,第 4 页。

2005 年我国拥有网络编辑从业人员 300 多万人，伴随未来的发展，其需求将呈上升趋势。① 随着网络媒体的社会影响日益扩大，网络媒体已经成为我国社会主义新闻宣传体系的重要组成部分。②

与其他媒体形式相比，当前中国网络媒体的构成可谓是形形色色，数量巨大。中国的网络媒体，有的是以新闻业务见长，有的是以信息服务见长，有的是以综合服务为特色，等等。为了对今天的中国网络媒体有一个全面的认识，《中国网络媒体发展报告（2003）》根据中国相关的法律、法规，结合实际对其进行了归类分析。

（1）按投资主体分，可分为政府投资和民间投资两类。

（2）按新闻发布权分，可分为具有新闻登载权和部分登载权两类。

（3）按影响范围分，可分为国际、国内和区域影响三类。

（4）按与传统媒体的关系，可分为三种类型：第一种是由传统新闻媒体设立的网站；第二类是由多家传统新闻媒体共建或传统新闻媒体与其他行业共建的网站；第三类是一些没有传统新闻媒体为依托的网站。

在本书中，我们主要探讨的是我国新闻媒体网站的经营管理，从这个角度来讲，我们可能更关注网络媒体的商业属性，或者说是从所有者角度来看问题，所以，更有益的分类方式可能是从媒体网站的所有者角度来考虑分类，因此我们以第一种划分方式将中国网络媒体划分为政府投资与民间投资两大类，同时采纳台湾学者杨琇晶、黄子轩的意见，将政府投资的网络媒体进一步划分为中央级网络新闻媒体及经国务院新闻办公室批准的地方级重点新闻网站两类。其中，民间投资主办的网络媒体主要是以新浪和搜狐等为首的一批正式获得国务院新闻办公室批准的登载新闻业务资格的商业媒体网站；而政府投资主办的中央级新闻网站包括人民网、新华网、央视国际等；地方重点新闻网站是指北京的千龙网、上海的东方网、江苏的中国江苏网等，这一新闻网站群的形成是对党中央加强网络新闻宣传工作指示的具体落实，它们在区域范围内成功地发挥了正确引导网上舆论的作用。

---

① 闵大洪：《2005 年的中国网络媒体》，http：//www.southcn.com/nfsg/lnpl/cmjh/2005/2/3/0660.htm。

② 蔡名照：《网络媒体必须加强社会责任》，见刘连喜主编：《崛起的力量》，中华书局 2003 年版。

表 1-1　网络新闻媒体分类

政府投资，国家所有的新闻网站	中央级新闻网站	人民网 http：//www. people. com. cn 新华网 http：//www. xinhua. org 中国网 www. china. org. cn 国际在线 www. cri. com. cn 中国日报网站 www. chinadaily. com. cn 央视国际网络（央视国际）www. cctv. com 中国经济网 www. ce. cn ……
	地方重点新闻网站	千龙网 http：//www. qianlong. com 东方网 http：//www. eastday. com 江苏网 http：//www. jschina. com. cn 北方网 www. north. com. cn 南方网 www. south. com. cn ……
民间投资，商业团体所有的综合性新闻网站		新浪新闻中心 http：//www. sina. com. cn 雅虎中国新闻 http：//www. yahoo. com. cn 搜狐新闻 http：//www. sohu. com ……

　　资料来源：本表修改自：杨琇晶、黄子轩：《中国大陆新闻网站之政治经济分析》，载《展望与探索》（台湾），2（6）：64－77，2004 年 6 月。

二、中国网络媒体的发展及现存的问题

1. 网络媒体的雏形——传统媒体的网络版

　　网络作为一种传播介质，体现了人类历史上一种传播工具的变革。特别是 20 世纪 90 年代以后，万维网及浏览器的推出，音频、视频流媒体技术的开发使得网络作为一种传播工具同时兼备了报纸、广播、电视等多种媒体的功能。

　　网络的发展及传播优势给传统媒体敲响了警钟，面对新事物的挑战，他们将何去何从？也许传统媒体仍然可以为它主流媒介的身份沾沾自喜，也许新事物还没有强大得足以撼动它的地位，但无论是傲视全国位居榜首所谓的中央级大报，还是国际上小有名气的期刊，还是拥有亿万观众的电视台，如果谁不打

算落伍于这个网络时代，不打算失去正在崛起的新一代读者、听众和观众，那他们的唯一的出路大概只有——挤进网络这个空间，占据自己的一席之地。①

传统媒体的网络版（电子版）是传统媒体与网络联姻的第一步，也是网络媒体表现形式的雏形。媒体网络版是指传统媒体在互联网上出版的网络版（电子版），包括报纸、杂志社、广播电台、电视台等。② 世界上第一家拥有报纸网络版的是美国加利弗尼亚州的《圣何塞信使报》（San Jose Mercury），这家位于美国硅谷的报纸于 1987 年首先将内容放到了互联网上，开辟了电子报刊与网络新闻传播的新纪元。此后，随着计算机网络技术、通信技术和多媒体技术逐步成熟，以及网络用户的增多，传统媒体对进驻网络热情高涨，20 世纪 90 年代这一现象尤为明显。从《纽约时报》、《华盛顿邮报》、《华尔街日报》、《芝加哥论坛报》、《时代周刊》、《新闻周刊》等著名报刊到地方小报，涌动着一波又一波上网的热潮。③

1995 年到 1997 年是中国传统媒体特别是报纸媒体上网热潮的第一阶段。1995 年，中国公用计算机互联网（Chinanet，邮电部主管）开通，这不仅为中国报刊网络化提供了有利的技术条件，还使得中国新闻媒体进入国际互联网成为现实。《神州学人》与《中国贸易报》便是其中的两个代表。《神州学人》于 1995 年 1 月 12 日转入国际互联网。《神州学人》每周从国内几十种报刊中摘取最主要的信息，并于每周五由"中关村地区教育与科研示范网络（NCFC）"进入互联网成为中国第一份上网的中文电子报刊，受到了广大读者特别是生活在异国他乡的海外华人与留学生的欢迎，是传统媒体进军网络的成功典范。

《中国贸易报电子版》（www.Chinatradenews.com.cn）于 1995 年 10 月 20 日在人民大会堂举行了开播演示。它是国内第一家正式在互联网上传播的报纸电子版。它的开播，引起了海内外同行的广泛关注。尽管有资料显示，到 1995 年年底，国内尝试上网的报纸只有七八家，规模较小且技术手段稚嫩，但我们不得不承认，《神州学人》和《中国贸易报》作为中国媒体进军国际互联网的开山之作，具有里程碑式的意义，它至少表明了中国报刊业正在努力扭转国际信息交流中的被动局面，一种新的趋势正在发展。

1996 年，中国互联网络建设开始起步，中国金桥信息网、中国教育和科

---

① 仲志远：《网络新闻学》，北京大学出版社 2002 年版，第 21 页。
② 雷健：《网络新闻》，四川科技出版社 1999 年版，第 20 页。
③ 仲志远：《网络新闻学》，第 22 页。

研计算机网、中国科技网先后开通并与国际互联网相连，同时中国不断涌现出的 ISP 服务商（网络公司）开始为传统新闻媒体提供上网服务。这些技术条件的形成为传统媒体进一步进驻网络提供了客观环境。这一年中，无论是中央大报还是地方小报，无论是时政综合类报纸还是行业专业类报纸都力图在网络上占有一席之地。其中以中央级党报《人民日报》涉足网络最为引人注目。继《人民日报》之后，《经济日报》、《解放日报》等诸多报纸纷纷上网。

在全球媒体网络化的背景下，我们把 1995 年到 1997 年的时间视为传统媒体掀起网络化的第一高潮。在这次高潮中，无论是纸质媒体还是广电媒体都通过互联网做了有益的尝试。但是由于技术的不成熟和经验的缺失，这一时期，网络版还只是传统媒体文本信息的复制，甚至很少能找到新闻图片。所以我们对网络新闻的探究在这段时间还只是有名无实。传统媒体在面对网络的"抢滩"行动中，重视形式大于重视内容。

1997 年到 1999 年被称之为中国传统媒体上网的第二次高峰，媒体网络版在这一时期逐渐走向正规，典型首推《人民日报》。1997 年 1 月 1 日，《人民日报》正式推出《人民日报网络版》（www. peopledaily. com. cn），并逐渐走向良性循环的状态。这次网络版和以往不同，信息量浩大，且能及时更新。它不仅悉数收集了当天《人民日报》的全部内容，还容纳了旗下多家系列报刊：《人民日报》（海外版、华东版、华南版）、《市场报》、《讽刺与幽默》、《环球时报》、《新闻战线》、《中国质量万里行》、《大地》、《时代潮》、《证券时报》等的全部内容。在网络版推出 10 个月后，改版 4 次，不仅推出了新闻传记和资料库，通过"全文检索"还可以查阅 1995 年以来《人民日报》上发表的任何一篇文章，给广大读者带来了方便，影响力不断扩大。1999 年以后，周一到周五各类新闻已经做到从凌晨 4 点到晚上 9 点每小时推出一次的程度，成为当时国内信息量最大、更新最快的网络版。

《人民日报》在这一时段的探索无疑是积极和充满借鉴意义的。尤其是《人民日报·网络版》在 1999 年以后所作的努力，体现了传统媒体网络版对自身清醒的认识和面对竞争挑战所采取的重大的理念调整，为传统媒体网络版向新鲜互动的传统媒体网站转型作了铺垫。当然，在这一时期除了《人民日报》、《中国贸易报》等少数媒体以外，大多数媒体网络版虽然较以前有进步，但是定期更换新闻仍然没有成为现实。网络版作为一个新的网络新闻平台，还面临着一系列包括资金、技术、人员和理念的一系列困境。

2. 商业网站的崛起与传统媒体网站的出现

传统媒体网络版在其发展的过程中，虽然有因为种种原因所产生的从形式到内容的缺陷，但是它至少倡导了一种新的信息传播方式和观念，并且这种传播方式和观念在发展的过程中催生了另一种网络媒体浮出水面，并成为传统媒体及其网络版强有力的竞争对手，它就是商业网站。商业网站是为用户提供接入互联网服务的主要机构，也是互联网上众多网站中面对用户最广泛和直接的站点。[①] 商业网站一般分为综合性网站和专业性网站。在本书中，我们讨论的商业网站多指前者。

虽然现在已很少有人否认商业网站可以被视为网络媒体的一种存在形式，但是在商业网站产生的最初，它却并不是严格意义上的网络媒体。以"瀛海威（information high-way）"为例，作为中国最早的网络接入服务商和网络内容服务商，从最初的百姓网的定位到后来转向金融服务，"瀛海威"做得最多的只是把互联网的概念带到中国，在中国掀起了".com"的浪潮，并没有涉足网络媒体的内容。商业网站开始向网络媒体转变要从下面的现象说起：

1996 年，搜狐网前身爱特信公司首席执行官张朝阳从美国引来了第一批风险投资种子基金；1997 年，新浪首席执行官王志东从美国拿到了一笔 650 万美元的风险资金。一股海外风险资本裹挟的飓风开始在中国登陆，从此民间商业化网站开始与美国华尔街的纳斯达克股市产生了千丝万缕的联系。而在这场疾风骤雨般的网络大潮中，新浪、搜狐、网易这三大综合性商业网站力克群雄，脱颖而出，走在了中国互联网市场的最前列。

我们以新浪网为例，来看商业网站的发展。新浪网的前身是四通利方信息技术有限公司于 1996 年 4 月启动的中文网站"利方在线"（www.srsnet.com）和华渊咨询公司的"华渊生活咨询网"。1998 年 12 月 1 日，"利方在线"与"华渊生活咨询网"合并，宣布成立新浪网公司，并成立同名的大型综合性新闻网站——新浪网（Sina，在原利方在线的基础上制作的新浪网北京站www.sina.com 也已于 12 月 1 日正式开通）。新浪网成立之初，以商业门户网站的形式出现。所谓门户网站，即指互联网用户进入的第一个站点（One step Portal），主要以搜索引擎为卖点。但是在后来的发展中，网络业界的行家开始发现，以搜索引擎为核心的门户网站尽管为访问者提供了寻找目标网站的便捷途径，但是也导致访问者往往直奔目标主题而很少在门户网站逗留，这对门户网站的生存提出了挑战。于是，新浪网在虚拟社区方面开始大做文章：开设网上论坛、聊天室以吸引更多的用户并延长他们逗留的时间。1999 年 3 月，新浪网获得了国际风险商新的投资。同年 4 月 12 日，新浪网改版。这次改版

---

① 雷健：《网络新闻》，第 21 页。

以统一形象、统一服务、整合资源为目标。以北京的新浪网为例，改版后分为《新闻中心》、《搜索引擎》、《财经纵横》、《网上交流》、《生活空间》、《竞技风暴》、《游戏世界》、《科技时代》等多个栏目。尽管此前新浪网在发布新闻方面早有涉足，但直到《新闻中心》的成立才标志着商业网站开始作为一种网络媒体崭露头角，以转载发布新闻成为自己的主导方向。由于原创性新闻来源的缺失，以新浪为代表的商业网站的新闻往往更注重整合性。整合的过程往往是商业网站发挥主观能动性的过程，通过整合，商业网站常常能够以最快的速度选择转发国内外传统媒体和网站发布的新闻，同时由于商业利益的刺激，商业网站整合的新闻往往狂热地追求新闻价值，并且看问题的角度独特而全面。在北约轰炸南联盟的报道中，新浪网将这几点发挥得淋漓尽致，以至一时间新浪被人们看做是"中国网络第一媒体"。同时，新浪还结合一些传统新闻媒体的合作伙伴，希望通过彼此间的合作进一步打造更好的新闻。

新浪网的崛起与发展是中国综合性门户网站发展的缩影，从最初仅仅是一个以搜索引擎为主导的"门户网站"到后来意识到"门户"的局限，开始争做一种媒体发布新闻、建立大型虚拟社区提供用户交流的场所，再到与传统媒体合作，进一步提供全面的信息服务，以新浪为代表的商业网站的探索使得中国的互联网进入了前所未有的精彩阶段。商业网站高度的新闻敏感、开阔的新闻视野和强大的新闻整合能力，使其成为网络传播领域的一支生力军。[1] 加上商业网站具有雄厚的财力并善于从事大规模的市场推广活动，依靠其雄厚的技术开发能力开发了许多与新闻内容相配合的软件为广大网民提供了浏览新闻的便利。[2] 随着 1999 年 4 月 15 日《中国新闻界网络媒体公约》的签订，商业网站加强了与传统媒体的合作，不仅使得彼此间关于知识产权的争执逐渐减少，也使商业门户网站作为网络媒体渐渐走向成熟，规模和影响力与日俱增。尽管 2000 年 4 月以后，纳斯达克股市低迷，海内外风险投资急剧收缩，大部分商业网站陷入了冰冻之中，但是商业网站与其他网络媒体相比，仍然在声势和影响上占有优势，这种优势不仅体现在宽松的"软性"新闻的报道上，还体现在商业网站作为民间立场的话语体系上。总之，商业网站作为网络媒体已经深入人心。

随着作为强势网络媒体商业网站的风起云涌，传统媒体的网络版在与商业网站的角逐中渐渐显得力不从心，他们开始反省自身的缺点：除了内容多是母

---

[1] 董天策主编：《网络新闻传播学》，福建人民出版社 2003 年版，第 33 页。

[2] 同上书，第 34 页。

体版的重复，很少更新，缺乏与受众的互动以外，还有一个更为现实的问题就是传统媒体网络版面临着资金不足、技术落后与人才匮乏的困境。传统媒体的网络版往往需要建立自己的服务器、租用专线、在海外建立镜像等，这些都需要大笔的资金。而由于网络版与其母体千丝万缕的联系，它始终不能完全独立出来开始它的商业化运作，传统媒体网络版步履维艰，体制改革迫在眉睫。

2000年是传统媒体进入互联网的历史上具有转折意义的一年，这一年中，国内的商业资本悄然入驻，媒体网站开始得到投资商耐人寻味的青睐。传统媒体网络版在对商业网站成功运作的羡慕之余，也开始利用这一契机，参与融资，向独立的商业网站的方向迈进。传统媒体开始走出网络版的幼稚形态向更具网络传播运作特征的独立性网站演变。

2000年4月7日，《人民日报》（网络版）改版，推出《人民网·人民日报》的测试版。这标志着人民日报的网络版将作为一个相对独立的媒体发布原创性的信息。8月21日人民网正式成立。10月28日，人民网正式启用新域名www.people.com.cn。自此，人民网不再是《人民日报》的翻版或复制，它每天提供24小时的滚动新闻，日更新量超过3000条。人民网设有时政、国际、观点、经济、科教、社会、环保、军事、文娱、体育、生活、图片等频道，近50种分类新闻，200多个栏目，已经开设了1000多个新闻专题，拥有300多个数据量上亿的专题数据库。为了便于了解受众的反馈，人民网还推出免费邮件、在线调查、资料检索等8种功能性服务。人民网的"强国论坛"更是一个典型的交互性的公共领域。除了《人民日报》，几家中央强势媒体纷纷进行商业化改制，中国青年报网络版改名为"中青在线"，新华社网站改称为"新华网"。在地方，上海文汇新民联合报业集团的网站改名为"申网"，《广州日报》网站改名为"大洋网"，《浙江日报》推出了"浙江在线"等。

传统媒体网站无疑具有商业化的性质，它与传统媒体网络版的区别在于，它不仅引入了市场机制，在经营管理与经营理念上开始了新的探索和推进，还建立了一个相当灵活的新闻报道机制，充分凸显了互联网的交互特性。很显然，传统媒体网络版在向传统媒体网站转型的过程中多以现在的商业网站为模板，借鉴了商业网站聚集人气的做法，即除了向受众提供各种焦点新闻、专题新闻及主要新闻评述外，还加上了各种娱乐性和服务性的内容，如生活平台、商业平台、免费邮箱等。在新闻报道方面，也开始尝试整合国内外各大媒体的新闻资源。人民网和新华网在这方面做得尤为出色，成立了专职的新闻采访队伍。

传统媒体网站的商业化体现了在资本利益的驱动下对现存的新闻体制的修

补，有一定的进步意义。但我们仍然看到，这种商业化是一种很不彻底的商业化，它的商业体制的旗号仍然架构在传统媒体的母体之上。相当一部分传统媒体基于赢利的期望、限于客观的环境，而只把网络媒体作为原有媒介的简单延伸，依附于母体媒介，这在很大程度上束缚了资本化运作和网络新闻从业人员的创造性思维与行动，造成了资源的浪费。传统媒体网站也因此陷入一个尴尬的境地。

3. 重点新闻网站的出现

尽管新闻采访权的缺憾限制了民间商业网站原创新闻的发展，但是作为网络媒体，它仍然拥有不可小觑的实力和能力，得到了广大受众的青睐。而传统新闻网站虽然拥有顺延的采访权，但在前进中由于观念和体制的影响，总是会受到其母体的束缚，不能放开手脚。

2000 年，一种新的网络媒体出现并得到了迅猛发展，这种网络媒体以"千龙网"和"东方网"为代表，它们一方面依托于政府的背景，另一方面也在寻找与商业资本的合作，它们以提供受众最满意的新闻为最原始的目标，开始了与民间商业网站的直接对抗。

千龙网，全称北京千龙新闻网，是国务院新闻办批准的中国第一家网络新闻媒体，于 2000 年 3 月 7 日宣告启动，由北京日报、北京晚报、北京青年报、北京晨报、北京电视台、北京人民广播电台、北京有线广播电视台、北京经济报、北京广播电视报等 9 家传统媒体与北京四海华仁国际文化传播中心、北京实华开信息技术公司等传播及网络技术支持企业共同发起和创办。千龙网出现的时候，商业网站作为一种网络媒体发展得如火如荼，所以千龙网成立最初，也是打算以民间商业化的模式来经营的。如果说商业资本在此之前与传统媒体网站结合是还是"犹抱琵琶半遮面"的话，那么从千龙网成立开始，新闻媒体与商业资本合作已经不再是那么欲语还休。北京千龙新闻网络传播有限公司就是民间商业化资本进入媒体运作的最佳注脚。当然，千龙网的成立除了来源于民间商业化资本的动力外，还基于新闻传媒界已有共识所给予的自信：21 世纪的主流新闻网站绝不是"新浪"、"搜狐"这些商业化的"文摘型网站"（商业网站在新闻管理政策的规约下，既无新闻的采访权，也无法组建专门的新闻采访队伍），真正意义上的新闻网站是媒体的新闻属性与互联网精神的融合。①享有原创的新闻和内容服务，独立的网络思想和采编队伍，才是一个主流新闻网站的特质。为此，千龙网成立之初便成立了新闻专题部，一大批从传统媒体

---

① 仲志远：《网络新闻学》，第 111 页。

跳槽出来的专业新闻从业人员汇聚在千龙网，组建了自身强大的新闻采编队伍，除了整合北京市属 9 家媒体的新闻外，更从全方位多角度的新闻视野，向受众推出了媒体原创的主打文章，这些是千龙网的品牌和特色。专题部（记者部）经营的《千龙视野》栏目位于千龙网的重要版面，创办之初便推出了一系列深度新闻报道，后来又转向软性新闻。现在，千龙网设有时政新闻、社会法制、军事天地、体育看台、文化娱乐、大众财经、教育时空、科技卫生、港澳台特快、今日世界等多个常规频道，24 小时不间断地更新、滚动播出上千条新闻。同时千龙网还开设了视频新闻、音频新闻、图片新闻、卡通新闻等特色频道，充分展示了网络的多媒体特性，使受众在网上尽情领略读新闻、听新闻、看新闻多种乐趣的同时，随时可以与媒体互动。

2000 年 5 月 28 日，由解放日报社、文汇新民联合报业集团、上海人民广播电台、东方广播电台、上海电视台、东方电视台、上海有线电视台、上海青年报、劳动报、上海教育电视台等上海市主要新闻媒体及上海东方明珠股份有限公司、上海市信息投资股份有限公司联合组建的大型综合性服务类新闻网站东方网成立了。东方网的组建采取了多元化的投资结构和企业运作模式。与千龙网不同的是，东方网并不是在全社会招聘采编人员，而是直接从上海各传统媒体中选出。在新闻报道方面，东方网最为引人注目的是网络新闻评论，它的评论重在对各种社会现象进行点评。2000 年 9 月 8 日，根据测试版的反馈，东方网在开通了百日后进行了第一次改版，改版后的东方网除了强化新闻权威，还以信息量大、覆盖面广为显著特点，下设东方首页、东方新闻、东方体育、东方财经、东方娱乐、东方军事、东方少年、东方女性、东方旅游、东方生活、东方文苑、东方图片、东方奥运、多媒体实验室、东方版英语版等频道，子栏目 1200 多个，东方网把自己定位为一个整合各方面信息的大平台，致力打造网络新闻的"信息航母"。东方网还利用上海的新闻、出版、文化、体育、医疗、教育、旅游等资源优势，提供无偿和有偿服务，逐步形成新闻网站的产业背景，开发出有特色有规模的电子商业项目，最终形成了"新闻强势导入、信息服务连接、电子商务展开"的总体战略。

重点新闻网站除了千龙网和东方网以外，地方上还有天津的北方网、广州南方日报报业集团下的南方网、江苏省的中国江苏网等等。它们意味着上网媒体进一步确立了自身的独立地位，并尝试追求更大的发展空间。这一阶段，重点新闻网站凭借着来自官方隐性的背景支持和自身的实力，在网络经济的跌宕起伏中与民间商业门户网站进行着日趋激烈的竞争。但是，重点新闻网站的发展也不是一帆风顺的，免费上网的认识误区导致的赢利困难，受众面的狭小使得他们在发展的道路上常常会感到底气不足。另外，商业网站在纳斯达克危机后的重新崛起仍然是重点新闻网站强有力的竞争对手。

4. 当前中国网络媒体存在的问题

中国的网络媒体经过多年的发展，已逐步形成自己的行业特征。它是一个多行业并存于一体的综合性行业，这既是网络媒体与生俱来的特点，也是网络媒体生存发展的必然趋势。因此，网络媒体外部环境日趋复杂多变，而对其内部管理各要素也产生了日益深刻的影响，也使中国网络媒体面临着越来越多的问题。[①]

（1）战略方面

中国网络媒体的建设仍然处于探索和发展中，虽然有些制定了发展规划和发展战略，但普遍没有明确的战略目标，许多网站的发展目标只有简单的口号，没有切合自身实际和适应长远发展的远期战略规划；大部分网络媒体也很少制定符合自己远景规划或目标的具体实现手段，基本属于走一步看一步。

（2）体制方面

中国网络媒体在自身成长建设中，因为投资主体不同而产生不同的运营体制。在网络媒体历经多年的实践发展中，都普遍面临着体制方面的问题。如何建立一个有效的体制及其相应的运营机制，并遵循社会注意新闻传播规律和市场经济规律运行的现代企业制度，是众多网络媒体面临的首要任务。

（3）内容建设方面

虽然中国网络媒体在内容建设上取得了长足进步，形成了具有自己特色的传播风格。但是也还存在许多不完善的地方，例如，为了提高访问量以制造轰动效应，有的将未经核实的传闻编发上网；有的无视知识产权，抄袭、盗窃他人劳动成果；有的转发、引用虚假新闻和有害信息，误导公众；有些网络媒体甚至还播发虚假商业广告、黄色信息等。因此，网民数量的激增以及对网络依赖性的增强，也给网络媒体内容建设提出了要求和挑战。[②]

（4）技术方面

网络媒体伴随着互联网的发展而诞生，因此，互联网的每一次技术革命都深刻地影响着网络媒体的成长。对于我们国家来说，信息传播全球化即可能带来严峻的挑战，也可以带来难得的机遇。在信息传播全球化到来的时代，毫无疑问应该紧紧抓住机遇、趁势而上，制定出正确的新世纪传播发展战略，积极主动参与信息全球化的进程，为我国和世界各国在新世纪的发展创造一个良好

---

① 《中国网络媒体发展报告（2003）》，见刘连喜主编：《崛起的力量》（下），第9～11页。
② 同上。

的全球信息交流、文化交流、新闻传播交流和国际舆论交流环境。

（5）经营方面

一个网站要想在竞争中立足并取得发展，必须拥有足够的影响力，而这种影响力就是由网民眼球的力量支撑起来的数字。网站的权威性和知名度首先来源于对网民注意力的吸引。因此，网络媒体要想在网络空间体现品牌的效力，关键在于清醒地认识现状、探索出真正符合网络传播规律的运作方式并寻找到真正能够适合未来发展的经营管理理念和模式。对于我国的网络媒体来说，现在依然还存在有体制创新、不同属性的网络媒体如何进行经营、如何进行各自的战略分析、战略选择、战略分析等问题。

（6）人力资源方面

全球传播时代以网络传播为技术特征，传播强度与频率都大大加强，对网络媒体从业人员的要求相对较高。要求网络媒体从业人员具有较强的计算机操作技能、熟悉网络环境、拥有与从事网站相关的专业知识，具有较好的新闻背景和判断能力，应该说，网络媒体在所有的媒体中，尤其是与传统媒体相比，从业人员素质要求相对较高。

第二节　网络媒体经营管理的发展

一、网络媒体经营管理的"启蒙运动"：1995～1998年

1. 从瀛海威和新浪的比较认识战略管理的重要作用

1995年9月30日，瀛海威时空正式运营，网络媒体第一次浪潮开始。张树新于1995年创办的瀛海威曾经在中国互联网事业道路上扮演了里程碑式的角色。作为中国第一个互联网接入服务商，瀛海威甚至比中国电信的ChinaNet还要早两年出世。瀛海威一度是中国最大的ISP（提供互联网接入的服务商）和ICP（提供互联网内容服务的服务商），也是中国电子商务的先驱，互联网企业的成功和失败、高潮和低谷几乎都在它身上演练了一遍。

今天，回忆当时的瀛海威，我们需要从产业启蒙的角度分析瀛海威的互联网创业历程。瀛海威已经成为过去式了，它作为中国互联网代名词的时代已经结束。但是瀛海威留给了我们认识历史的宝贵案例资料。

从今天的角度可以说，瀛海威是中国互联网企业战略抉择失误的一个典型

案例。当以张树新为代表的第一批中国互联网精英呼喊着"互联网时代已经到来"的时候，国内人们还对互联网、门户网站一无所知，充满好奇感。但很可惜瀛海威并没有选择门户网站做它的定位，有研究者指出，其实瀛海威的失败始自它决意做 ISP 业务，或许是在做战略决策时，瀛海威对电信运营商的强大竞争力估计不足，最后处于极被动的地位以至被迫退出。如果瀛海威当时选择以做内容为主，坚持到今天应该有很大的收获了。

从战略管理的角度分析，瀛海威的失败是战略选择错误所不可避免的后果。战略选择的错误是方向性的、整体性的错位，它使企业在一条"不归路"上越走越远。瀛海威在互联网产业的启蒙阶段的失败也许是历史的必然，我们不否认瀛海威在战略管理方面存在的失误，但是我们不能不更多地考虑到当时的产业环境——当时的网民数量是 2000 万，资本市场对互联网产业的关注更是不够。

1996 年利方在线创办。1997 年，克林顿绯闻案被德拉吉在互联网上引爆。1998 年，斯塔尔又将他那长达 445 页、十分详细的报告搬上互联网，引来2700 万人次的访问率。网络媒体在不断地扩大自身的影响力，对传统传播媒体的传播方式提出挑战。

1998 年岁末，新浪网在四通利方和华渊网合并的基础上诞生了。王志东的融资故事开始得到广泛传播，这标志着网络媒体作为一个独立的产业在发展、壮大的过程中需要资金的大力支持；同时也说明了在当时网络媒体作为一个新兴的朝阳产业的市场前景并不被风险投资商看好，才出现了颇具传奇色彩的"融资故事"。这些都标志着网络媒体在中国的启蒙时期的产业环境。

1998 年底，颇富传奇色彩的融资故事，使新浪在 CNNIC（中国互联网络信息中心）的排名从第 17 位跃升到了第 7 位，此后，新浪开通了电子邮件服务，并迅速拓展了宽带，它在技术上的优势使其得以最大限度地提高访问速度，并随时根据读者兴趣改变页面。而它在科索沃战争和中国驻南联盟大使馆被炸等重大新闻事件当中，所表现出迅速反应的新闻能力，以及随后论坛的紧密配合，更极大地提升了其人气，从而使排名稳稳跃升到了 CNNIC 的第一名。网络新闻及其与论坛、搜索的默契配合，已成为新浪品牌中最富号召力的品牌服务项目。

新浪的最终成功与瀛海威创业失败的对比，能够帮助我们深化对网络媒体产业初期的认识。新浪经历过创业初期的"无人问津"，也经历过互联网产业的全球性低潮，终于迎来了互联网的春天。比较新浪和瀛海威，新浪除了在时间上晚于瀛海威，在客观上产业环境更加成熟一些外，在其他因素上两者有很

大共性，对比两者的战略选择、战略管理，有助于更好地认识网络媒体在启蒙时期，产业环境与自身战略管理两个因素对网络媒体的影响。

正如我们在前文中分析的，瀛海威在战略目标选择、战略管理方面存在着一系列的失误，而新浪则成功地规避了这些失误，其在创业初期就将新闻信息、电子邮件、论坛作为自身的核心竞争力，并得以成功地在网民心目中树立起了品牌。对于网络媒体而言，品牌就意味着网民的点击率，就意味着争取广告客户的资本。毫无疑问的是在网络媒体的启蒙时期，在网络媒体无法提供其他相关增值服务的情况下，在资本对网络媒体产业的进入还不是那么坚定的市场环境下，广告收入对于维持一个网络媒体的生存还是非常关键的。新浪在互联网产业整体性低潮中生存了下来，很大程度上是依靠广大的、相对稳定的网民。从这个角度来说，新浪在启蒙时期对自身核心竞争力的正确定位、选择、实施是自身生存的关键。瀛海威则在产业环境不成熟的时期将 ISP 业务作为自身的核心竞争力，无疑是失败的主要原因，在今天与网络媒体相关的增值服务也没有表现出完全赢利的可能性，在只有 2000 万网民的启蒙时期，这样的战略选择的后果只能是失败。

战略抉择对于企业很重要，但在瀛海威开始的 1995 年，对于一个从事互联网行业的企业来说，一切都是空白，一切充满变数，战略抉择的正确与否甚至会导致企业骤生骤灭。

2. 搜狐的"搜索"战略

1998 年搜狐创立，它的发展一直深得海外风险投资商的支持。1996 年 ITC 爱特信电子技术公司成立，1998 年推出中文搜索引擎：搜狐，1999 年搜狐在分类搜索的基础上发展成为综合性网络门户。

也许已经没有多少人还记得搜狐当年使用的域名 www.Sohoo.com 了。但我们却无法否认就是这个和雅虎颇为相像的域名使最早的一批网民意识到，我们中国人也有了为自己服务的中文搜索分类。搜狐当时搜索分类的出现究竟有多大意义，恐怕真的只有那些亲身经历过，那些面对着本就不多的中文信息却不得不在一个个信息荒岛中找寻有用信息的人，才能明白其中的喜悦。2000 年，在经历了 1999 年那场互联网热潮之后，搜狐斥巨资购并 Chinaren，一跃成为当时用户数量最多的门户网站。虽然很多同行、评论者认为这不过是一个简单的数字游戏，虽然购并 Chinaren 的效果并没有立刻显现出来，可是时至今日，我们不能否认昔日 Chinaren 的拳头产品"校友录"始终还是搜狐的核心竞争力之一，虽然众多重量级的竞争者先后切入这个市场，可是最具有影响力的校友录却始终是今日搜狐提供的校友录服务。即使在今日 Blog、SNS 等诸多概念引发了众人对于社会性软件、社会性服务的深层次思考，搜狐"校友录"这个相当成熟的社会性服务产品的巨大价值才逐渐得到了越来越多人的认可，搜狐当日收购的长远眼光和长期收益才逐渐显现出来。

1999年电子商务最火的时候，许多网络媒体都将业务转向电子商务，但张朝阳表示，"看不出来有成熟的条件做电子商务，要等成熟再做。"从一开始，搜狐的定位就是要做Yahoo的中文版。在其他网站将商业模型变来变去时，张朝阳却从始至终没有变过。

搜狐的战略选择不仅明确而且真正从战略的高度坚持当时的业务选择，战略的长期性使得许多只注重短期收益的企业不断地变换自身的战略选择。战略管理理论要求慎重地选择自身的战略，在充分考虑当时社会经济环境、产业环境、企业自身资源条件等综合因素的基础上做出的长期性的决策，指导企业的发展。搜狐在创立的初期就准确地找到了自身的战略目标，并且在以后的经营活动中坚持实施。

3. 网易的战略选择

1995年丁磊注册资金50万元创办网易公司，1997年创立，提供网上内容、虚拟社区和电子商务平台综合服务。

网易公司是中国领先的互联网技术公司，对技术和应用十分敏感，在开发互联网应用、服务及其他技术方面，网易始终保持国内业界的领先地位。网易利用最先进的互联网技术，加强人与人之间信息的交流和共享，实现"网聚人的力量"。网易凭借先进的技术和优质的服务，受到广大网民的欢迎，目前注册用户已达133000000人，日访问量达315000000，曾两次被CNNIC评选为中国十佳网站之首。

在开发互联网应用、服务及其他技术方面，网易始终保持业界的领先地位，并取得了中国互联网业的多项第一：第一家中文全文检索，第一个大容量免费个人主页基地，第一个免费电子贺卡站，第一个网上虚拟社区，第一个网上拍卖平台。所有这些成绩将载入中国互联网发展的史册。

除技术优势外，网易同样具有全面而精彩的网上内容，为用户提供国内国际时事、财经报道、生活资讯、流行时尚、影视动态、环保话题、体坛赛事等信息。为保证内容的丰富性和独特性，网易还同国内外100多家网上内容供应商建立了合作关系。

1995年到1999年底被称为中国网络媒体经营管理思想的萌芽时期，一方面各种网络媒体在全球网络化的浪潮中纷纷创立，另一方面网络媒体作为一个独立的产业逐渐发展起来。网络媒体在创立之后，普遍地向风险投资商寻求资

金支持，在此基础上确立自身的战略目标，并以此指导企业的长期发展。

我们需要结合当时国际网络媒体的发展状况来认识中国的网络媒体的"启蒙运动"。1995 年 8 月 9 日，世界新经济时代开始了。这一天网景公司在美国纳斯达克上市，发行价每股 28 美元。网景的上市被公认为是全球网络经济的一个转折点，从这一天起全世界进入了一种前所未有的疯狂和执著中。事实上这场新经济的浪潮并非无源之水，在此之前，美国政府早在 1993 年就提出建立"全国信息高速公路"的计划，日本投资 12 万亿日元铺就全国光纤网，这些非商业行为最终导致了 1995 年网络时代的开始。就在网景上市的同一时间，中国电信正在筹建中国第一个公用国际互联网网络，当时的互联网网民数为 2000 户，能称得上网络公司的大概只有张树新夫妇创办的瀛海威，一个总在赔钱的小企业。但是随后中国互联网产业的发展速度让很多人吃惊，这也带动了网络媒体的发展。

在这一阶段，网络媒体在相互竞争中抢占有限的资金、技术、网民资源，最主要的是从风险投资商那里得到资金支持。互联网产业作为新经济的代表被众多风险投资商看好，而网络媒体则被认为是互联网与信息传播结合的产物，也受到风险资本的关注。风险资本的进入是循序渐进的，为网络媒体的发展提供了充分的资金支持。问题的另一方面在于，风险资本的涌现，带给人们一种"烧钱"的感觉，有的学者用"理性缺位的启蒙"来形容网络媒体在中国的启蒙阶段。

我们以今天的进程来看当时网络媒体在中国的出现、发展，可以说当时我们并没有也不可能把握"理性内核"。当时的共识是，技术的进步必然推动社会的发展，网络媒体对传统媒体的颠覆性优势在于其传播技术的先进性。所以当时互联网、网络媒体的启蒙口号是"技术启蒙"。仅仅把技术纬度的领先性认为是网络媒体的"理性内核"价值所在显然是片面的、缺失理性的。

二、网络媒体的"泡沫经济"：1999～2001 年

这一阶段开始于 2000 年以三大门户网站为代表的网络媒体的上市浪潮。自 1997 年中华网在美国纳斯达克上市成为第一家上市的网络媒体后，2000 年新浪、网易、搜狐先后上市，标志着网络媒体的上市成为产业发展的新浪潮。

当时国内的"网络概念股"正炒得火暴，中华网国际网络传讯有限公司向美国证券交易委员会发出了该公司普通 A 股首次发售的注册声明，这也是第一只进入纳斯达克市场的中国网络股。中华网是国内一家著名的中文网络内容服务商，总部设在香港。中华网首日上市股价即突破一百美元大关，成为当日

纳斯达克最红的一只股票。这条消息成为当日法新社、路透社等著名国际通讯社的重点新闻。不仅带给其他准备上市的网络媒体信心，而且带来了各种关于资本的无限幻想。而雅虎在纳斯达克的财富示范效应，带动国内主要网络媒体力争在最短的时间内完成上市。搜狐、新浪网也一直在积极运作上市事宜。对此，中国最早的互联网创业者之一，Chinabyte 副总经理宫玉国认为，对于较早应用风险投资创业的中国网络公司，在海外上市是必然的选择。

由此为契机，1999～2000 年，据不完全统计，仅北京每天就有两家网站诞生，创业的激情、对资本的期待、对上市的渴望成为网络媒体在那个时代的发展潮流。这一系列网络媒体的膨胀在我们今天看来是缺乏理性的行为选择。产业自身的发展、成熟要求在遵循经济规律的基础上，用激情之后的理性来指导行为的选择。可惜的是时代的潮流是与时代的精神密切相关的，在那个时期，理性思考是与互联网相背离的。虽然也有经济学家指出，泡沫经济的存在是互联网产业潜在的危险，但是在当时却没有引起人们的普遍关注。而这种非理性的行为必然带来非预期的后果。

新浪上市不久，全球以互联网产业为代表的新经济大潮出现衰退，使新浪在纳斯达克举步维艰，到 2000 年下半年甚至面临"1 美元大关"的尴尬。与此同时新浪在本身的赢收方面越来越不能令股东满意，而当时的新浪网首席执行官王志东执意要将新浪做成一个"软件公司"，他在很多场合公开声明："新浪从来不是一个互联网公司，而是一个软件公司"，这显然与股东、董事会的决议南辕北辙。王志东与董事会的争执也许很大程度上代表了对网络媒体经营战略选择的矛盾，也在一定程度上说明了网络媒体产业的不成熟。2001 年 6 月，王志东辞去新浪首席执行官职务，新浪开始了茅道林（CEO）和汪延（总裁）的新政，并随之采取了裁员、向传统回归、做一个真正的互联网媒体、推出收费邮箱等一系列的动作。

新浪的发展在很大程度上代表了网络媒体在中国的发展，新浪在发展过程中遇到的种种矛盾也是相当多的网络媒体在发展中不可避免的。新浪的变动、股价的波动都是网络媒体自身不稳定的证据。

从 2000 年中期开始互联网在中国的一落千丈也可以理解为落地为安。2001 年，网易的停牌及新浪的一系列变动则标志着互联网产业进入了一个低谷。

我们往往更多地讨论"泡沫经济"在互联网发展过程中的作用，而忽视了它产生的深层次原因，我们认为有必要在讨论原因的基础上来分析网络媒体的低谷时期。

首先，从商业本身来讲，任何投资回报都需要时间。即使任何一个行业，从投资到赢利有一个过程。互联网也不能例外。而纳斯达克的游戏规则是企业能否赢利、资本能否增值。显然作为新兴产业的网络媒体在那个时候不可能实现真正意义上的赢利，资本的性质使得纳斯达克必然在短时间内对网络股失去信心，市场选择的结果便是纳斯达克资本对网络股的冷落。

其次，互联网在中国社会还是一个幼稚产业。它的市场基础还不够大，它所面对的用户群的消费能力还不够高，商业模式本身还有很多需要探索、创新和提高的地方，还有很多新的产品和服务需要开发。当时相对幼稚的技术在很多方面还不足以支持大规模的商业应用。自身的造血功能还不够完善，不足以支持其自身的生存，而外界的支持又失去了信心和耐心，加之整体的生存环境的变化，使得一度风光无限的网络媒体举步维艰。

很多人把"泡沫经济"错误地归结为虚拟经济与实物经济的错位，认为"电子商务、互联网是一场骗人的神话"。实际上，我们看到的"泡沫"从本质上讲是资本"泡沫"而不是网络"泡沫"，是资本经济与实物经济的错位。资本过剩、过度投机造成的资本"泡沫"才是互联网、信息技术产业经历大起大落的根本原因。

在 1999～2000 年互联网的黄金时期之后，紧接着就是互联网的全球性低潮。这两个在时间上相接、逻辑上相悖的阶段构成了互联网的"泡沫经济"，也就是网络媒体的"泡沫时期"。从网络媒体经营管理的层面来看，"泡沫时期"的出现主观上说明了在那个时候网络媒体自身缺乏赢利能力，一旦资金的注入停止，网络媒体的生存将面临着严峻的考验。而泡沫的破灭也要求网络媒体必须增强其经营管理能力，加强自身的赢利功能。新浪、搜狐、网易三大门户网站依靠短信、游戏等相关增值服务相继赢利，带动了自身股价的上涨，标志着"网络泡沫"的破灭。网络媒体的经营管理进入一个相对稳定的发展时期。

三、泡沫之后的第二次浪潮：2002 年至今

"网络泡沫"破灭后，在"赢利才是硬道理"的思想指导下，门户网站一直在为实现自身的赢利尝试着各种经营模式。这一发展阶段最主要的标志是，网络媒体不再单一地依靠风险资本的支持，而是转向开发全新的服务业务。其中，由免费向收费的转变是网络媒体自身赢利的关键，也是网络媒体走出低谷的关键。

雅虎多次转型，目的就是为了实现从免费到收费模式的转变，增加收入，最终实现赢利。为此，雅虎开发出各种各样的收费服务，从额外的网页容量、

收费电子邮件服务、即时报价、网上拍卖，到冲洗照片服务、付费电影片断欣赏及收费文档搜索服务。雅虎还通过一系列的合作进入互联网接入服务领域，通过网站购并，开始介入一些有利可图的行业，包括网络游戏、在线音乐、网上求职、旅游与房地产。同时，雅虎还把目光转向企业用户，为企业提供网站建设与维护、网络会议与网上培训服务。这些大规模的扩张与调整看来收到了相当效果。

国内的新闻网站，除了263和网易进行战略调整，搜狐和新浪基本沿着与雅虎相似的轨迹发展。搜狐不仅推出了面向个人的收费服务"搜狐在线"、短信中心和面向企业的收费服务"搜狐企业在线"，还通过合作方式进入网络教育、在线金融证券服务和互联网接入服务领域。按照张朝阳的说法，搜狐已经从一家传统门户变成了一个"新媒体、电子商务、通信及移动增值服务公司"。而新浪也强调自己是"在线媒体及增值资讯服务提供商"。新浪的业务架构与搜狐基本相同，核心业务包括：新浪网、新浪企业服务、新浪在线三个独立事业体，其发展的重点明显偏重于媒体。经过上述调整，搜狐和新浪的营业收入都有较大增加。

网络媒体在"泡沫时期"之后的第二次浪潮是实业经营的浪潮，网络媒体摆脱了以前"概念炒作"的做法，将自身发展的重点转向有广阔赢利前景的服务业务、增值服务。门户网站的相继赢利不仅说明网络媒体的战略选择的正确性，同时标志着网络媒体摆脱了"泡沫时期"的生存困境。在此基础上网络媒体再次得到了纳斯达克的青睐。

全球网络股整体复苏的脚步强劲，网络媒体在此宏观环境下洗尽铅华，在打破泡沫之后，网络媒体重新吹响进军资本市场的号角。现在的网络媒体已不仅仅依靠概念，而是靠成熟的赢利模式和实实在在的利润来获取风险资本的信任。新浪、搜狐、网易的出色表现和业绩的大幅增长，最主要的原因是中国市场的非广告收入的大幅增长，主要集中在收费邮箱、网上游戏等收益。

1. 网络广告

网络广告是网络媒体最早的、也是最为成熟的商业模式。1999年2月，中国出现第一款网络广告。1999年国内网络广告额为0.9亿元。2000年为3.5亿元，同比增长289％。2001年，受全球互联网衰退的影响，中国网络广告市场仅增长20％，达到4.2亿元，仅占2001年全国广告市场0.5％的微小比例，远低于美国网络广告占总广告市场6％的比例。但随后几年，随着全球互联网的复苏，以及网络广告本身的不断成熟和技术升级，网络广告市场开始出现加速增长的趋势。根据iResearch的调研数据显示，2005年中国网络广告市场规模（不包含搜索引擎广告收入、不包含渠道代理商收入）已增长到 31.3 亿，超过杂志广告收入 18 亿元，接近广播广告收入（34 亿）。如果将搜索引擎广告（关键词广告）包含在内，则 2005 年中国网络营销市场（不包含渠道代理商收入）整体收入高达 41.7 亿元，占整体广告市场的比重为 3.0%，比 2004 年的 1.8% 上升了 1.2 个百分点。①

除了网络广告收入方面的增长，网络广告市场的构成正在优化。在 1999 年，投放网络广告的大都是 INTEL、DELL、IBM 这样的 IT 客户，其中不少还是门户网站的股东。这种情况在 2000 年下半年由于个别电冰箱、VCD 品牌触网后有所改观。到 2005 年，iAdTracker 的监测数据显示，中国网络广告主数量已增长到 3418 家，而且显示出进一步稳定增长的趋势。在投放网络广告的行业用户中，iResearch 的调研数据显示，2005 年房地产、IT 产品、网络服务、交通及通讯服务类产品的网络广告投放量位居行业前五位。其中，房地产类网络广告支出比例排名第一，其支出比例自 2002 年以来的 522 万元直线上升至 2005 年的 60906 万元；2005 年 IT 产品类与网络服务类网络广告支出比例分别为 59293 万元和 57101 万元，位列第二、三位；交通类和通讯服务类的网络广告支出比例分别达 25957 万元和 20913 万元。②

以上数据都说明了，作为网络媒体赢利的主要经营业务，网络广告的增长对于网络媒体的赢利意义重大。

2. 网络游戏

网络游戏现在已成为网络媒体赢利的主要手段之一。《中国网络游戏行业研究报告》指出，网络游戏简单而成熟的商务模式及"娱乐经济"的特性使其成为了目前国内互联网业中最具现实赢利性和持续发展潜力的市场之一。根据 CNNIC 2005 年 7 月公布的第十六次中国互联网络发展状况统计报告，中国网民的数量已经超过了 1 亿，而网民中玩网络游戏的人占到了 23.4%。另外，根据艾瑞调查公司的调查报告显示，2004 年中国网络游戏市场规模 39.1 亿元人民币，比 2003 年增长了 46%，预计到 2007 年网络游戏的市场规模将达到 88.9 亿元人民币。③

---

① 数据来源：http：//www.mediaok.net，2006 年 2 月 9 日。在本书中，将包含搜索引擎广告，但不包含网络广告渠道代理商，这样的收入组成称为网络营销市场；而将既不包含搜索引擎广告收入、不也包含渠道代理商收入，这样的收入组成称为网络广告市场。以下各章中如无特殊说明，均按此分类。

② 数据来源：http：//www.mediaok.net，2006 年 2 月 9 日。

③ 数据来源：http：//www.mediaok.net，2006 年 2 月 9 日。

网络游戏从来就不是独立存在的，在网络游戏的产业链中，与游戏运营结合得最为紧密的就是设备提供商，但目前的国内游戏网站恰恰忽略了这一点。网站中连篇累牍的攻略、战绩和游戏新闻等，缺少游戏设备的强力支撑，游戏网站在内容生态方面出现了严重的缺失。单一的互联网有待发展到"网站＋服务实体"，这样，在网络上用户可以体验丰富资讯、虚拟时空，并与网络好友一起分享喜怒哀乐；在现实中，用户又将从另一个角度体验新款游戏的神奇、重温老游戏的经典、感受不同硬件产品为游戏带来的特殊乐趣。

3. 收费邮箱

电子邮件是目前互联网上使用最广泛的基本服务。CNNIC调查统计数据显示，在中国超过90％的网民使用电子邮件，高居最常使用的网络服务之首。电子邮件作为在面向个人的网络服务中最为普及、最为成熟的服务形式之一，自然是最有可能转化为实际收益的服务之一。而由于国内企业信息化改造的落后，企业内部专用邮箱普及程度很低，更利于商务收费邮箱在国内的发展。从实际进展来看，尽管目前免费邮箱仍然占据主要份额，但各大门户、各大邮件服务商都已经推出了各类的增值收费邮箱，功能齐全，安全性高。就价格来说，企业级邮箱一般收费在150～250元/年，而普及型的邮箱仅在25～50元/年。收费邮箱已经成为越来越多的企业、网民的选择，它的扩散成为网络媒体赢利的新的增长点。从市场规模看，虽然缺少相关翔实、可靠的数据，但可以大致肯定企业级电子邮箱是收费邮箱的主体。

经过了狂热的泡沫催化，也经历了残酷寒冬的煎熬。互联网发展终于进入一个理性的发展阶段。如果说过去人们心目中的互联网主要是风险投资和神奇的股价，那么现在的互联网则是以实实在在的收入和利润向世界发言。

泡沫之后的网络媒体更加理性、务实地选择经营发展战略，各网络媒体将广告、网络游戏、以电子邮件为代表的服务类业务及短信业务作为网络媒体在新环境下的发展战略，无疑是网络媒体战胜"网络泡沫"的关键。

链接

搜狐进入稳步成长时期

北京时间2002年10月22日上午，搜狐公司正式公布了截至2002年9月30日的第三季度财务报告，宣布成功实现全面赢利。

在搜狐公司公布第三季度财务报告后，6688.com电子商务网站负责人王峻涛接受了搜狐IT频道的电话采访。

搜狐IT：今天搜狐公布第三季度财务报告，宣布实现了美国通用会

计准则的赢利，非广告收入首次超过广告收入，并且实现了连续 9 个季度的双位数增长，您是否可以就此谈谈您的看法？

王峻涛：看到搜狐的 2002 第三季度财报，觉得非常振奋。这不仅是搜狐终于进入稳步成长的标志，也标志着互联网企业终于证明了自己的理念和能力。搜狐的财报有几个方面令人印象深刻。其一，它的赢利是在成功地发挥自己的核心优势，就是引领时尚、吸引大量网络用户的"注意力"。从这个意义上说，它过去倡导的注意力经济理念，是很有价值的。没有过去的长期热情投入，就没有现在的收获。第二，这样的成绩，是在搜狐及时展开业务多元化策略的基础上取得的。更可贵的是，这些业务虽然多元化，却紧密围绕自己的核心优势展开。第三，电子商务、其他收费服务的收入比例首次超过了它的广告收入，给电子商务和整个网络产业带来深刻的启示，也证明了电子商务事业进入了新的发展阶段。

搜狐 IT：近半年来，中国网络概念股的股价可以说是一直逆大盘而上，您认为这种现象背后的最主要原因是什么？

王峻涛：我觉得有三个原因。首先，很显然，这和持续良好的业绩有关；其次，在全世界持续的经济不景气中，中国的整体经济包括网络经济坚实的发展后劲，开始越来越得到世界的注意和承认；第三，中国的网络企业开始独创性地结合中国市场开拓了全新的经营方向，比如 SOHU，在引导短信时尚、倡导 B2C 电子商务、介入接入服务等方面，就表现得十分出色，开始走出一条独立于欧美"主流"的发展思路，并且开始被他们所接受和肯定。

搜狐 IT：您是否可以谈谈中国电子商务未来的发展方向，门户网站又应从何种角度切入到电子商务中？

王峻涛：目前环境很适合打造业务扎实、后劲强大的网络和电子商务企业。我们从零开始到 8848 的电子商务核心业务到达顶峰不过用了两年，而且是在与结算、物流、配送、企业与个人对电子商务的观念落后等基础方面的巨大障碍搏斗，才做到那一步的。现在的整体条件比那时好多了。我们也随之更成熟、更有经验，所以应该会比那时更顺利。很明显，今年以来，就电子商务来说，中国和全世界一样是进入了发展时期。电子商务已经悄悄成为网络领域里面最具活力、最赚钱、发展最稳定的应用门类。从另一个方面来看，现在，国内整个电子商务的基础环境也比前些年好多了。比如上网人口，1999 年，8848 开始创业时才 200 万左右，现在是那时的 20 多倍。那时，只有 3% 到 4% 的人尝试在网上买东西，现在已经有

30%左右了。而且这个数字还在以每年50%的速度增长。用4000万网民乘以30%，就是1200万人，相当于一个巨大的城市。但是现在，能为他们提供电子商务服务的企业其实很少，服务内容也很单调，这构成了巨大的市场需求。

几乎所有国内外有影响的门户都从不同角度、不同程度地介入了电子商务。这样庞大而且需求全面的市场，包括门户在内的网络企业应该都能找到巨大的机会。根据自己对电子商务的理解和核心优势，他们都可能在这个领域得到巨大的收获。SOHU在引领时尚和企业服务这些方面的优势，应该是一个很好的对电子商务的切入点。我个人期待6688公司与SOHU在这方面能有更多的合作。

搜狐IT：雅虎上周发布了今年第三季度财报，其收入增长了50%，核心业务网络广告收入也出现了增长，这是否意味着互联网股票将全面复苏？

王峻涛：网络业务走出最低谷看来已经是个不争的事实。不过，股票有时候受政治、经济大势和其他因数的影响很大，所以很难判断。不过从长期来看，我个人对此是很乐观的。

搜狐IT：作为资深的业内人士，您对中国互联网公司未来的发展方向有什么建议？宽带普及会对中国互联网产生怎样的影响？

王峻涛：看来，发展具有网络特点、适合中国市场需要的服务，是一个发展方向。既要克服泡沫经济的负面，也要坚持避免以丧失网络企业的核心竞争优势为代价的"鼠标加水泥"，是一个现在逐渐变得清晰的思路。宽带在中国迅速的普及，一定会给中国网络原来就很快的普及带来巨大的推动，它带来的其他商业机会也是很明显的。

资料来源：王峻涛：《搜狐进入稳步成长时期》，载中国博客网（www. blogchina. com），2002年10月。

四、网络媒体继续发展的新趋势

泡沫之后的广泛赢利标志着网络媒体进入一个理性的发展阶段。在第二次"实业浪潮"之后网络媒体自身的赢利能力再次得到了纳斯达克的关注，网络媒体的发展呈现出一系列新的趋势。

2002年被认为是网站由亏损到赢利的一道分水岭。从美国的互联网巨头到中国各大门户网站纷纷传出赢利的消息、网易、搜狐在纳斯达克的股价大幅上扬。

"这是中国互联网的一个里程碑。"张朝阳在2002年10月份为搜狐公司5

年以来获得的第一次全面赢利而兴奋不已，并宣布要重估中国的网络时代。与此同时，网易与新浪也终于挺过了它们在过去两年中各自面临的风雨飘摇，它们开始赢利。

广泛的赢利是对网络媒体理性选择发展战略的回报，是网络媒体彻底击破"泡沫"迎来新的发展阶段的重要标志。在赢利的背景下，网络媒体开始了新的尝试，网络媒体的经营发展表现出新的发展趋势。

1. 网络新闻信息内容的收费服务将逐步实施

曾几何时，网络媒体的一个重要的游戏规则是完全免费。可是网络媒体发展到今天，收费已开始被提上了议事日程。

付费内容已经开始崭露头角，在国外的网络媒体中，订阅新闻收费模式已有很好的开展。AOL 长期以来都坚持其收费服务的机制，《芝加哥论坛报》和《华尔街日报》在进行收费订阅之前都做过消费者调查，调查结果显示：订阅模式有利可图。而且《华尔街日报》在开展订阅付费之后，其电子互动版就有近 15 万付费用户，在 1998 年 6 月，其订阅费收入就达到 600 万美元。当然网络媒体在采用订阅付费模式，也必须小心，如果不加思考，贸然采取付费订阅模式，很有可能难以生存下去。①

综合目前中外网络媒体信息内容营收模式看，大体有以下三种，首先是将新闻和信息内容打包向其他网站或媒体销售；其次是用户付费方能浏览网站；最后一种是要求用户付费进行数据库查询。内容收费的成功并非一蹴而就，涉及信息质量要高，内容独特性高（即替代性要低），付款机制方便完善，消费者付费观念健全，上网费率要低、速度要快，明确的市场区隔，内容不易被仿冒及复制等因素。

2. 电子商务

网络媒体搭建电子商务平台作为营收手段之一，也是常见的模式。在新闻媒体网站中，有代表性的是大洋网（广州日报网站）的图书销售和 YNET. COM（北京青年报网站）的"团购"平台。大洋网是国内第一个具有明显电子商务性质的新闻媒体网站，且做到相当规模。

未来收入最诱人的一块——电子商务目前的发展状态可以概括为"处于井涌阶段"。2003 年 6 月，网络书店 Amazon 利用最新的哈利·波特第五集《哈利·波特与凤凰令》的销售新增了 25 万个客户账户。目前，网上购书已经占

到图书销售的 12％，但是 Amazon 的活跃用户只有 3300 万，eBay 的活跃用户只有 3100 万，比例还不到 6 亿网民的 5％，发展空间潜力无限。

第 12 次互联网调查报告的统计数据显示，在 2003 年的非常时期，最让人欣喜的是网络购物的发展，在被调查的网民中，有超过 40％的人通过购物网站购买过商品或服务。网络应用的大幅度提高是互联网发展的重要标志，也为网络媒体的发展提供了更强大的动力。

3. 多元化的增值经营业务

宽带网络能够提供更丰富且多元化的内容及服务模式。对用户而言，宽带网络最初的卖点当然在于高速上网，但高速上网一旦实现，马上就将面临着用户更高更多的要求，服务商能否提供用户需求的内容和服务将是关系其成长与否的最重要因素。可以这样认为，宽带上网的价值不在于上网本身，而在于其内容提供和服务提供。

以短信为代表的移动增值服务在中国的发展只有 4 年左右的时间，但已经走过了尝试摸索的初级阶段、短暂的调整阶段，现在正处于高速的成长阶段，这个时期的发展将决定未来中国移动增值服务产业的格局。移动增值服务市场规模的不断扩大使得原有产业链成员的力量和角色逐渐发生变化，重新调整和安排每个产业链环节的利益已经势在必行，而中国移动和中国联通对合作 MSP 管理力度的加强也证实了中国移动增值服务产业正在经历的巨大变化。市场环境和运营商政策的剧烈变化为中国 MSP 敲响了警钟，从新定位自身在产业链中的位置，明确市场空间，开始"第二次创业"是每个 MSP 都无法回避的问题。

欧洲是第二代移动通信的领先者，却无法避免其移动增值服务产业走过大段弯路，美国拥有最发达的互联网产业和最高的信息化水平，也无法保证其移动增值服务产业不会一塌糊涂，日本和韩国却各自找到了引领移动增值产业发展的良方，迅速占据世界领先的位置，体会别人的成功与失败可以帮助我们寻找到未来中国移动增值服务的发展方向。

网络媒体与电信运营商关于移动增值服务的合作是未来网络媒体多元化经营的重要组成部分。门户网站与电信运行商在彩信、3G、无线数据传输等方面的广泛合作必将在未来几年成为网络媒体新的经济增长点。

4. 资本的再度垂青

现代商业社会，资本的力量是极其重要的，对于网络媒体来说，能否获得资本市场的垂青，某种程度上已是衡量一个网络媒体经营战略是否成功的标志。经历了 2001 年的泡沫经济之后，到 2003 年 7 月，三大商业网络媒体的股

价又全部涨至 30 美元以上，较其股价最低点时上涨了 3000％以上，远远高于同期纳斯达克指数 34％的涨幅。尔后一系列的事实正说明网络媒体正再次得到资本的青睐，成为新阶段网络媒体发展的重要标志。

2003 年 12 月 17 日，慧聪国际在香港二板，成功挂牌上市。慧聪将按每股 1.01 港元至 1.23 港元，配售 1 亿股全新股份，约占扩大后股本 25％，股份全以配售形式发售，总集资额介乎 1.01 亿港元至 1.23 亿港元，若以总集资上限计算，公司总市值将近 5 亿港元。

到 2005 年 8 月，中国最大的网络游戏公司盛大网络也已成功上市，而雅虎与阿里巴巴交易的最终版本浮出水面。其中，雅虎将其在华所有业务尽数转让阿里巴巴，同时再加上数亿美元现金，最终总价为 10 亿美元，置换阿里巴巴 1/3 股权阿里巴巴（中国）收购雅虎中国全部资产，同时得到雅虎 10 亿美元投资。阿里巴巴还获得雅虎品牌在中国无限期使用权。

本章主要概念回顾

网络媒体、互联网接入商（ISP）、互联网内容服务商（ICP）、网络广告、网络游戏、收费邮箱、订阅付费

思考题

1. 请简要叙述网络媒体的类别有哪些。

2. 试结合你对网络媒体的认识谈谈当前中国网络媒体存在的问题。

3. 请阐述一下中国网络媒体经营管理发展的几个阶段。

4. 请思考一下在中国目前的环境下，网络媒体订阅付费的模式是否可行，为什么？

5. 请结合你对网络媒体的了解谈谈当前网络媒体有哪些赢利的方式。

第二章　网络媒体的经营管理

　　网络媒体作为一种组织形态，我们可以从多个视角去理解它。通常我们都会将网络媒体视作为与传统媒体一样性质的组织，从新闻宣传的角度来讨论。但随着我国传媒产业的发展，网络媒体的经济属性也开始为人们所关注。本书的立足点即在此。在深入讨论网络媒体的商业性特征之前，我们有必要先了解一下经营管理的基本知识，以及讨论一下网络媒体所体现出的经济学。本章即由这两部分构成，在第一部分，我们从战略管理、组织设计与人力资源管理、营销管理与产品管理这几个方面向读者简单介绍有关经营管理的知识，这些知识构成了本书所有后面章节，即网络媒体经营管理的基础。本章的第二部分，我们立足于网络媒体本身的特点，结合经济学的相关理论来揭示网络媒体所体现出的经济学。

第一节　经营管理基础（一）：战略管理

一、战略管理的概念

1. 战略的概念

　　对"战略"一词进行定义，是一件非常复杂的事。"战略"这个词最早用于军事领域，在《辞海》（1999 年）中，对"战略"的解释是："①泛指对全局性、高层的重大问题的筹划与指导。②亦称军事战略，指对战争全局方略的筹划和指挥。"《简明不列颠百科全书》中这样定义："战略是在战争中利用军事手段达到战争目的的科学和艺术。"从这两个定义我们不难看出"战略"所应该具有的特性。首先，战略是全局性的，在决策过程中要充分考虑各方面的因素，在实施过程中能够照顾到各个方面，是"全局的筹划和指挥"。其次，战略的选择是在考虑自身条件、资源、能力的基础上作出的，战略的可行性就是指现实的资源、环境条件下战略的实施是可能的。最后，战略选择、实施的

最终目的是实现战略目标，就是"达到战争目的"。

正是战略的这些特性，使得管理学家将"战略"这个概念从军事领域引入企业管理。20世纪60年代《战略管理论》一书论述了企业战略和经营战略问题，从而使战略开始成为管理学中经常使用的一种具有科学性的概念。在企业战略管理领域，通常所谈到的战略（Strategy），主要涉及组织的远期发展方向和范围，理想情况下，它应使资源与变化的环境，尤其是与它的市场、消费者或客户相匹配，以便于达到所有者的预期希望。

在一个组织如网络媒体中，战略实施是一个非常复杂的、充满不确定性的过程。例如，人们可能会说他们工作中都有一个战略。在考虑组织采用的战略的影响时也许与此有关，但这并不是所说的公司战略。为了更深刻地理解战略，我们可以对组织中的战略进行分层。以新浪为例，至少可以将战略分为三个层次：

第一，公司层（corporate level）。对全球新浪以及许多公司的总部而言，主要问题是关于新浪的整个经营范围，从结构和财务的角度来考虑该如何经营；怎样将资源分配给世界各地的不同的新浪的经营活动等。当然，所有这些都受新浪整体目标的影响。第二层被认为是竞争战略或企业战略（competitive or business strategy），主要涉及如何在市场中竞争。因此，其主要问题是应开发哪些产品或服务，以及将其提供给哪些市场；并关心这些产品满足顾客的程度，以达到组织的目标——如远期赢利能力、市场增长速度或者提高效率等。因此，公司战略涉及组织的整体决策，而竞争战略则更关心整体内的某个单位。对新浪而言，竞争战略问题就是各国的新浪应该给他们所竞争的特定市场提供什么产品和服务。这是一个说明公司级战略与竞争级战略相互作用的极好的例子。在竞争级，新浪的战略应考虑其经营所处的市场。但在公司级，即全球新浪则希望保证它的形象、经营范围和经营风格在世界范围内的一致性。这种竞争级战略与公司级战略的相互配合在许多非网络媒体业务的跨国公司都可看到。战略的第三层是在组织的经营层。这一层的经营战略（operational strategies）关心企业的不同职能——营销、融资和制造等如何为其他各级战略服务。当然这些服务对于组织如何提高竞争力是很重要的。例如，新闻专题、网络游戏等的设计与经营，这些非常重要，是否与新浪的高级战略相吻合，这在很大程度上会影响新浪整体战略的成功。①

2. 战略管理

关于"战略"，我们已有一定的理解了；那么，什么是"战略管理"

---

① 格里·约翰逊、凯万·斯科尔斯：《公司战略教程》，华夏出版社1998年版，第7页。

（strategic management）呢？显然仅仅说它是对制定战略决策过程的管理是不够的。

战略管理也并不是只管理制定有关组织主要问题决策的过程，还要保证战略的实施并发挥作用。它包含三个主要元素（这些形成了本书第二部分"网络媒体战略管理"的主框架）：战略分析（strategic analysis）——战略人员利用战略分析了解组织的战略地位；战略选择（strategic choice）——它涉及对行为可能过程的模拟、评价和选择；战略实施（strategic implementation）——如何使战略发挥作用。

在详细讨论这些问题之前，弄清楚它们之间的关系非常重要（如图2-1所示）。许多战略教科书都是按照直线型列示——战略分析之后是战略选择，战略选择之后是战略实施。确实，这样看起来十分符合逻辑。但是实际中，并不是各阶段都按直线排列的。很可能各元素之间是互相联系的，很可能评估战略时就开始实施战略了。因此，战略选择和战略分析就会重叠；也可能战略分析是一个持续的过程，因此，也就与战略实施重叠了。

图2-1　战略管理过程的基本模型

二、战略管理过程

1. 战略分析

战略分析（strategic analysis）是指对那些保证组织在现在和未来始终处在良好状态的关键性影响因素形成一个概观。

通过战略分析，我们要了解组织的战略地位，环境正在发生哪些变化，以及它们怎样影响组织和组织活动，对这些变化组织有哪些资源优势，与组织有关的个人和团体——管理人员、所有者或股东、联盟等的愿望是什么，这些怎样影响当前的地位，将来还会发生什么等问题。

图 2-2 总结了这些影响因素，我们将在下面进行简略讨论。

（1）环境。任何组织，包括网络媒体都是处在复杂的商业、经济、政治、技术、文化、社会环境中，战略的制定与实施显然与组织在环境中的地位有关，因此了解环境对组织的影响对于战略分析来说是至关重要的。在考虑环境

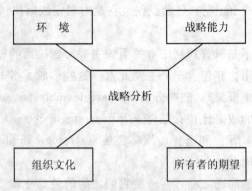

图 2-2　战略分析的内容

变量对现在的影响和预期的变化的同时，必须考虑历史和环境对企业的影响，因为环境变量非常多。有些环境变量会产生某些机会（opportunities）。有些则会给企业带来威胁（threats）。

（2）组织资源。除了存在对公司和战略选择的外部影响外，同时还存在内部作用。考虑组织战略能力（strategic capability）的一种方法就是考虑组织的优势（strengths）和劣势（weaknesses）。例如，它擅长哪些，竞争优势是什么，劣势是什么。定义这些优势和劣势时会考虑企业的资源，如它的资产、管理水平、财务结构和产品等。而且，其目的也是建立一个有关战略选项的内部影响和约束的"大概面貌"。

（3）不同利益相关者的期望也很重要，从战略的观点看他们会影响到哪些东西是可以被接受的。形成组织文化的信仰和各种假设条件不太明确，但具有很重要的影响。信仰和假设条件会干扰环境和资源对组织的影响作用，因此在不同部门工作的两组管理者可能会得出不同的结论，虽然他们面对的是相同的环境和资源状况。哪种影响会占据首位可能取决于哪一组权力更大，认识到这一点，对于理解组织和战略为什么会这样或为什么可能会这样十分重要。①

2. 战略选择

战略分析为战略选择提供了基础，战略选择可分为 3 个部分。

（1）战略选择的产生。也许会有几个可能的行为过程。从新浪网的发展历程中，我们或许也能看到这些行为过程，例如，曾经讨论过的新浪是以网络新闻作为其发展重点还是以新闻及其他业务整合作为发展方向；再有就是我们熟

---

① 格里・约翰逊、凯万・斯科尔斯：《公司战略管理》，第 11～12 页。

知的王志东的离去，也代表着在当时的新浪所作出的战略选择。需要注意的是，在形成发展战略时，一种潜在的危险是管理者不是把所有的选择考虑在内，而只考虑那些明显的选择，必须明白的是最明显的不一定是最好的。在战略选择中形成各种战略方案是一个很有帮助的环节。

（2）战略方案的评估。在战略分析的过程中可以检验战略方案，评估它们的相对优点。在选择战略方案时，新浪管理层可能会提出一系列问题。首先，哪些方案能支持和加强公司的实力，并且能够克服公司的弱点，哪些能完全利用机会和优势，而同时又使公司面临的威胁最小化或者能够完全消除？这一过程被称为寻找战略匹配性或适用性（suitability）。但是，第二类问题更重要。即选中的战略能发挥多大程度的作用？所需的财务资源更多吗？所有这些都是可行性（feasibility）问题。即使这些目标都达到了，此方案对所有者来讲是否可接受（acceptable）？

（3）战略的选择。这是选择战略方案的过程。也许只有一个或几个战略被选中。实际上，不可能有真正"错误"或"正确"的选择，因为任何战略都免不了有一些缺点或危险。因此，最后，选择是一个管理评测问题，不能总被看做纯目的、纯逻辑的行为。

3. 战略实施

战略实施就是将战略转化为行动。战略实施分几个部分，它涉及资源计划（包括战略实施的"后勤保障"），哪些是需要完成的关键任务？组织资源混合使用时需要做哪些变动？到什么时候为止？谁对这些变动负责，等等。可能组织结构中的变动也需要通过战略来实现，还可能需要改变用来管理组织的系统。不同的部门应对什么负责？需要哪些种类的信息系统来监测战略的进程？需要重新培训员工吗？

战略实施还要求对战略变革进行管理，这就要求管理者掌握管理变革过程的方法和技术。这些机制不仅与组织重新设计有关，而且还与变动组织文化和日常工作、克服变动的政治阻力等有关。

4. 战略管理过程小结

图2-3总结了前面讲过的战略管理的影响因素和组成元素。这张图并不是要描述战略管理应该是什么，而是提供一个框架，读者在考虑战略问题时可以使用它。它同时也表示出了本书其他部分的结构。

正如我们在上文中指出的，认为战略管理是顺序按步骤的过程是很危险的，这种危险使读者在这里可能不会找到在现实中存在的元素。因此也就会认为他所在的组织中的战略管理没有发生。因此，我们需要强调的是本书这里所用到的模型是划分本书结构的有用工具，也是学生和管理者考虑复杂战略问题的重要方法。

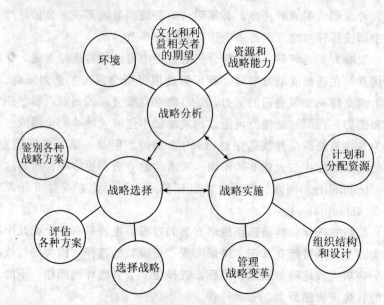

图 2-3　战略管理元素模型总结①

对于不同行业来说，由于面临的外界环境及行业内部、组织内部的情景各不相同，可能采取的战略管理措施也会不同。但战略管理的基本思路却是相同的，本书的第二节即是立足于中国网络媒体的具体情况，结合战略管理的理论来进行梳理，我们梳理的出发点是尽可能地将战略管理理论引入网络媒体行业，给初学者提供一种理解和分析网络媒体经营管理的方法。

第二节　经营管理基础（二）：
组织设计、人力资源管理

一、组织设计

1. 组织

所谓组织，应该是一个外部环境相联系的、有确定目标的、精心设计的协

---

① 格里·约翰逊、凯万·斯科尔斯：《公司战略教程》，第13页。

调的活动系统。从以上这个定义，我们可以看出，组织的关键要素不是一个建筑或一套政策和程序，组织是由人及其相互关系组成的。当人们彼此作用以履行有助于达成目标的必不可少的职能时，一个组织便出现了①。

2. 组织的重要性

组织就在我们的周围并且在许多方面左右着我们的生活。但是，组织有哪些作用呢？它们为什么重要？下面列出的原因说明组织的重要性。

（1）整合所有的资源以达到期望的目标和结果

（2）有效地生产和服务

（3）为创新提供条件

（4）适应并影响变化的环境

（5）为所有者、顾客和雇员创造价值

3. 组织结构

任何组织都面临如何进行组织结构的设计这个问题的挑战，而几乎每一个公司都要在一定时刻经历重组。结构变化要反映新的战略，或反映对其他权变因素，如环境、技术、规模和生命周期，以及文化等变化的适应。

我们首先需要了解如何有效地理解组织结构。对组织结构定义有以下3个关键要素：

（1）组织结构决定了正式的报告关系，包括科层制中的层级数和管理者的控制跨度。

（2）组织结构确定了如何由个体组合成部门，再由部门到整个组织。

（3）组织结构决定如何设计一些系统，这些系统用来保证跨部门间的有效沟通、合作与整合。②

组织结构的这3个要素包含于组织过程的横与纵两个方面。例如：前两个要素是结构性框架，属于纵向科层内容。第三个要素则是关于组织成员之间的相互作用类型的。一个理想的组织结构应该鼓励其成员在组织需要的时候提供横向信息、进行横向协调。

组织结构反映在组织图中。我们可以看到一个组织的生产设备、办公室或者产品，但是用这种方式却不可能"看到"组织的内部结构。尽管我们可以看到员工履行其职责，执行不同的任务，在不同场所工作，但实际上我们能够看

---

① 里查德·L·达夫特著，李维安等译：《组织理论与设计精要》，机械工业出版社2005年版，第5页。

② 同上书，第35～36页。

清这些活动背后的结构的唯一方法还是要借助组织图。组织图可视化地说明了一个组织内部一整套的主要活动和流程。图 2-4 是一个组织图的例子。在理解公司如何运作中，组织图可能是非常有用的。它表示出了公司的各个不同部分，说明这些部分之间是何种关系，以及每个职位和部门之间如何来适应整体。

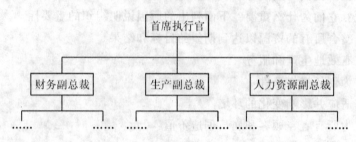

图 2-4　组织图的一个例子

组织图的思想已经存在了几个世纪，这种思想表明存在哪些职位，他们如何整合在一起，以及由谁向谁汇报工作。

一般的组织，如图 2-4 所示，其结构中首席执行官被设置在最上层，而其他所有人被安排在其下层。思考和决策由高层人员来进行，而具体工作则由安排在不同的职能性部门的员工来执行。这种结构在 20 世纪的多数时间内在商业界成为一种固定模式。然而，这种纵向的结构并不总是有效，尤其是在快速变化的环境中。这些年来，人们已经开发了其他类型的组织设计，其中许多旨在提高横向协作和沟通，增强对外部变化的适应，例如，矩阵式组织结构等。这些现代组织基本类型的结构设计，将在本书的第六章中进行介绍。

二、人力资源管理

1. 人力资源管理的概念

所谓人力资源管理，是指运用科学方法，协调人与事的关系，处理人与人之间的矛盾，发挥人的潜能，使人尽其才，事得其人，人事相宜，以实现组织目标的过程。简而言之，是指人力资源的获取、整合、激励及控制调整的过程。包括人力资源规划、人员招聘、绩效考核、员工培训、工资福利政策等。它与传统的人事管理有着本质的区别[1]。

传统的人事管理是以"事"为中心，注重的是控制与管理人，属于行政事

---

[1]　郑晓明编著：《人力资源管理导论》（第二版），机械工业出版社 2005 年版，第 11 页。

务式的管理方式。而现代人力资源管理以"人"为核心，是把人作为活的资源来加以开发。人力资源被提到战略高度。人力资源管理注重人的心理与行为特征，强调人与事相宜，事与职匹配，使人、事、职能取得最大化的效益。

2. 人力资源管理的任务

人力资源管理的基本任务，就是根据企业发展战略的要求，通过有计划地对人力资源进行合理配置，搞好企业员工的培训和人力资源的开发，采取各种措施，激发企业员工的积极性，充分发挥他们的潜能，做到人尽其才，才尽其用，更好地促进生产效率、工作效率和经济效益的提高，进而推动整个企业各项工作的开展，以确保企业战略目标的实现。

具体地讲，现代企业人力资源管理的任务主要有以下几个方面：

（1）通过规划、组织、调配和招聘等方式，保证以一定数量和质量的劳动力和各种专业人员，满足企业发展的需要。

（2）通过各种方式和途径，有计划地加强对现有员工的培训，不断提高他们的文化知识与技术业务水平。

（3）结合每一个员工的具体职业生涯发展目标，搞好员工的选拔、培训、考核和奖惩工作，起到发现人才、合理使用人才和充分发挥人才的作用。

（4）采用各种措施，包括思想教育、合理安排劳动和工作，关心员工的生活和物质利益等，激发员工的工作积极性。

（5）根据现代企业制度要求，做好工资、福利等工作，协调劳资关系。[1]

3. 人力资源管理的内容

人力资源管理的内容有以下几个方面：

（1）人力资源规划。通过制定这一规划，一方面保证人力资源管理活动与企业的战略方向和目标相一致；另一方面，保证人力资源管理活动的各个环节相互协调，避免相互冲突。同时，在实施此规划时还必须在法律和道德观念方面创造一种公平的就业机会。

（2）职务设计与工作分析

这是人力资源管理中的一项重要工作。通过对工作任务的分析，根据不同的工作内容，设计为不同的职务，规定每个职务应承担的职责和工作条件、工作任务等，可使企业吸引和保留合格的员工。

---

[1] 郑晓明编著：《人力资源管理导论》（第二版），第 11 页。

（3）招聘。为企业补充所缺员工而采取的寻找和发现符合工作要求的申请者的办法。

（4）选拔。企业挑选最合适的求职者，并录用安排在一定职位上。

（5）职业生涯开发。这是根据员工个人性格、气质、能力、兴趣、价值观等特点，同时结合组织的需要，为员工制定一个事业发展的计划，并不断开发员工的潜能。

（6）绩效评价。通过考核员工工作绩效，及时做好信息反馈，奖优罚劣，进一步提高和改善员工的工作绩效。

（7）培训。通过培训提高员工个人、群体和整个企业的知识、能力、工作态度和工作绩效，进一步开发员工的智力潜能。

（8）薪酬激励。根据员工的工作绩效的大小和优劣，企业给予不同的报酬和奖励。

（9）劳资关系。企业管理者与企业内有组织的员工群体就工资、福利及工作条件等问题进行谈判，协调劳企关系。

4. 人力资源管理的意义

实践证明，重视和加强企业人力资源管理，对于促进生产经营的发展，提高企业劳动生产率，保证企业获得最大的经济效益有着重要的意义。

（1）有利于促进生产经营的顺利进行

劳动力是企业劳动生产力的重要组成部分，只有通过合理组织劳动力，不断协调劳动力之间、劳动力与劳动资料和劳动对象之间的关系，才能充分利用现有的生产资料和劳动资源，使他们在生产经营过程中最大限度地发挥其作用，并在空间上和时间上使劳动力、劳动资料和劳动对象形成最优的配置，从而保证生产经营活动有条不紊地进行。

（2）有利于调动企业员工的积极性

企业中的员工是有思想、有感情、有尊严的，这就决定了企业人力资源管理必须设法为劳动者创造一个适合他们需要的劳动环境，使他们安于工作、乐于工作、忠于工作，并能积极主动发挥个人劳动潜力，为企业创造出更有效的生产经营成果。因此，企业必须善于处理好物质奖励、行为激励及思想教育工作三个方面的关系，以保证员工旺盛的工作热情，充分发挥自己的专长，努力学习技术和钻研业务，不断改进工作，从而达到提高劳动生产率的目的。

（3）有利于现代企业制度的建立

科学的企业管理制度是现代企业制度的重要内容，而人力资源的管理又是企业管理中最为重要的组成部分。一个企业只有拥有第一流的人才，才会有第一流的计划、第一流的组织、第一流的领导，才能充分而有效地掌握和应用第一流的现代化技术，创造出第一流的产品。否则，如果一个企业不具备优秀的管理者和劳动者，企业的先进设备和技术就只能付诸东流。提高企业现代化管理水平，最重要的是提高企业员工的素质。由此可见，注重加强对企业人力资源的开发和利用，搞好员工培训教育工作，是实现企业管理由传统管理向科学管理和现代管理转变不可缺少的一个方面。随着现代企业制度的逐步建立，企业人力资源管理将越来越显得突出和重要。[①]

（4）有利于减少劳动耗费，提高经济效益

经济效益是指进行经济活动中所耗费的和所得到的。减少劳动耗费的过程，就是提高经济效益的过程。所以，合理组织劳动力，科学配置人力资源，可以促使企业以最小的劳动消耗，取得最大的经济成果。

组织设计和人力资源管理是企业开展经营管理的重要基础，一个有效的组织结构和人力资源管理体系在很大程度上会影响到企业经营的业绩。对于当前的中国网络媒体来说，这两方面的建设显然都还存在极大的缺陷，当然对于不同类型的网络媒体也各有不同。在本书的第三部分中，我们也将就我国网络媒体的实际情况，对其组织设计及人力资源建设展开分析，如同战略管理理论的引入一样，我们的目标并不仅仅是对现实情况的简单介绍，而是希望通过对现状的描述能使学习者感受到组织设计和人力资源建设对我国网络媒体经营管理的重要性。

第三节　经营管理基础（三）：产品管理与营销管理

一、产品与产品管理

1. 产品

所谓产品，即是能够提供给市场以满足需要和欲望的任何东西。[②] 在市场学著作中，产品分类有多种方式，这里我们介绍最常用的一种分类方法，根据消费者为获得产品所花费的努力程度将产品分成：便利产品、可选择性产品和特殊产品。

---

① 格里·约翰逊、凯万·斯科尔斯：《公司战略教程》，第 13 页。

② 菲利普·科特勒：《营销管理》（第十一版），上海人民出版社 2006 年版，第 454 页。

便利产品是指消费者不刻意追求品牌而经常性购买的产品。譬如牛奶、面包、黄油，消费者常会购买其他替代品牌，而不一定会找遍整个超市去寻找某一特定品牌的物品。

如果采购行为是经过深思熟虑的，那么消费者将在多种替代商品之间进行比较后再作采购决定。譬如，购买衣物时，大多数消费者会在几种类似的商品间对式样、颜色、面料进行比较，以求获得最能符合时尚标准的衣物。这类是花费心思去选择的产品。

专业采购经常涉及一些特定品牌的产品，消费者会尽最大的努力去得到它们。如果所期望的产品不能得到，消费者也不会接受其他品牌的产品，甚至会进行一次专门的旅行去寻找何处能购得该项产品①。

本书中的新闻产品通常属于专业化的特殊产品。消费者期望看到自己所喜欢的新闻信息，也不会为不喜欢的新闻信息而屈尊和妥协，在互联网上，替代的新闻网站是十分多的。

大多数产品具有以下主要的组成要素：

（1）主体产品或物品本身；

（2）相关服务；

（3）价值：具有某种象征性的、能够影响消费者的或其他令消费者依附于该产品价值的东西。

在购买汽车时，消费者获得了一种交通工具（产品主体），还有某种服务，譬如保修和服务合同。当然，还包括一种具有象征意义的价值，可能是威望、权力或是梦想的实现。

消费者选择一个特定品牌或产品背后的原因，可以说是多种多样，买汽车的例子再一次说明了这一点。一些人做出购买汽车的决定完全是基于纯粹的技术指标，如汽车耗油量等，换一句话说，是基于产品主体。而另一些人选择某些品牌是为了厂家的质量保证或是分销商的售后维修服务计划，即根据产品所附带的服务才决定购买。还有一些人做出决定是根据产品所代表的社会地位，而且有时，这种象征性的价值观会成为购买产品的主要驱动力。

关于产品概念的确定方式，适用于文化产品概念分析的三个标准（参见表2-1），也可以适用于对新闻信息产品的界定，这三个标准是：参照、技术和环境②。

---

① 佛朗索瓦·科尔伯特：《文化产业营销与管理》，上海人民出版社 2002 年版，第 45 页。
② 同上书，第 48～49 页。

表 2-1 文化产品的三个标准

参　　照	技　　术	环　　境
学　　科 流　　派 历　　史 竞争产品 替代产品	产品消耗 产品生产程序	临时要素 消费者

　　参照标准能够使消费者根据各方面的参考点来确定一个产品（譬如类别、流派、历史等），这些参考点会根据消费者不同的经验或对产品所具有的知识有所增加或减少。这个方面可以通过将产品同其他现有的产品或曾经存在过的产品进行比较，从而得到一个明确的标准。譬如，舞蹈作品可以和同舞剧中的其他片段进行比较，也可以和其他风格的舞蹈（如现代舞、爵士舞等等）进行比较，而且该产品的定位也可以同戏剧作品或其他休闲活动进行比较，因为后者也会跟它竞争潜在的观众。当评估某一产品时，也同样需要考虑其所需要的分销和传播手段、其他产品的存在或曾经存在的特定市场。

　　技术因素，包括了消费者所得到的产品的技术和材料内容，它可能是指产品本身（新闻信息作品），也可能是媒介本身（报纸或书），或者是作品表演的一个组成部分（一场戏）。当一名消费者购买一个磁盘时，他也就获得了作品的一个技术特性。作为旁观者，同一类型的消费者可以看到艺术作品中的技术特性，但却无法掌握到它。在任何情况下，技术特性影响着所制造的作品的质量。

　　环境因素与产品周围暂时的、易变的情况和形势有关。当一个新闻产品被浏览时，不同的网络受众对这个新闻作品的感觉是不同的，包括不同的心境情绪、物理状态、舒适程度。所有这些转瞬即逝的因素对于产品的整体理解过程会产生重要影响，同时还影响着消费者对作品的评价。事实上，一旦把人们的洞察力考虑进入，环境就成为其中一个重要的变量。

　　2. 新闻信息产品：一种复杂的产品

　　产品的复杂性随着产品特征、消费者状况以及消费者对产品的感受而呈现出极大的不同。一些产品较为复杂，是因为它们的技术特性要求付出大量的努力使得消费者可以逐步熟悉这些产品的特点。譬如，当毫无经验的采购者第一次采购技术复杂的个人电脑时，店家就会发现顾客对购买个人电脑带有相当不安的情绪。而在购买一辆新车前，消费者会从朋友们那里寻求建议，因为他们的建议对抵抗复杂的情绪非常有用。同一消费者也会很随意地买一些其他产品，不过它们大多是普通的便利商品，因此被称为"简单产品"。与"简单产品"相比，新闻信息产品显然可以被界定为复杂的产品，因为这些产品需要特定的知识才能得以创造，或是作品基于一些抽象的概念从而要求消费者具有欣赏理解这些概念的能力。

正如我们在上文中所提及的，产品的理解有多个角度。从经济学的角度来更深入地理解新闻信息产品的特点，其实是本书的一个基础。因为我们在讨论网络媒体经营管理时，隐含的前提即是网络新闻信息是被看做是一种"产品"，而有关这方面的讨论我们将在下文中展开。

3. 产品系列

达尔蒙（Darmon）等人将产品系列解释为"一组相关联的产品"，而"产品系列的深度"术语则用来描述产品系列所提供的不同产品的数量。书店里所卖的小说是一种产品系列，而期刊、辞书、儿童读物是其他三种不同的产品系列①。

产品组合是由公司提供的所有产品系列组成的。书商的产品组合由书店里所有书架上的产品系列所组成。产品组合的概念可以很容易地被运用到网络媒体。网络媒体可以提供网络财经新闻、网络社会新闻、网络时事政治新闻等多个网络新闻产品系列；而如果我们将网络媒体所提供的各种服务，诸如 BBS 服务、Email 服务等也视作为产品，即服务性产品，则我们可以将网络媒体的产品组合扩展为包括网络新闻产品、网络服务产品在内的产品系列。

二、营销管理

1. 营销管理的概念

所谓营销管理，是指为了实现各种组织目标，创造、建立和保持与目标市场之间的有益交换和联系而设计的方案及对其分析、计划、执行和控制。

营销管理存在于一个组织与其任何一个市场发生联系之时。营销管理的任务是按照一种帮助企业达到自己目标的方式来影响需求的水平、时机和构成。简单地讲，营销管理就是需求管理。

2. 营销管理过程

营销管理过程就是分析市场机会，研究和选择目标市场，制订营销战略，

---

① 佛朗索瓦·科尔伯特：《文化产业营销与管理》，第52页。

设计部署营销战术及实施和控制营销努力过程，如图 2-5 所示。

（1）分析市场机会[①]

营销管理过程面临的第一个任务就是分析市场上的各种长期机会，以改进组织的工作。为了加深对各种机会的理解，企业必须密切注意营销环境。营销环境包括微观环境和宏观环境。公司的微观环境包括所有帮助或影响公司的角色，具体包括：供应商、销售中间商、顾客、竞争者和各类公众等。

当然企业的管理者还必须注视宏观环境这一更高层次的动态，即人口统计、经济，物质、技术、政治——法律和社会——文化发展。只注意微观环境，对社会中较大的变化力量不闻不问，这是营销近视。像这样一些问题应该注意：国内哪些地区正在发展，哪些地区正在衰退？经济前景如何，其对企业产品销售和购买有何影响？等等。

图 2-5　营销管理过程

（2）研究和选择目标市场[②]

企业营销管理者在对微观和宏观环境进行了广泛的扫描和对消费者与组织的市场行为作了一般的了解以后，必须进一步收集具体的资料，即正规的营销调研和信息收集。营销调研是现代营销不可或缺的组成部分，公司只有通过研究顾客的各种需要和欲望，研究顾客所在的地区和购买实践等，才能为其市场提供最好的服务。有几种不同程度的正规调研可供企业选择。最低限度，营销管理者需要一个完善的内部会计制度，该制度能及时地、准确地报告目前产品的销售情况，包括产品样式、顾客、行业和规模、顾客所在地、销售人员和分销渠道。此外，管理者还要收集有关顾客、竞争者、中间商的市场信息，随时保持耳聪目明。营销人员也应进行其他形式的调研，例如，从第二手资料中获得情报，组织几个小组座谈会，进行电话、邮寄或人员调查等。如果收集到的

---

① 菲利普·科特勒著，梅汝和等译：《营销管理：分析，计划与控制》，上海人民出版社 1990 版，第 76 页。

② 同上书，第 78～82 页。

资料能通过最新的统计方法很好地加以分析，同时运用某些营销模式，公司可能发现若干有用的信息，它们将表明销售如何受到各种不同的营销工具和力量的影响。

信息的主要任务之一是衡量总体市场的范围和地理划分、预测未来销售量和利润。营销者必须了解可用于衡量潜在市场和预测未来需求的各种技术。每项技术都有一定的优点和局限性，营销人员对此要有清晰的认识，以免误用。

这些市场衡量和预测成为决定集中力量于哪些市场和哪些新产品的关键"投入"。现代营销实践要求把市场划分成几个主要的细分市场，对这些市场分别进行评价，然后选择和瞄准若干目标市场，并确定公司在每个市场的位置。

(3) 制订营销战略[1]

营销管理者必须进一步完善营销战略，并随着时间的推移，对它进行修正。营销战略将在营销计划过程中进一步阐明。经理们聚集一堂，共同研究当前营销形势，建立目标，制订营销战略，然后在此基础上部署营销战术、预算和控制。

营销战略阐明了实现企业目标的活动计划。营销战略可以被认为是：业务单位期望达到它的各种营销目标的营销逻辑。营销战略是由在预期的环境和竞争条件下的企业营销支出、营销组合和营销分配等决策所构成。

营销管理者必须决定，要达到其营销目标所需要的营销支出水平。公司习惯于按销售额的传统比率做出营销预算。进入某个市场的公司总是尽力想了解竞争者的营销预算和销售额之比。一个公司如果期望获得较高的市场份额，它的营销预算比率可能要比通常的比率高些。最后，公司要分析为达到一定的销售额或市场份额必须做的事以及计算出做这些事的费用，并在这一基础上做出营销预算。

公司还必须决定如何对市场营销组合中的各种工具进行预算分配。营销组合是现代营销理论的重要概念之一。营销组合就是企业用于追求目标市场预期销售量水平的可控制营销变量的组合。营销组合有几十个要素。麦卡锡把这些变量一般地概括为四类，称之为四个"P"：产品（production）、价格（price）、地点（place）和促销（promote）。每个 P 下面还有若干特定的变量。

(4) 规划营销战术[2]

营销计划不仅要求确定达到企业营销目标的一般战略，还要求适当地协调

---

① 菲利普·科特勒著，梅汝和等译：《营销管理：分析、计划与控制》，第83～85页。
② 同上书，第86页。

包含在营销组合中的每个变量的战术。这些变量包括产品、价格、地点、促销等。

最基本的营销变量是产品，它给市场提供有形物体，包括产品特色、包装、品牌和服务政策。

营销决策的另一个重要变量是价格，即顾客要得到某个产品所必须付出的钱。

地点是指公司为使目标顾客能接近和得到其产品而进行各种活动的场所。

促销是公司将其产品的优点告知目标顾客并说服其购买而进行的各种活动，如广告。

（5）实施和控制营销努力①

营销管理过程的最后一个环节是实施和控制营销计划。一项计划必须转化为行动，否则就毫无意义。公司必须设计一个能够实施营销计划的营销组织。在小公司里，一个人可能要兼管营销调研、推销、广告、顾客服务等一切营销工作。在一些大公司里，会设置几个营销专业人员来承担这些工作。

营销部门的有效性不仅有赖于它的结构，同时也取决于对其人员的选择、培训、指导、激励和评价。在"开放型"和"封闭型"营销组织的经营活动中存在着巨大的差异。营销人员需要对他们的营销活动进行反馈。经理们必须定期召见他们的下属，检查他们的业绩，表扬优点，指出弱点，并提出如何改正错误的建议。

在营销组织实施营销计划的过程中可能会出现许多意外情况。公司需要有一套控制程序，以确保营销诸目标的实现。各级经理除了行使分析、计划和执行等职能外，还须履行控制职能。营销控制有三种不同类型：年度计划控制，利润控制和战略控制。

对于中国的网络媒体而言，似乎产品管理和市场营销一直都是它们关注的重点。不管是哪种类型的网络媒体，在这两方面都给予了足够的重视。同样在本书中，我们也力求能全面地向读者描述我国网络媒体在产品管理和营销管理方面所作出的实际成就。但如同学习者在本书的第三部分和第四部分中会看到的，现实的情况却并不令人满意。我国网络媒体在这两方面都还处在不断摸索与完善过程中。此外，作为一本教材，我们除了描述现状外，更希望学习者能关注本书中所提及的那些在网络媒体产品管理和营销管理过程中切实可行的思路和方法。

---

① 菲利普·科特勒著，梅汝和等译：《营销管理：分析，计划与控制》，第86～89页。

第四节　网络媒体经济学

一、网络媒体的经济属性

传媒的产业属性，可以说突出地表现在它占有"稀缺的资源"，这资源就是信息。正是这种稀缺，使得传媒产业的主产品，也就是新闻和信息长期以来成为供不应求的商品。可以设想，如果信息是一种过剩资源，那么它的交换价值就会直线下降，并且直接影响到传媒产业的生存状况。虽然现在有信息爆炸和过剩的说法，但是更准确地表达恐怕应该是：相对的过剩，绝对的短缺。①

网络媒体同样具有产业化的属性，如同传统媒体一样，既有政治属性，也有经济属性，既要实现社会效益，也要实现经济效益。在当前经济发展和社会发展冲击时，应以社会效益优先，但也不能排除经济效益，如果不坚持经济属性，就无法实现可持续发展。从这方面来说，网络传媒的发展道路也是产业化之路。② 综合来说，网络媒体的经济属性体现在以下两个方面：

1. "企业经营"是网络媒体的客观要求

在网络媒体的管理实践中，我们可以看到有别于传统媒体的现象：众多网络媒体其产生之初就带有显著的商业特性，以新浪、搜狐等为代表的商业网络媒体在其产生和发展过程中一直是以商业运行机制运行。这也是我国网络媒体有别于传统媒体的一个显著特色。对于其他类型的网络媒体而言，随着我国传媒产业属性的彰显，以及来自于市场和竞争对手等各个方面的强大压力，"企业经营"的理念逐渐在网络媒体的管理者心中树立起来。许多媒体也在不断通过提高媒介经营管理水平来获取较大的经济效益。已有众多的事实证明，在媒介生存环境、地理位置、地位、规模、人员、设备等条件基本相同的情况下，由于经营管理水平的差别，所导致的媒介社会效益和经济效益是大不相同的，管理不佳的媒介甚至面临生存危机，优秀人才纷纷"跳槽"。

2. 市场的激烈竞争是网络媒体经营管理实施的原因

近年来，随着我国传媒业的逐步放开，传媒产业的竞争呈现愈演愈烈的态

---

① 刘宏：《中国传媒的市场对策》，北京广播学院出版社 2001 年版，第 150 页。

② 刘连喜：《探索网络媒体发展道路》，第四届中国网络媒体论坛专题论文，见 http：//www. ceocio. com. cn/bbs/post. asp？a_id=16262&b_id=2

势。相比较而言，网络媒体市场的竞争显得更加显著。在上一章中，我们曾对我国网络媒体进行了基本的分类：商业网络媒体、中央级网络媒体、地方重点新闻网站。在这个分类中，商业网络媒体的市场竞争意识相对较强，从互联网最初的喧嚣到"泡沫"的破灭，再到重新崛起，商业网络媒体已充分认识到市场竞争的惨烈。对于所有的网络媒体来说，彼此是处在同一产业环境中，面临的市场竞争格局应该是相同的。虽然我国的互联网用户一直都呈现高速增长的态势，并已超过 1 亿用户，应该说，这样的市场是很大的。但是互联网用户所表现出的多种行为特征，例如，网络用户的注意力有着明显的游离性，而各个网络媒体之间新闻产品的可替代性又极强；这种情况反而使得网络媒体市场的竞争要较传统媒体市场显得更为激烈。

对于竞争激烈的市场，网络媒体所能作出的基本应答就是提高自己产品的竞争力，而这种竞争力的提高必须基于网络媒体经营管理理念及方式的革新。

二、网络媒体的经济规则

1. 生产网络新闻信息的成本

网络媒体提供的是信息产品，其主要特征之一就是它的生产集中于它的原始拷贝成本，特别是当它在网络上以数字形式进行分销时更极端地显示出了这一问题：一旦第一份信息被生产出来，多复制一份的成本几乎为零。用经济学的术语说就是，生产的固定成本很高，复制的可变成本很低。这种成本结构产生了巨大的规模经济：生产得越多，生产的平均成本越低。

这种成本结构有许多重要的意义。比如，以成本为基础定价已经不起作用了：当单位成本为零时，占单位成本 10% 或 20% 的毛利就毫无意义了。你必须根据产品对于顾客的价值，而不是生产成本，来为信息产品定价。

比如，对同一信息产品进行版本划分的方法之一就是利用延迟。出版商首先发行精装本，几个月后再发行平装本；没有耐心的顾客购买高价的精装本，有耐心的顾客购买低价的平装本。互联网上的信息提供者可以采用同样的策略：在一个提供证券分析的网站上，顾客每月支付 8.95 美元可以获得 20 分钟时滞的股市指数分析；如果支付 50 美元，就可以得到根据实时行情进行的分析。[①]

2. 网络媒体的新闻信息产品是"经验产品"

如果消费者必须尝试一种产品才能对它进行评价，经济学家就把它称为

---

① 卡尔·夏皮罗、哈尔·瓦里安著，张帆译：《信息规则：网络经济的策略指导》，中国人民大学出版社 2000 年版，第 3 页。

"经验产品"。几乎所有的新产品都是经验产品，市场人员已经发展出诸如免费样品、促销定价和鉴定书这样的策略来帮助消费者了解新产品，但是信息在每次被消费的时候都是经验产品。

信息行业——如印刷、音乐和电影工业——已经发明了各种策略来说服谨慎的顾客在知道信息内容之前进行购买。首先是各种形式的浏览：你可以在报摊看标题，通过收音机收听流行音乐，在电影院观看节目的预告。但是浏览只是一部分。大部分媒体制造商通过品牌和名誉来克服经验产品难题。比如，我们今天阅读《华尔街日报》的主要原因是发现它过去很有用。

《华尔街日报》的品牌名称是它的主要资产之一，它为了树立准确、及时和可靠的名誉也进行了巨额的投资。这些投资有不同的形式，包括公司的教育计划报纸、报纸本身与众不同的外观及公司的标识等。《华尔街日报》的在线版本（www.wsj.com）证明设计者力图保留印刷版的感官特点，从而把印刷版的权威、品牌和顾客忠诚传递给在线产品。《华尔街日报》的品牌向潜在顾客传达了关于内容质量的信息，从而克服了在信息产品中很普遍的经验产品难题。①

3. 网络媒体经济学：注意力的经济学

网络媒体的竞争很大程度上是由网络的特性决定的，网络最基本的特点就是其网络性的联系，在网络媒体经营中去得竞争胜利的一个关键因素就是尽可能多地取得联系，也就是尽快扩大规模。因此如何吸引用户加入本网络而非竞争对手的网络就是竞争的重点。在多个网络媒体并存的情况下，要吸引用户加入就必须让用户了解本网络，影响其选择的预期及偏好，这就是网络经济又被称为"注意力经济"的原因。

现在困扰网络媒体的问题不是信息获得，而是信息超载。正如诺贝尔经济学奖获得者赫伯特·西蒙（Herbert Simon）所言："信息的丰富产生注意力的贫乏。"网络媒体所能产生的真正价值来自对顾客所需信息的定位、过滤和传播。

在房地产业中只有三种关键要素：位置、位置、位置。现在，任何人都可以拥有网页，问题在于让人们知道它。亚马逊网上书店（www.amazon.com）曾经和美国在线（AOL）签订了独家合同，以获得美国在线的 850 万顾客。这笔交易的账面金额是 1900 万美元，它可以被理解为购买美国在线用户注意

---

① 卡尔·夏皮罗、哈尔·瓦里安著，张帆译：《信息规则：网络经济的策略指导》，第 5 页。

力的成本。

互联网兼备大众传播媒介和个人通讯媒介的优势，为顾客和供应者的配对提供了令人兴奋的潜力。网络使销售者得以从传统的广播形式转移到一对一的营销。尼尔森公司（Nielsen）收集了数千名顾客的收看习惯的信息，用它来制作下一个季度的电视节目。而网络服务商可以观察数百万顾客的行为，并立即制作定制的内容，再捆绑上定制的广告。

这些强有力的网络服务商收集的信息并不仅限于他们用户目前的行为，他们也可以得到关于用户历史和人口分布的大量信息的数据库。比如，各个网络媒体在为用户提供免费邮件服务时，就要求他们填好一份关于他们的个人特征和兴趣的问卷调查。这种个人信息使这些网络媒体可以在用户的电子邮件信息中加入定制的广告。

这种崭新的、一对一的营销对交易的双方都有利：广告商找到了它的目标市场，顾客只需要注意他们可能会感兴趣的广告。另外，通过收集关于特定顾客需求的更好的信息，信息提供者可以设计出定制化程度更高的、更具价值的产品。

4. 网络外部性与正反馈

对许多信息技术来说，使用普及的格式或系统对消费者有好处，当一种产品对一名用户的价值取决于该产品别的用户的数量时，经济学家说这种产品显示出网络外部性（network externality），或网络效应。通讯技术就是一个主要的例子：电话、电子邮件、互联网、传真机和调制解调器都显示出网络效应。

受强烈的网络效应影响的技术一般会有一个长的引入期，紧接着是爆炸性的增长。这种模式是由正反馈引起的：随着用户安装基础（Installed Base）的增加，越来越多的用户发现使用该产品是值得的，最后，产品达到了临界容量（Critical Mass），占领了市场。互联网就显示出这样的模式。第一封电子邮件是 1969 年发出的，但是直到 20 世纪 80 年代中期，电子邮件仍然只是技术人员的专用品。互联网技术是在 20 世纪 70 年代早期开发出来的，直到 80 年代末才真正地起飞。互联网上的通信量在 1989 年到 1995 年期间终于开始增长，每年都翻一番。1995 年互联网社会化之后，它开始以更快的速度增长。[①]

网络外部性并不仅限于通讯网络。它们在"虚拟网络"，如网络媒体的用户群体中：实际上能够想象的是，每个新浪或者人民网的用户都能从更大的用户网络中获益，这是因为更大的用户网络将会为新浪和人民网这样的网络媒体提供更多的新闻资源，鼓励更多的用户加入到新浪或人民网的论坛中去。由此

---

① 卡尔·夏皮罗、哈尔·瓦里安著，张帆译：《信息规则：网络经济的策略指导》，第12页。

可见，增长是战略上的必由之路，这不仅是为了获得通常的生产方规模经济，而且是为了获得由网络效应产生的需求方规模经济。

网络外部性对网络媒体的战略拥有重要的意义。关键的挑战在于达到临界容量——再往后就好办了。一旦你拥有了一个足够大的顾客基础，——这是一种对你的网络媒体具有一定忠诚度的网络受众，而不是指超过 1 亿的中国互联网用户，也不是指每天在自己的网络媒体上留下的几千万的 PageView——市场就建立起来了。当然，为了建立这样的市场，战略和各种有效的经营管理是必不可少的。

正反馈的概念对于我们理解网络媒体经济学至关重要。正反馈使强者越强，弱者越弱，引起极端的结果。需要注意的是，在理解这个概念时，不应该将正反馈与增长混淆。正反馈可以迅速转化为增长；但同样，如果你的产品被认为走向衰败，正反馈会加速你的衰败。强者更强，势必弱者更弱。正反馈并不是一个全新的事物，几乎每个产业在发

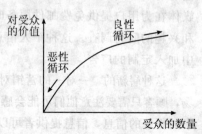

图 2-6　正反馈的影响

展的早期都要经过正反馈的阶段。通用汽车公司比小的汽车公司更有效率，主要是因为它的规模：一般来说，大公司通常有更低的单位成本。这样的规模经济被称为供应方规模经济。但是在网络媒体经济中，正反馈正以一种新的、更强烈的形式出现。它基于市场需求，而不仅仅是供应方。这被认为是一种需求方规模经济。想想看，新浪网的新闻，网络受众都认为它是有价值的，这是因为有很多的网络受众都会去浏览。虽然在网络媒体产业中，目前还远没有建立起类似与微软这样典型的需求方规模经济。对于网络媒体来说，还存在的一个最大的困扰在于，网络新闻一直都被认为是一个免费的午餐，这样的消费习惯将会在一定程度上阻碍网络媒体建立起自己的需求方规模经济并从中获益。

本章主要概念回顾

战略管理、组织、组织设计、人力资源管理、产品、营销管理、注意力经济、正反馈、网络外部性

思考题

1. 试简述战略管理的基本过程。

2. 人力资源管理的内容有哪些？

3. 请结合产品的概念讨论一下你对网络新闻产品的理解。

4. 请结合你上网的感受，讨论网络媒体注意力经济学。

5. 请阐述网络媒体所表现出的网络外部性特征和正反馈的表现。

第三章　网络媒体经营战略分析

　　将网络媒体作为一种网络媒体形态，特别是一种商业性的网络媒体形态来进行讨论，是一种比较新的视角，这在我国尤其如此。任何网络媒体都需要随着周围环境的变化来调整或改变自己的战略，才有可能在不断变化的环境中生存和发展。正处于剧烈变化的网络媒体更是如此。

　　为了有效地应付市场环境中的变化，网络媒体需要在进行战略选择时着眼于关键性的影响要素。战略分析是对网络媒体所面对的战略状况的理解。这种理解可以作为后来选择明智的方案的一个良好的背景，并且可以更深入地分析实现战略的许多困难。但是需要指出的是，战略分析及我们在后文中将要说到的战略选择、战略实施之间的关系并不是一种简单的线性关系，也就是说，不能将战略分析仅仅看成是战略选择与战略实施之前的一个步骤，因为在战略选择与战略实施的过程中，会不断地对战略分析的正确性和有效性提出各种挑战，且不断出现的新情况也意味着需要不断地进行新的战略分析。

第一节　网络媒体经营环境分析

一、环境分析的基本模型

　　图 3-1 中的这一分析模型，被很多行业证明是有效的战略分析模型。我们将采用这一模型来对网络媒体的经营环境进行分析。

　　第一步，对网络媒体的环境性质进行初步了解。网络媒体的环境是相对静止的吗？它有要发生变化的迹象吗？它会怎么变化呢？它是难于理解呢，还是易于理解？这种分析会为我们指明以后的分析应将重点放在什么地方。

　　第二步，考察外部环境的影响。其目的是找出过去哪些环境因素影响了网络媒体的发展或经营状况。

　　第三步，通过结构分析（structural analysis）找出在网络媒体环境中发生作用的关键要素，并分析这些关键要素为什么很重要。

第四步，分析网络媒体的战略地位（strategic position），也就是与其他竞争对手相比，本网络媒体的地位如何。分析网络媒体的战略地位有多种方法，但本节集中在以下方面进行分析：1. 竞争者分析（competitor analysis）；2. 战略集团分析（strategic group analysis），即将网络媒体战略的不同点和共同点进行分析和例示；3. 市场细分和市场能力分析（analysis of market segments and market power），即努力组织自己的细分市场，并在这个细分市场中占有绝对优势；4. 在前三者的基础上，进行市场增长与份额分析（growth/share analysis），即描绘网络媒体的市场能力与市场增长率；5. 吸引力分析（attractiveness anlysis），描述网络媒体的竞争地位与网络媒体所在市场吸引力的关系。

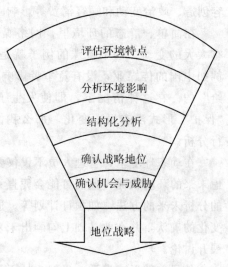

图 3-1　环境分析步骤①

第五步，通过以上四个步骤的分析进一步了解网络媒体可能会遇到的机会及其不得不面对的"威胁"。

二、了解环境的性质

战略管理的主要问题是应付不确定性，我们可以通过提出以下问题来开始对环境进行分析：1. 环境有怎样的不确定性？2. 导致这种不确定性的原因是什么？3. 应该怎样对待这种不确定性？

根据其他行业的经验，环境越是动态的、越复杂，环境的不确定性就越大。动态性与变化的程度和频率有关。就网络传媒业来说，关于复杂性的观点可能还需要做更多的说明，因为它可能是由多种原因造成的：

1. 网络媒体所面临的环境影响的多样性。如对大型的跨国网络媒体公司而言，它所面临的来自各个国家的影响因素的数量大大增加了其不确定性。

2. 不同的环境影响因素相互关联（interconnected）。如软件技术、媒体内

---

① 格里·约翰逊、凯万·斯科尔斯：《公司战略教程》，第50页。

容创造、政治变动和顾客消费等影响因素的互相关联使分析更加困难。

在简单、静态的环境里，网络媒体所面对的环境相对容易理解并且不会有太大的变动。一个特殊的例子就是居"垄断"地位的一些受保护的行业，例如中国的传媒业，没有竞争者影响它们，并且这个行业的稀有资源是"配给"的。在这种情况下，即使发生了变化它们也会被保护起来，因此如果"保护"形式没有根本变化，那么我们就可以通过历史数据来对这类企业进行分析。

在动态环境里，管理人员不仅仅要考虑过去的环境而且还要十分明智地考虑未来的环境状况。他们可能会凭直觉这样做，也可能会使用一些更加结构化的分析未来的方法，如预订计划等。这些方法包括对网络媒体未来可能的重大变化的确认，并在此基础上勾画出未来一系列可能的状况。这在本章后面也会展开讨论。

从目前的形式来看，显然，处于复杂环境的网络媒体面临着很难把握的环境影响。有的时候，我们也可以考虑利用信息处理的方法来处理这类复杂性问题，要将复杂性模型化，以模拟不同环境状况对网络媒体的影响。极端情况下，可能要对环境自身进行模拟。例如，19世纪80年代英国财政办公室对英国经济建立了一个模型，以模拟当时的经济环境。但是，对大多数面临复杂环境的网络媒体而言，对网络媒体的正确反映可能要比广泛的建模更有用。事实上，既然环境分析只是能使网络媒体在短期内预测其运营，那么，真正与复杂性有关的是管理者应对环境指标非常敏感，并且能对各类指标的变动做出灵活的反应，或者直觉地就可以对其做出反应。同时，他们对网络媒体进行管理以便网络媒体能够相应地采取应付措施。战略管理更多地被认为与管理者的技能和特点有关，而不是一种分析和计划的工具。我们在这里的分析更多的是用来帮助管理者掌握环境的变化，而不是做出精确的解释也不是让管理者将其作为预测的基础。

对环境进行初步了解的目的是为了寻找分析和处理环境影响的最有效的方法。下文中要讲到的对过去和当前各种影响因素的考察和评估可能是很重要的。尤其要考虑这些影响持续时间的长短及复杂程度，并考虑处理的方式、方法。

三、分析环境的影响

作为出发点，我们首先应该考虑哪些环境影响在过去和现在对网络媒体是很重要的，并且考虑这些影响在未来对网络媒体和它的竞争者重要性的变化程度。表 3-1 通过将有关在环境中发挥作用的关键影响因素的问题进行总结和列示，帮助我们对这些因素进行评价和估计。这种方法被称为 PEST（Political、Economic、Social、Technological）分析，它指出政治、经济、社会和技术对网络媒体的影响。进行战略分析时主要有四种方法：

表 3-1　分析环境影响的 PEST

政治法律	经　　济
政策的稳定性与延续性 国际环境与政治关系 法律规范 行业法律与规章	经济周期 通货膨胀、失业率 利率变动 消费者收入与支出的变化
社会文化	技　　术
社会稳定 人口统计 生活方式的变化 对工作和休闲的态度 教育水平	组织对研究的投入 行业对技术的重视 新技术的发明和进展 技术传播速度

（1）在分析和考虑不同的影响时可以将图 3-1 作为一个检验列表。利用这种方法可以产生大量的信息，但需要注意的是，如果只是罗列了这些影响，那么它对战略分析的价值是十分有限的。更重要的是要讨论这些影响因素是如何影响网络媒体发展的。

（2）在某些情况下，找出少量的关键环境影响是可能的。就中国网络媒体经营来说，它在引入现代企业制度、现代企业管理理念方面面临着短期的压力，能否成功地引入在很大程度上取决于我国传媒体制的变化。

（3）PEST 分析对确认长期变化的驱动力也有一定的辅助作用。有些因素对于网络媒体的影响可能是立竿见影的，例如，政策的变化、采编技术系统的创新等。但是对于组织的发展而言，长期的推动力是一个不可忽视的因素。社会文化的变迁、网络媒体受众的变化都是其长期发展的驱动力。

四、竞争环境的结构化分析

至目前为止所涉及的都是环境的各个方面。但是，对于大多数网络媒体，会有一系列更直接的外部影响，这些影响要素可以通过自己的行为直接对网络媒体产生作用。这就是直接性的竞争环境。这里将对那些直接影响网络媒体，更有效地确立自己相对于竞争对手地位的能力的因素进行研究。

哈佛商学院的迈克尔·波特（M. E. Porter）教授所提出的"五力竞争模型"（亦称"五要素"框架，见图 3-2）是考察组织竞争结构、分析竞争环境的结构化因素最有效的方法。下文将以此模型为基础进行网络媒体竞争环境的结构化分析。

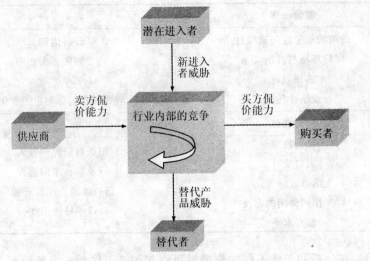

图 3-2　五力竞争模型

波特认为，组织最关心的是其所在产业的竞争强度，而竞争强度又由五种力量决定：

（1）供应商的讨价还价能力；

（2）购买者的讨价还价能力；

（3）潜在进入者的威胁；

（4）替代品的威胁；

（5）行业内竞争的激烈程度。[①]

上述五种力量是驱动行业竞争的根本性力量，它们的联合极大地影响以至决定了组织在行业中的最终赢利能力。运用这一分析的目的就是，组织可以通过行业结构分析，了解自身所面临的竞争情况，并采取相应的竞争性行动，以增强自己的竞争实力，使自己处于更有力的竞争位置从而能获得持续发展。

---

① 迈克尔·波特著，陈小悦译：《竞争战略》，华夏出版社 1997 年版。

1. 潜在进入的威胁

任何行业如果会获得较之其他行业更高的收益时，这个行业一定会吸引更多的其他进入者。中国的传媒业即是如此。至于新兴的网络传媒业，回顾其发展的历程（在本书的第一章中已有论述），我们可以看到，在 1998 年至 2000 上半年，随着全球互联网泡沫的不断增多，各个行业的经营者都发觉加入网络这一信息化浪潮中就有可能获得百分之百甚至百分之几百的利润。

对于一个正走向成熟的行业来说，进入的威胁主要取决于进入壁垒的影响程度：

（1）规模经济

在网络传媒业中，规模经济的重要性也是相当重要的，虽然互联网的出现对传统的经济模式产生了重大的冲击，甚至也会出现完全违反传统商业竞争的案例，但我们的考察也发现，这些情况的出现仅限于互联网的早期，当进入平稳发展时期时，规模经济的影响对潜在进入者而言是一个必须考虑的因素。

（2）进入市场的资金要求

由于技术和规模的不同，进入市场所需要的资金成本也有所不同。传媒产业的竞争已进入全球化竞争的时代，中国的媒体也不可能脱离这个格局，现实的网络媒体竞争同样是一种大投入有可能大产出，而小投入则几乎无产出的模式。这种竞争格局导致了网络媒体进入的较高壁垒。

（3）打入分销渠道

（4）与规模无关的成本优势

规模经济是一个进入因素，但进入壁垒同样也表现在一些与规模无关的成本上。这通常指的是与早期进入市场及其获得的经验有关。如果已存在一个熟知市场的经营者，那么竞争者再进入市场就很困难，因为那个经营者已与主要的供应商和买方建立了良好的贸易关系，知道该怎样解决市场经营和产品问题。

（5）转移成本

当一个消费者对当前的产品或服务满意时，这时让他转向新进入者就存在困难。转移成本由此产生，也变成了进入壁垒。说服购买微软 Windows 软件的顾客去购买苹果公司的软件通常是有成本的。同样，让一个已熟悉新浪新闻的用户转向一个新进入网络的媒体去阅读新闻，对于这个新进入者而言，是需要付出重大成本的，这是否值得，是需要慎重考虑的。

（6）立法或政府行为

许多年以来，政府为保护某些行业作出了政策上或法律上的限定。传媒业，如同医药、电力等一样也在享受着这种保护。但是向市场经济的逐步转型意味着从

此以后，一直处在受保护的环境中的传媒业从业人员将逐步面临竞争的压力。

（7）差异化

差异化就是按用户的特殊需要提供与竞争者不同的产品或服务，应该在这里特别指出的是能进行差异化的企业将会为竞争对手进入市场设置真正的壁垒。全球网络媒体都在不停地寻找自己的差异化竞争能力，当年 AOL 与时代华纳的合并是一种产品差异化，而 TOM. COM 所一直在进行的跨媒体平台的建设也是一种产品差异化。

2. 供求双方的力量

在波特的模型中，有两种力量是可以合并起来进行考虑的，因为它们是紧密相连的——所有的网络媒体都必须在获取资源同时提供商品或服务。而且，买方与卖方在约束网络媒体战略、影响网络媒体的赢利等方面起着类似的作用，对网络媒体都有类似的影响。但是，不同的供应商和买方对不同的网络媒体具有不同的重要性，记住这一点很重要。例如，不同类型的网络媒体在选择供应商时的考虑是不一样的。新浪、搜狐这样的网络媒体在选择新闻时并不介意选择各种地方性的报刊，甚至有时候也并不一定介意选择那些可能还没有得到证实的、却具有一定社会轰动效应的新闻。但相反，人民网在选择新闻来源时，显然更注重新闻的真实性。以从 2003 年 2 月 10 日到 2003 年 4 月 8 日两个月期间，人民网与新浪网有关非典型肺炎的报道为例，人民网公布发表有关"非典"的报道 295 篇，报道的来源除了来自于《人民日报》外，还有一部分来自各大通讯社、国内各大新闻网站及知名度较高的地方性报纸如《南方都市报》。而同一时期新浪共刊登关于"非典"的新闻 951 条，来源除了国内权威的传统媒体或新闻网站外，有不少来源于不知名的媒体以及其他不确定的渠道。①

而更需要我们注意的是，对于网络媒体而言，什么时候供方（新闻提供者）或买方（网民）的讨价还价能力可能会显得很重要。

（1）按照波特的理论来理解，供方（新闻提供者）讨价还价能力可能在下述情况下比较大些：

● 存在有集中供应商而不都是分散供应者，换句话说，当互联网上也出现类似于传统媒体环境中那些重要的通讯社，如路透社、新华社，我们暂时以"网络新闻资源库"来称呼，而网络媒体的新闻主要来源于这些"网络新闻资源库"。这时候，这些"网络新闻资源库"对网络媒体而言就有着比较强的讨

---

① 吴佶：《网络新闻报道比较研究——以 SARS 新闻报道为例》，南京大学新闻传播学院本科毕业论文，2003 年 6 月。

价还价能力了。

● 供应商的品牌很有名。这与"转移成本"有关，因为就像消费者所面临的商品一样，一个零售商没有特殊的品牌可能就什么都做不成。对于中国当前的网络传媒业来说，缺乏独立的新闻采访权是其内容建设中最薄弱的环节，这也逼迫网络媒体不得不全面依赖供应商的支持，而其中某些供应商的品牌却是整个传媒行业中最有价值的，例如新华社、《人民日报》等。这些知名的供应商在某种程度上对网络媒体是存在较强的讨价还价能力的。

● 如果不接受供应商所提出的价格，不能达到其赢利额，供应商就可能会联合起来，"协调一致作战"。这种情况在其他行业中并不鲜见，但在中国"体制内"的传媒业中，却不大可能出现这样的情况。

(2) 买方（网民）在以下情况下讨价还价能力会很高：

● 有替代品供应，可能因为所要求的产品在供应商之间是非差异化的，通用的。在现实的中国网络传媒行业中，买方（网民）的讨价还价能力出人意料的强，当然这得归功于网络的眼球经济（注意力经济）。任何网络上的产品只有获得足够数量的网民的关注才能产生价值。但对于中国的网络媒体而言，其同质的程度达到了令人吃惊的程度，也就是说网民所要求的新闻产品在不同的网络媒体上都能获得，而且这种获得是非差异化的。

● 如果不提供合理的令人满意的价格，买方可能会离开。网络传媒在其出现的早期成功地树立了一种免费的价值观，这对于初生的网络传媒业来说，是一招非常精妙的棋，确保了互联网的高速扩散。但时间的推移也将显现出这一手段的遗害，任何希望对现有新闻服务收费的努力都将会遭到网民的抵制。而这一现象为我们经营网络媒体提供的一个思路是：尽可能不对已有服务收费，而只对新开展的服务收费。

3. 替代品的威胁

替代品所带来的威胁有几种形式。最有可能的一种是一种产品对另一种产品的实际的替代或可能的替代，如传真有可能替代电话。在传媒业里，最典型的替代案例是随着电视迅速的崛起，同样向大众传送综合、娱乐信息的广播业则立即陷入了生存窘境。

对于网络媒体来说，替代品的含义要从多个层次来理解。

首先是整个互联网产业中有可能对网络媒体产生的替代。在互联网产业中，除了网络媒体以外，更多的是各种电子商务网站、BBS、E-mail 等其他网络服务。这些不同类型的网络服务，都会提供新闻信息以提高自己的受关注程度。虽然相比网络媒体，它们所能提供的信息只是零碎的或专业性的，但也同样有可能会对网络媒体产生一定的替代性。

其次是传统传媒业对网络媒体产生的替代。报纸、电视等传统的大众媒体之间存在着互相替代的作用。同样，这些大众媒体对于网络媒体来说也具有替代作用。

再次，鉴于媒体面向受众与广告商双重销售的特点，对网络媒体替代品的理解还应从受众与广告商两个层面入手，当然两者替代品有明显不同。对受众来说，期望的是从网络传媒产品中获取满足，因此凡能提供信息产品的产业均有可能对网络媒体产生替代压力；对于广告商来说，期望的是以最小的投入获得传播效果的最大化，因此所有传播载体都有可能构成对网络媒体的广告服务替代。[1]

4. 行业内部的竞争

目前的网络媒体产业竞争者为数众多或势均力敌，同时网络媒体的经营除了要和国内同行竞争，也要和国外网络媒体，如 AOL、YAHOO 等竞争。所以网络媒体也会十分关心网络媒体内部及网络媒体与竞争者之间的敌对程度。它们竞争的基础是什么？其竞争力度会增加还是减少呢？怎样才能对其施加影响？一般而言，竞争最激烈的市场都是那些容易进入、存在着替代品的威胁或者由买方或者供方控制的市场。因此，前面讨论的各因素在这里都是相关的。但是，还存在其他的因素影响着竞争状况：

（1）行业内竞争者的均衡程度

不论其数量多少，只要竞争者的规模大体一致，当某个竞争者想获得相对其他公司的优势地位时，竞争就会变得激烈起来。相反，较平静稳定的市场内一般都有占统治地位的公司。在中国的网络媒体业中，竞争程度并不如国际市场那样激烈。这首先是因为中国市场的政策化因素非常明显，其次是在中国网络媒体发展的历程中，已形成了一些比较均衡的竞争者，例如，在商业网络媒体领域，新浪、搜狐、网易等基本形成了势均力敌的格局。虽然，它们中的每一个都试图超越其他竞争者，以取得这个市场的领先地位，但也正是由于这个因素，各自所付出的竞争努力也都基本相同，所以在这个行业中的竞争态势是比较均衡的。

（2）差异化仍然很重要

在商品市场，若产品或服务未被差异化，就没有办法阻止顾客在各竞争者之间转来转去，而不能让其认定某个公司的产品。这在网络媒体业中也非常明显，各网络媒体之间的新闻产品几乎不具有差异性，当然这也是由于互联网全

---

[1] 章平：《战略传媒：分析框架与经典案例》，复旦大学出版社2004年版，第48页。

球传播的特性所决定的。除了专业性的网络媒体，例如 IT 类或者财经类网络媒体，任何网络媒体都不愿意将自己的内容完全聚焦在某个地域，这与报纸媒体的竞争情景是不一样的。虽然如此，对于网络媒体的竞争来说，差异化仍是至关重要的一个竞争措施，产品的差异化并不一定完全表现在新闻内容上，游戏、短信、定制等都是产品差异化的表现。如果延伸到服务上，那么差异化的内容与程度则会有明显的改观。

5. 结构分析的主要问题

引入"五要素"框架仅仅是作为一个检查列表，用以描述市场是怎样运作的。但这不是其唯一的目的，作为网络媒体的经营管理者，还应该深入观察网络媒体需特别注意的各个要素。以下问题有助于进行这样的分析：

(1) 在整个网络媒体竞争环境中起作用的关键要素是什么？各行业的关键要素各不相同。例如，对计算机生产商而言，芯片生产能力的增长和竞争的加剧是至关重要的；那么对于网络媒体来说，其关键因素又是什么呢？

(2) 我们所发现的影响网络媒体竞争环境的要素会发生变化吗？如果会，那是怎样的变化？例如，目前已占有很大市场份额的商业网络媒体，如新浪、搜狐，它们已根据其强大的市场占有率制定了相应的战略。但是，如果行业内出现了其他动态变化的要素，如国际性的网络媒体开始大规模地进入中国市场，那么针对国内市场的战略的重要性就会减小。

(3) 怎样去影响那些对网络媒体发挥作用的竞争因素呢？网络媒体是建立壁垒阻止其他行业的公司进入市场，或者是增加其对供方或买方的控制力？这些问题都是与竞争战略有关的十分重要的问题。

五、确定网络媒体的竞争地位

所有的网络媒体，无论是商业性的还是非商业性的，彼此之间都在互相竞争的位置上，它们要争夺客户或者争夺资源。因此，了解各自的竞争地位及其在战略上的意义很重要。前面两部分对环境影响要素的考察和结构化分析，为探讨那些影响竞争地位的关键要素提供了一些线索。但是，还有许多将这些要素综合在一起进行分析的方法，本部分就一一讲解这些方法：首先进行竞争者分析，然后通过引入一些分析模型，来进行特定的战略集团分析和市场细分，讲解网络媒体竞争地位与市场吸引力相关的不同方式。

1. 竞争者分析

了解网络媒体地位的第一步就是对照它的竞争者或对手来分析它，这些竞争者可能是在消费市场，也可能是在资源市场。无论是在哪种情况下，这种分析的第一步都要求确定关键要素，根据这些要素，评估主要竞争者市场定位的好坏，即评估一下该竞争者是否正确地将其定位于市场之中。要这样做，必须首先弄清楚其他网络媒体的战略方向，并分析和了解这些网络媒体的战略要素。例如，为了解某一竞争者是怎样处理其所面临的环境的，通常会提出以下问题：

（1）这一网络媒体的具体目标是什么：是寻求增长吗？如果是，它主要关心的是利润增长、收入增长还是市场份额的增长？

（2）竞争者有什么资源优势和劣势？

（3）每个竞争者的经营业绩如何？

（4）竞争者的当前战略是什么？有证据表明其具有一个持续一致的战略发展方向吗？例如，它是长期集中于降低成本、差异化，还是通过市场开发或产品开发来保持战略一致的？①

了解网络媒体的这些与战略有关的方面，可以帮助了解竞争者在过去是怎样对待和处理很重要的竞争要素和环境要素的，以及它们以后将会怎样去处理这些要素。

2. 战略集团分析

战略集团分析有助于竞争者分析，从而有助于了解相对于其他网络媒体而言该网络媒体的战略定位。由此会产生这样的问题：谁是最直接的竞争者？竞争是怎样发生的？

分析竞争时面临的一个问题是：仅从"行业"的视角看问题并不总是很有用，因为"行业"的边界不清晰，它们不能全面、准确地描绘竞争。例如，新浪网与中国江苏网都在同一个行业——网络传媒业中，但是它们是竞争者吗？前者是一个公开上市的跨国网络媒体，后者则是由政府支持的并且致力于国内、甚至主要目标是在江苏市场。在同一行业内会有许多组织，每个组织都有各自不同的利益，并且致力于不同的方面。在分析网络媒体的相对位置时需要认真仔细地弄清楚这些相关因素，而这就涉及对有关战略集团的理解了。

进行战略集团分析的目的是明确界定集团，以便廓清每个集团各自分别代表着那些具有相似战略特点、使用相似战略或依赖于某些类似的基础展开竞争的一群网络媒体。波特认为利用两组或三组关键特性，通常就可以界定一个那样的集团。下面对那些有助于确认战略集团的特性进行了总结和整理。

---

① 格里·约翰逊、凯万·斯科尔斯：《公司战略教程》，第63～64页。

- 产品（或服务）差异化（多样化）的程度
- 各地区交叉的程度
- 细分市场的数目
- 所使用的分销渠道
- 品牌的数量
- 营销力度（如广告覆盖面，销售人员的数目等）
- 纵向一体化的程度
- 产品的服务质量
- 技术领先程度（是技术领先者还是一个技术追随者）
- 研究开发能力（生产过程或产品的革新程度）
- 成本定位（如为降低成本而作的投资大小等）
- 能力的利用率
- 价格政策
- 所有者结构（独立的公司或者与母公司的关系）
- 与影响集团的关系（如政府，金融界等）
- 组织的规模[①]

  并不是所有的指标都必须用来划分战略集团，我们可以选择其中最适合网络传媒业的指标来分析网络媒体。图 3-3 即是基于媒体专业化程度及政府背景这两个指标对我国网络媒体所进行的战略集团的划分。

  我们在第一章中已对当前的媒体网站进行了简单的划分，在这里我们延续上文中的划分，从战略集团的角度来进一步讨论。我们将当前的媒体网站依据媒体专业化程度及政府背景这两个变量加以划分：

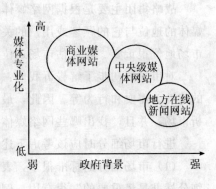

图 3-3　战略集团划分

首先是媒体专业化程度较高，但政府背景却明显不足的商业媒体网站；其次是媒体专业化程度较高，同时有着较高政府背景的以传统媒体为基础的中央级媒体网站；最后是专业化程度一般，但政府背景浓厚的承担党和政府对外宣传的地方重点新闻网站。坐标轴中占据的空间（图中为圆圈的面积）则代

---

  ① 迈克尔·波特著，陈小悦译：《竞争战略》，第 127～153 页。

表者每个战略集团当前的市场占有度。①

显然，利用战略集团来进行分析有以下用途：

（1）它有助于很好地了解战略集团间的竞争状况，也可以很好地了解某一集团与其他集团相比有何不同。例如，与传统媒体网站相比，商业媒体网站既没有来自于传统媒体的新闻内容的支持，特别是独家新闻的支持；也没有来自政府方面的另一种支持，但商业媒体所拥有的资源也恰恰是传统媒体网站所不具备的：一种资源是商业媒体网站的经济能力，一般而言，大型的商业媒体网站都有相当实力的投资者，或者是有效的融资渠道（例如新浪、搜狐），所以他们在经济能力上并不比传统媒体网站逊色，甚至更强。另一种资源是商业媒体网站符合市场需求及国际规则的管理体系，由于商业媒体网站是一个新生事物，它们的创始和发展目标有要求它向市场、向国际规则靠拢，因此一般而言，在经营管理上要较传统媒体网站有一定的优势。

（2）它提出了这样一个问题：一个网络媒体怎么从一个集团转到另一个集团？集团间的流动要考虑进入壁垒的大小和阻力的强弱。

3. 市场细分和市场能力

战略集团主要是根据网络媒体的特点来界定的。但是，战略需要涉及网络媒体的地位与它的顾客或用户的关系。因此，评估一个企业相对于其他企业的市场地位很重要。要评估市场地位，一件重要的事情就是定义市场。

对市场的初步了解告诉我们：并不是所有的用户都是相同的。他们有不同的特性、需要和行为等。因此，最好是根据市场细分后的细分市场来考虑和分析市场，并且，找出哪些网络媒体在哪些细分市场竞争是很有价值的。

进行市场细分时应该考虑下述问题②：

（1）市场细分的标准很多，表3-2总结了一些细分的依据。考虑"哪一个细分标准是最重要的"很有用。例如，网络媒体市场进行细分时经常将"购买者的类别"视为最重要的标准，如"我们的网站受众是整个无差别网民群体"。但是，当考虑战略发展时这不一定是最有用的细分标准，或者说这么划分可能过于粗糙。事实上，为帮助解释清楚市场的动态特性，找出发展的机会，应该尽量对同一市场考虑各种不同的细分标准，例如，"我们的网站受众是整个无差别网民群体，我们的产品种类较丰富，品牌的影响力强，消费者购买服务的

---

① 巢乃鹏：《试论媒体网站的发展战略》，载《新闻知识》2003年第5期。

② 格里·约翰逊、凯万·斯科尔斯：《公司战略教程》，第66～67页。

意愿与行为在增多"。

（2）评估不同细分市场的吸引力也很重要。可以用上节中讲过的结构化分析理论对正在考察的细分市场进行评估。但是，因为它是正在被检测的细分市场，有必要考虑来自其他细分市场的进入者和替代品。

表 3-2　市场细分标准

因素类型	消费者市场	行业/网络媒体市场
个人/网络媒体特点	年龄、性别、收入、家庭人口、网络媒体生命周期阶段、网络媒体所在地域的网络情况	行业、网络媒体规模、技术、赢利能力、管理
网络媒体产品（服务）购买/使用状况	购买量、网络媒体品牌、使用目的、购买行为、选择标准	产品的种类、数量与应用面，购买的频率，购买的过程
用户对产品特性的需求和偏好	产品相似性、价格偏好、品牌偏好、需要的性能、质量	业绩要求、供应商的帮助、品牌偏好、需要的性能、质量、服务要求

（3）当联系到市场能力理论时，市场细分的价值更高了。相对市场份额（Relative market share，即公司相对于其竞争者所占有的份额）是衡量市场能力的标准之一。网络媒体的市场能力和经营状况存在着很重要的关系，可以根据市场细分来对市场进行分类，并在这些细分市场中分析市场占有率。视具体情况，可以用定量的方法，即通过分析细分市场的规模和竞争者的占有率来完成上述工作，也可以采用定性的方法。不管采用什么方法，所要做的都是将市场细分成从战略的角度看是十分重要的细分市场。例如，有些细分市场比其他细分市场更富有竞争性，或者有些细分市场正在增长而其他的则没有，或者些细分市场比其他的要大很多。

（4）集中于其中一小部分或某一专门的一个或几个细分市场，还是集中在所有这些市场上竞争更有好处？这个问题是与战略选择相关的一个关键问题，这在下一章中将有论述。

4. 市场占有率与市场增长率

考虑一个战略经营单位（SBU）相对于其他 SBU 或者在其经营的细分市场中的地位时，使用得最广泛的方法之一就是增长率/占有率矩阵（growth/

share matrix），如表 3-3 所示。该矩阵主要处理和分析 SBU 与市场占有率、市场增长率的关系。

表 3-3　增长率/占有率矩阵

市场占有率 ＼ 市场增长率	高	低
高	明星类（STAR）	问题类（QUESTIONER）
低	现金牛类（CASH）	狗类（DOG）

（1）明星类是在增长的市场有很高占有率的 SBU。这样，企业可能会大量投资以获得市场份额，但是经验曲线收益应该会使成本随着时间的推移而逐渐减少，并且其减少的速度一般要比竞争速度快很多。

（2）问题类也是在增长的市场中，但并不占有很高的市场份额。公司可能会花许多钱来增加市场份额，但是可能其成本减少的数量不足以弥补它为增加市场份额而花费的投资额。

（3）现金牛类在成熟的市场中占有很高的份额。因为市场增长速度很慢，市场状况比较稳定，在营销活动中不需要大笔投资。但是较高的相对市场份额意味着 SBU 应该保持单位成本水平低于竞争者，这样，现金牛才是一个现金提供者。

（4）狗类在稳定或下降的市场内占有较低的市场份额，这是最差的组合。它们的现金不断地流失，耗尽了公司的时间和资源。①

从网络媒体的特性看来，目前网络媒体应该是处于模型中问题（Questioner）的事业，产业的成长率高，但是其在广告市场中占有率中却十分低，也就是网络媒体这个产业事实上还有很大的空间值得进一步投资，很可能就会变成未来的明星类（Star）产业，但若是在产业中没有成为领导者，无法获得足够的广告量，也很可能成为狗类（Dog），最后因不堪亏损而退出。

5. 市场吸引力与业务竞争力

另外一种形式的组合分析是根据以下两个因素来确定 SBU 位置：（1）SBU 所在行业（或市场）的吸引力，（2）SBU 的竞争力。即根据一系列的有关吸引力和竞争力的指标，来决定每一业务单位在矩阵中的位置。通常要考虑的要素列示于表 3-4 中。但是，这些要素并不是固定的，应该包含那些与网络

---

① 徐二明编著：《企业战略管理》，中国经济出版社 2003 年版，第 49 页。

媒体和市场最有关的要素，如由 PEST 确认的要素，或由五要素分析法所确定的要素。

表 3-4　评估战略业务单位实力与市场吸引力的有关指标[①]

战略企业单位的实力指标	市场吸引力指标
市场份额	市场规模
销售力量	市场增长率
营销	周期性
顾客服务	竞争结构
研究开发	进入的阻力
生产	行业赢利能力
分销	技术
财务资源	管制
形象	社会问题
产品线宽度	环境问题
质量/可靠性	政治问题
管理能力	法律问题

六、小结

能灵敏地感觉环境变化的能力是很重要的，因为环境要素的变动标志着战略也需要做出相应的变动，它们给出机会也提出挑战。显然，那些对环境变化敏感的网络媒体，往往比不敏感的网络媒体经营得好。

对于新兴的网络媒体来说，让管理人员感知外部影响，并考虑它们对战略的作用是很困难的。本节讨论了解决上述问题的几种方法，特别需要注意的是在进行战略分析时反对将分析退化成简单地列示影响网络媒体的各种因素，这里使用了结构化分析方法来避免出现上述状况，并使其转向对各种要素做出某种说明或假设，分析的步骤如下：

（1）根据环境的不确定性将环境进行分类，这样有利于初步确定应使用的分析方法。

（2）对环境影响要素进行初步的考察，以获得对起作用的各种要素的整体了解，同时也可以确定关键影响要素和重大的变动。

---

① 　格里·约翰逊、凯万·斯科尔斯：《公司战略教程》，第69页。

（3）利用结构化分析方法重点分析决定竞争环境特性的要素。

（4）将网络媒体和与其竞争客户或资源的竞争者进行比较，并确定它的位置，从而确定其在市场中的相对实力。

所有这些至少能为网络媒体的经营管理提供以下三种帮助：

首先，它将注意力从经营细节转移到网络媒体所处的大环境，它还帮助管理人员增强对影响网络媒体的环境的敏感性。

其次，它有助于发现网络媒体面临的机会和威胁，以及面临它们时网络媒体的相对实力。但是，要处理机会或威胁还要仔细考虑所需要的资源能力。因此，需要结合下面一节的资源分析来考虑本节的要点。

第三，它开始提出考虑战略选择的基准。例如，对竞争环境中各要素的分析，或者网络媒体相对竞争环境的定位等，起因于网络媒体面临的限制和机会。

然而，必须强调，分析技术和进行分析的个人或部门等并不能保证网络媒体能对各种变化做出相应的反应。网络媒体是否能成功地适应环境的变化，取决于网络媒体中人们的敏感性和灵活性及网络媒体应付变化的能力。当然，这要受到以后各章将要涉及的网络媒体的战略选择、网络媒体战略实施和网络媒体结构等各方面的影响。

第二节　网络媒体资源和战略能力分析

我们在上一节中主要强调将网络媒体的战略与网络媒体所处的环境相匹配的重要性。本节重点讲解网络媒体的战略能力（strategic capability），而采用资源分析方法有助于对战略能力的理解。

有些研究者认为传统的战略分析方法过分强调了环境，将环境看做制定战略的重要前提，他们认为：在许多情况下基于资源（resource－based）的战略，为战略形成提供了很好的支撑点。这就要求对网络媒体的战略能力有较好的了解，本节讨论资源分析怎样帮助研究网络媒体的战略能力，这需要对通过网络媒体的原有战略的实施建立起来的核心能力（core competences）进行评估。很可能，管理层喜欢利用这些核心能力的新战略，将其置于优先于市场导向分析所建议的战略的位置之上。

为了弄清楚战略能力，有必要按不同的详细程度分析和考虑网络媒体。与网络媒体整体相关的能力问题有很多，它主要涉及资源的整体均衡（overall balance）和各种行为的综合，同时还涉及对网络媒体每个关键资源领域（key resource area)，如技术、资金和人员等进行定量和定性的评估。但是，本章所要说明的主题是：任何网络媒体的能力基本上是由网络媒体设计、生产、营销它的产品或服务的各种行为决定的。它是对这些各种各样的价值行为和它们之间的联系的一种了解，这些行为及行为之间的联系在评估战略能力时非常重要。通常评估时要将竞争者或其他供应者进行互相比较。

对网络媒体资源问题的考虑并不限于作战略分析，详细地进行资源规划和开发也是成功实施战略的重要组成部分，它也是战略选择过程中的关键因素，可以帮助确定与网络媒体的战略能力相匹配的战略方向。需要说明的是，网络媒体的资源并不限于它所"拥有"的资源，网络媒体外的资源是产品或服务的设计、生产、营销到客户等一系列行为的不可缺少的一部分，它会大大地影响网络媒体的战略能力。我们在下面会引入一个重要的概念：价值系统，并且会介绍战略能力和网络媒体的竞争行为与资源之间的关系。

在介绍如何分析网络媒体的资源状况的各种方法之前，有必要了解各种不同的分析方法怎样帮助进行战略能力的整体评估。图 3-4 提供了一种从对资源的简单评估转到对战略能力的更深入的理解的系统方法。[1]

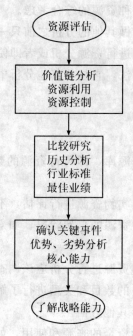

图 3-4　战略能力分析

① 格里·约翰逊、凯万·斯科尔斯：《公司战略教程》，第 76～77 页。

资源评估 这一过程确认网络媒体是否拥有"维持"战略的资源，可以看到有些资源存在于网络媒体之外。所以，需要对资源进行定性和定量的评估。

价值链分析 利用这种方法可以将资源和使用这些资源的战略目标联系起来，这对了解战略能力很重要，因为这要求一种资源评估以外的分析，并且要详细地分析资源是怎样被使用、控制和联系在一起的。通常可以在这一过程中而不是在资源本身发现经营好或坏的原因。

比较研究 战略能力很难用绝对形式来估测，事实上，如果涉及竞争优势或货币的价值，一般总是用相对的形式来进行衡量。最常使用的形式是纵向比较——一段时间内的增长或降低；或者是行业比较，即在类似的网络媒体或同行业的网络媒体之间进行比较。现在还通用第三种比较——与最佳业绩比较，即与本行业中（网络媒体行业中）业绩最好的进行比较。

均衡 网络媒体的战略能力被破坏常常不是因为某个活动或者某类资源的问题，而是因为这些资源的比例不合适。例如，太多的新产品会产生现金流问题或者管理层都来自同一背景，而这也是我国网络媒体常见的一种弊端。传统媒体网站的管理人员通常都来自母媒体或者是政府部门，背景结构相近，在面临战略选择时往往会欠缺多种资源的综合考虑。

确认关键问题 如果在做其他的分析之前只一味地将关键问题（如优势和劣势等）列示出来，则很难进行资源分析或者即使分析也会毫无结果。确认关键问题很重要，作为一种方法，它是从其他分析中总结出关键的战略性认识的最佳开端。

一、资源评估

所谓资源评估就是对资源库，即可得资源的数量和质量进行评估和分析。通常资源可分为如下四类：

（1）实物资源。对公司实物资源进行评估，不仅仅要列出机器的数目或生产能力，而且还应该对这些资源的自然状况，如寿命、状态、能力和位置（安放地址）等进行了解。

（2）人力资源。对人力资源进行分析应该调查和研究许多相关的问题。对网络媒体中不同技能的人员的数目和类型进行了解固然很重要，但是也不要忽视这些人力资源的适应性等其他方面。

（3）财务资源。这包括资金的来源和使用，如资金的获得、现金管理、对债权人和债务人的控制、处理与货币供应者（如股东、银行家等）的关系等。

（4）无形资产。在资源分析中可能会犯的一个错误，就是可能会忽视无形资产的重要性。毫无疑问这些无形资产是有价值的，因为企业出售的一部分价值就是"商誉"，如新浪网的品牌资源。商誉代表公司的主要资产，它主要来源于商标、品牌名、公司形象或其他。

巴尼更提出，作为企业发展的资源，其必须具备四个特性：（1）有价值的，（2）稀缺的，（3）不能完全模仿的，（4）难以替代的。也就是说，我们对企业最核心资源的判别是一种多维的视角。①

如果要将资源评估作为进一步分析的基础，记住以下两点非常重要：

（1）资源评估应该包括网络媒体能够获得的支持战略的所有资源，而不应该只限于合法归属于网络媒体的资源。许多对战略很重要的资源，是在网络媒体的所有权范围之外的，如客户、交易网等。

（2）虽然建立资源和战略能力之间的关系需要后面的分析，但是在进行资源评估时也要作一些初步的判断。评估很复杂，但是评估有助于确认那些对巩固网络媒体的独特能力很重要的资源，即我们所说的核心资源，而那些诸如计算机设备、房子等必需的资源则不构成网络媒体独特性的基础。

二、价值链分析

从资源评估转向对战略能力的了解的第一步，就是找到将网络媒体的资源状况与战略业绩联系起来的一种方式。也就是说，去分析和发现网络媒体的行为是怎样巩固其竞争优势的。大家广泛采用价值链分析（value chain analysis）完成上述分析的方法。价值链分析最初是为了在复杂的制造程序中分清各步骤的"利润率"而采用的一种会计分析方法，其目的是为了决定在哪一步可以削减成本或提高价值。波特认为：应该将确定基本步骤和评估每一步骤新增的价值这两项基本活动与对网络媒体竞争优势的分析联系起来，他认为了解战略能力必须从发现这些独立的价值活动开始。②

图3-5是对价值链的一个图解。网络媒体的基本活动被分进5个主要领域：内部支持、运营、外部支持、营销和销售服务。

（1）内部支持。包括接收、储备、分配输入给产品或服务的活动。

（2）运营。是将各种输入转化为最终的产品或服务，如制造网络新闻、整合新闻内容、测试等。

---

① Barney, Jay. *Firm Resources and Sustained Competitive Advantage*. *Journal of Management*，1991，17（1）：99－120.

② 迈克尔·波特著，陈小悦译：《竞争优势》。

（3）外部支持。是指为广告主提供的相关活动，包括与广告主的沟通、网络广告的营销、网络广告效果的提升等。

（4）营销和市场。是指提供一种使顾客意识到网络新闻产品或服务，并且促使其购买的方法。它包括促销广告、销售活动等。

（5）受众服务。是指与受众建立良好的相互关系，吸引忠诚客户。

每一组主要活动都与支持性活动相关。支持性活动可分四个方面：

（1）采购。采购是指获取各种资源输入主要活动的过程（不是输入资源本身）。在网络媒体的许多部门都会发生采购活动，有些是有型的机器设备，有些是无形的技术、政策的支持等。

（2）技术开发。一切价值活动都具有技术，关键技术可能直接关系到产品（如研究与开发产品设计）或某一特有资源（如资金或政策）。虽然从表面上看，网络技术的高速发展，几乎使得任何人、任何组织，只要愿意都可以随意创建一个网络媒体（当然在我国的制度下是不允许的），但是作为一个拥有战略能力的网络媒体，其技术是一个不可或缺的价值环节。这些技术涉及采编系统的开发、客户定位系统、技术服务能力，甚至是网络新闻的制作技术等。

（3）人力资源管理。人力资源管理是超过一切主要活动的极为重要的方面。它涉及网络媒体中人员的招聘、培训、开发和奖励。

（4）基础设施。计划、财务、质量控制等体系，对网络媒体在所有主要活动中的战略能力都极其重要。基础设施还包括承载网络媒体文化的网络媒体结构和惯例。

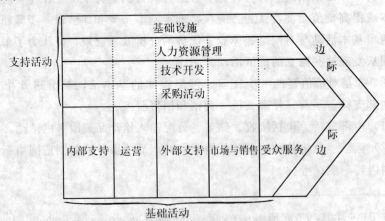

图 3-5　网络传媒价值链

1. 资源的使用

价值链分析的关键是认识到网络媒体不是机器、货币和人员的随机组合。如果不将这些资源组织进入系统或日常工作之中来，保证生产出最终顾客认为有价值的产品或服务，那么这些资源将毫无价值。换句话说，价值活动和这些资源之间的联系是网络媒体竞争优势的源泉。因此，资源分析必须是一个从资源评估到对怎样使用这些资源的评估的过程。

图 3-6 说明怎样分析资源的使用，怎样将它们与竞争优势联系起来。

图 资源利用与竞争优势

（1）确认那些支持网络媒体竞争地位的价值活动非常重要，对一个网络媒体而言，向最终客户提供所需产品，可能是由信息内容的采集制作和定向销售来支持的。在这些关键价值活动的基础上建立和强化这种优势很可能获得成功。

（2）必须根据产品或服务的最终客户的观点来评价价值。换句话说，网络媒体必须尽可能地了解客户的观点，对于中国网络媒体来说，从原有体制转化而来的传统媒体网站在这方面的意识没有商业网络媒体突出。另外还需要理解的是，顾客的价值观会随时间而改变，这可能是因为他们长期使用因此变得更加有经验了，也可能是因为竞争对手能提供更高的价值。

（3）下一步是确认那些能维持竞争地位的价值因素。这些因素被称为成本驱动因素（cost－drivers）或价值驱动因素（value－drivers）。例如，人民网的价值驱动因素可能显现在它内容产品的权威性上。

（4）价值活动之间的联系，以及更广的价值体系内网络媒体新闻信息内容的提供者、新闻产品的营销或客户之间的联系都可能会维持竞争优势的存在。对这些联系进行规划，既可以提供独特的成本优势，又可以以此为基础将本网络媒体的产品或服务与其他网络媒体区分开来，即可以实现差异化。而竞争

者，常常会仿效网络媒体的某项活动或某个行为，却很难抄袭到价值链之间的这些联系。一句话，供应网络媒体内价值活动的外部联系（External Linkages）是竞争优势的一个关键来源。

在评估和分析资源的使用怎样影响战略能力的过程中，区分两种不同的使用标准——效率和有效性很有帮助。在成本竞争中效率对网络媒体特别重要。相反，对于通过有特色的服务或产品而与其他竞争者保持差异化的网络媒体而言，有效性是一个关键的衡量指标。

2. 成本效率分析[①]

公司可以用各种方法（参看图3-7）获得成本效率，分析成本效率的潜在来源与上面讨论过的成本驱动要素有怎样的关系是很重要的。

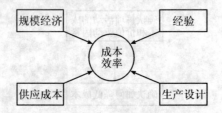

图3-7　成本效率的来源

（1）规模经济（economies of scale）通常是企业成本优势的一个重要来源。大型网络媒体与省级新闻网站竞争中的一个重要优势就体现在这些网络媒体的规模经济上。

（2）供应成本（supply costs）明显地影响网络媒体的总成本水平。在这方面，人民网、新华网、央视国际这样的网站依靠自己的母媒体、继承的品牌及体制内的优势，其供应成本应低于新浪这样的商业网络媒体。

（3）生产流程设计（product process design）也影响网络媒体的成本地位。在这方面，显然商业网络媒体已寻找到一条有别于传统媒体的道路，并且这样的新闻内容生产流程也显现出了较高的效率。

（4）经验（experience）是成本优势的主要来源。著名的波士顿咨询公司建立了公司获得的累积经验与单位成本之间的关系，这种关系被称为经验曲线（experience curve）。这一发现的前提是在某个行业的任何一个细分市场内，相似产品的价格水平也是相近的。因此，使一个公司比另一个公司更赢利的原因必定是成本。经验曲线对网络媒体行业有着同样的说服力。

① 格里·约翰逊、凯万·斯科尔斯：《公司战略教程》，第84～85页。

经验曲线理论会在以下两方面影响网络媒体对战略地位的看法：

①在网络媒体业的许多市场内增长不是随意的。如果某网络媒体比竞争者增长得慢，那么，从长远上讲，它的竞争者会通过经验获得成本优势。

②网络媒体应该期望它们的实际单位成本一年年地下降。在高速增长的行业，单位成本很快就会逐渐降低，即使在成熟的处于稳定状态的行业，这种成本降低也会发生。没有意识到这点并且没有对此做出对策的网络媒体会面临激烈的竞争。但是公共服务行业的缺点之一，就是它们所处的类似于垄断的地位，使它们没有受到降低单位成本和提高货币价值的压力，即这样的企业不会去考虑降低成本，提高货币的价值。而这种情况在中国某些类型的网络媒体，特别是以国有资产控股的网络媒体中间并不鲜见，当然也是它们必须面对的问题。

3. 有效性分析

有效性评估与网络媒体的产品或服务满足其选定的客户群体的需求的程度密切相关，此外还与影响这种有效性的各种要素有关。与成本分析不同，价值增加或有效性的来源有许多并且各种各样。因此，本部分的重点是讨论如何才能确立在特定的环境下，影响有效性的关键因素。图3-8对关键问题进行了总结和归纳，价值链可以作为评估下列各项的框架：

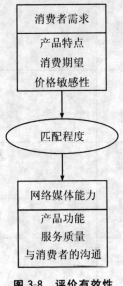

图 3-8　评价有效性

（1）产品或服务的功能和特性与网络媒体受众的要求匹配的程度如何？更

重要的是，提供这些特殊功能或特性所增加的成本，能够由受众给这个特殊的功能或特性的价值（通过提高价格或改进预算分配）弥补吗？

（2）支持产品的服务与网络媒体消费者的要求相符吗？而且，这些能表现一定的价值吗？（即如果增加这些服务是否能增加价值）

（3）在网络媒体各种产品销售前、销售中和销售后与受众交流的系统，能为这种关系增加价值吗？这适用于商标品牌，公司形象、营销活动、技术信息等方面。

4. 资源控制

评估网络媒体战略能力的另一个标准是资源控制的程度。表 3-5 列出了一些要进行分析的控制。可能存在这样一种情况：虽然正确地使用了优势资源并且效率很高，但是由于没有正确地控制资源，结果经营状况仍然很糟。分析资源控制方式是会增强还是减弱网络媒体的战略能力时，需要提出以下一些问题：

表 3-5　网络媒体资源控制的诸方面

物 质 领 域	典 型 的 控 制
物 质 资 源	
空间、计算机与网络设备	安全、维修
财务	成本体系
	预算
	投资评估
产品	数量控制
	质量控制
	受众需求
人力资源	关键人员的控制
	领导
	工作协议
	广告商控制
无形资产	品牌形象控制
	产业关系趋势
	关键信息控制

注：本表修改自格里·约翰逊、凯万·斯科尔斯：《公司战略教程》，第 87 页。

（1）衡量经营业绩的标准是否与网络媒体赖以竞争的基础有关？例如，开发新的高水平的产品或服务项目有可能破坏公司削减成本的计划，但是对受众却至关重要。

（2）控制资源的方式很多，特别是不同的资源应有不同的控制方式。管理者能区分出重要或不重要的控制方法吗？

网络媒体在进行资源控制时有许多不同的方式：

一是纵向一体化（vertical integration），通过对网络媒体价值体系多个部分的拥有权来进行控制。然而，现在许多网络媒体难以将其作为一种解决问题的办法，因为实际困难和大范围活动的协作成本常常会超过理论收益。

二是全面质量管理（total quality management），它是通过将价值体系内各种不同的专业之间的工作关系拉紧来控制价值的产生。例如，可以考虑在进行较重大新闻事件报道时推出网络新闻专题，而参与新闻专题的不仅包括新闻中心的编辑人员，还可以将广告销售人员联系在内，一起进行设计。

三、比较分析

前面我们讨论了怎样用价值链评估战略能力。价值链分析鼓励管理人员密切关注网络媒体的资源状况，以便了解价值活动及它们之间的联系，帮助网络媒体在它的"行业"内保持其竞争优势。但是，分析价值体系在历史上怎样发展变化也很有用，因为这会说明网络媒体是怎样选择，或为什么被迫转换它的资源基础的。

这里将采取不同的比较基础：历史比较和行业比较，作为进一步了解网络媒体战略能力的一种有价值的方法。另外，通过与行业内最佳业务的比较可以进一步了解本网络媒体的不足，在分析最佳业务时还会用到价值链理论。

1. 历史分析

历史分析将网络媒体的资源状况与以前各年相比从而找到重大的变化。通常会用到如销售额/资本比率和销售额/雇员比率等财务比率，以及不同活动所需的与资源比例有关的各种重要的变量。这种方法可以揭示出其他方法所不能揭示的不太明显的变化趋势。例如，新浪、搜狐等公司，可能会发现对前5年的资源状况的比较揭示出公司活动的焦点，具有从新闻管理向多元化门户管理发展的趋势。在许多情况下，它都促使公司重新评估其主要的推动力将来应该放在什么地方。

2. 行业分析

通过对整个行业相似要素之间的附加比较，会大大地改进历史分析的效

果。它帮助展望公司的资源状况和经营状况，并且指出在分析和评估战略能力时所关心的是公司的相对地位。这就需要联系价值活动而不仅仅是市场地位或产品来进行评估。

在进行行业分析时，利用网络媒体建立和维护特定价值链的重要性来进行分析是很有效的。对不同网络媒体的相似的价值活动进行比较非常有用——如果没有忘记战略状况的话。例如，直接比较两个竞争公司的资源使用状况时，将各种成本以总成本的百分比表示，就可能发现非常不同的情况。但是，需要注意的是以此得出的结论是取决于当时的环境的。

3. 最佳业务分析

行业分析的另一个有效的方法是去对最佳业务进行研究，并且建立与最佳业务有关的衡量业务状况的标准。这种方法的一些特殊的例子如下：

● 竞争者概况。其详细记录分析竞争者的经营状况。如果有数据可用来将整体经营状况指标（如资本收益率），分解为与上边提到的重要价值活动有关的特定指标，那么这些数据就非常有价值。

● 衡量标准。所谓衡量标准是建立在执行关键价值活动时所应满足的关键业绩指标，以便确立巩固的竞争地位。这个分析还对讨论网络媒体的定位大有帮助，因为它特别清晰地分析了网络媒体长期存在所必需的资源状况及其经营状况。在其他各个行业中这种分析都显现出了其价值性。

四、确认关键问题

资源分析的最后一方面是从以前的分析中确认出关键问题。只有在这个阶段，才能对网络媒体的主要优势和劣势，以及它们的战略重要性做出合理的评估。然后，资源分析才能作为判断未来行动过程的标准，而且它还能做另外一些分析和评估。

1. SWOT 分析

SWOT 分析是将以前的许多分析进行总结，从环境分析中综合出关键问题。即将前文中所述的众多关键问题汇总在一起进行分析，其目的是确认网络媒体的当前战略与其特定的优势和劣势之间的相关程度，以及网络媒体处理和应付环境变化的能力。SWOT 代表优势（Strengths）、劣势（Weaknesses）、机会（Opportunities）和威胁（Threats），但需要注意的是，如同我们在前文中一再要求的，这种方法在使用时并不仅是从管理者的感觉出发去列示它们。SWOT 分析的目标是要进行更加结构化的分析，以便找到有助于制定战略的新发现。当然作为分析工具 SWOT 多少显得还有些粗糙，但它在实际应用中还是比较有用的方法。其分析过程可以分为如下几个步骤①：

（1）确认网络媒体当前执行的战略，这种战略并不一定是被倡导或公开的战略，而是网络媒体已实现的战略。它本身可能是有问题的。

（2）根据网络媒体的资源组合及目前正在实行的战略，确认网络媒体的关键能力（优势）和受到的关键限制（劣势），这些优势和劣势等总数最好不超过8个。

（3）如果有可能，可以考虑一对一地分析和检查每个状态，分析时将每一状态按顺序列在左边一栏，然后根据关键环境问题对其打分，或者为"＋"（严重，为"＋＋"）或者为"－"（或"－－"），如下所示：

1）若对网络媒体有益则画"＋"，也就是说如果满足下列条件，则画"＋"：

①优势能使网络媒体利用或者处理由环境变化引起的问题。

②劣势能通过环境变化来弥补。

2）如果对网络媒体具有负面影响，则画"－"，即，如果满足下列条件，则画"－"：

①环境变化将削弱网络媒体的优势。

②劣势将阻止网络媒体解决与环境变化相关或者能被环境变化强化的问题。

完成这一程序以后，其结果就能更直观和清晰地反映环境变化和影响给网络媒体（在现有战略和网络媒体能力下）带来的机会和威胁。

链接 1

网络新闻的 SWOT 分析

一、网络新闻的优势与机会

（一）丰富性与时效性

丰富性。网络新闻能够以接受搜索、访问的样式提供给用户一个主题资料库，或总体意义上的信息仓库。许多传统媒体上网之后，他们大多能够在线提供有关自己发展历史中的新闻文献档案。这些档案本身就是一种非常珍贵的信息财富，当对它们形成数据库索引，提供给读者使用时，更形成了富有深度和应用性的新闻阅读价值。如在我国，权威的主流媒体《人民日报》也建立了相当规模的文献仓库，以供用户搜索或引用。这对

---

① 格里·约翰逊，凯万·斯科尔斯：《公司战略教程》，第96～97页。

于新闻媒体建立自己的品牌号召力及提供在线深度阅读无疑有着重要意义。

时效性。它在时效性上的一个独特优势，被我们称之为"全时性"，今日网络新闻也往往被视之为"全时新闻报道"。新闻媒体在时效性的观念上至少跨越过两个历史性阶段，一是从不定时到定时，二是从定时到及时。而今天我们则来到了一个"全时新闻"时代。对于任何受众来说，任何时候打开页面，都可以得到新闻的充分阅读机会，这就要求媒体必须能够做到及时更新，设置丰富的及具有交叉性的超级链接。

（二）汇聚力与多元化

汇聚力。网络的高容量、交互特征、分层分组的能力，使得网络新闻能够在非常短的时间，在任何一个狭窄的主题领域里汇聚起相当数量的人群，使他们能够对某一新闻乃至整个频道做出集体化的响应。这种响应反过来又推进了网络新闻的社区化发展。

在1999年印尼排华事件中，在雪片般飞向《联合早报》论坛的邮件当中，有抗议书，有声讨书，有请愿书，而参加网上讨论者有新加坡的学者，也有香港大学的讲师和祖国大陆的中学生，还有印尼的僧侣等，近的来自亚洲，远的来自赫尔辛基和新西兰。他们之间的电子邮件讨论效率惊人，如有人问起"那个公开叫嚷保护人权的美国到哪里去了"，大洋对岸就会有人马上送来克林顿和戈尔在一起憨笑着的合影，及他们与其夫人的公开电子邮件地址。

多元化。网络新闻向人们展示的不是单纯的新闻，而是把新闻的概念提高到一种泛信息的高度。就像我们在论述泛传播的原理时所描绘的那样，今天的新闻已经越来越多元化，并通过多元化甚至达到了实在化。它进入人们生活的每一个角落，使受众对世界的外观下所蕴含的各种各样的讯息都确知无疑，这正是信息化社会能够赋予这个世界非常强大的实在的动力的重要原因。从媒体运作来说，有关新闻内容的服务工作（包括新闻采访、写作和编辑发布）都已不能仅仅把眼光放在所谓的硬新闻上，而要把眼光投射更远，远至社会形态的各个侧面。在网络时代，你所看到的最令人称奇的传播画面是，多元化的新闻广泛涉及我们的教育、医疗、娱乐、商务以及其他一切生活。

（三）宽容性与参与性

宽容性。网络媒体的宽容秉性有目共睹。如果说，它对旧的新闻观念改造充满了很多技术环节，那么最重要的应该是新闻理念的走向宽容。一方面，这表现在人们对网上信息的动机或者来源做过多的推测；另一方面，受众潜在地预设在这种特殊的介质里，不同地位的信源的发布新闻、参与新闻的权力生而平等。在网上浩如烟海的信息之中，有严肃的、活泼的；有负责任的、不负责任的；有善意的、恶意的，而人们对此并无太大的怨恨或敌视。也许人们确实意识到网络新闻在新闻观念上的全面打开，具有推动历史的力量。

在国内，一个非常典型的例子是台海危机期间，《人民日报》的网站主动打破了母报的较为稳健的传统，前所未有地请来了有关军事专家来与广大受众进行交流。这不仅仅满足了受众对于新闻深度的要求，而且也为其媒体的进一步的拓展和观念的开放提供了新的动力。

参与性。人们不仅可以参与到有关新闻的讨论，更重要的参与是，他们可以参与网上出版。在去中心的（Decentralized）网络传播环境里，任何一个人都可以是一个没有执照的报社、电台、电视台。几乎没有什么力量可以阻止一个人在网上按照和依靠自己的思想、观念、技术和知识，建造属于他自己的信息发布机构：个人主页或个人网站。他可以不必向社会化组织所规定的那样，严格约束内容或表现形式；只要是在不违法的情况下，他可以把自己所想要发布的信息，以他所想表现的形式接入 Internet，发布到世界所有的角落。在这个无纸化出版和印刷的时代，网络新闻的参与性打破了那种只有政府或者特定的团体组织才能够制造大众舆论的传统局面，任何一个有信息来源的受众都可以在 E-mail、电子论坛或自己的主页加入出版，在文化和舆论中加入自己的声音，而且成本低廉。

（四）表现性与个性化

表现性。在传统的新闻媒介中，对于新闻的表述也需要修辞和样式因素，但是从来没有像网络这样，将对于新闻的表现提到了如此复杂程度。在传统的报纸中，强调的表现元素是字体、色彩、字号、版式、尺幅和空间节奏；在传统的电视新闻中，强调的是时段、场景、背景、光线、色彩、长度和栏目风格；在广播里，除视觉元素外和电视相当。然而到了网络新闻中，这一切竟然都被拼装在一起，形成一个更加繁杂的全景化表现。网络媒体的多媒体功能不仅仅要显示文本，而且要显示图形、活动图像和声音，它被定义为"数据、文本、声音以及各种图像在单一、数字化环境中的一体化"。从根本上说，网络新闻的表现性反映在对于时间和空间的综合控制上。最典型的就是它对搜索引擎的使用，栏目之间的互相链接，以及交互性服务的设计。有关视觉表现，其技术方面的要求和先进程度也远远要比传统媒体更具有前沿性。在新技术的武装下，网络新闻的表现已经达到了历史上从未有过的高度，并且还在向更新的高度攀登。

个性化。尼葛洛庞帝（Negroponte）在《数字化生存》一书中曾经断言，在数字化生存的情况下，我就是我，而不是人口统计当中一个数据。网络新闻的受众，能时刻感觉到自我的存在，这在他们用鼠标和键盘操作屏幕显示、自由地在 Web 页面上移动、随心所欲的开关、利用主动的寻找和搜索等行为中显现无遗。你能自由自在地拉（pull）出自己想要的个性化信息，而不再像以往那样，只是被动的接受由别人推（push）给的信息。这对于个性的确认和表现来说，具有了非常严肃的人本化的意义。个人化终将成为新闻传播的新的极致，新闻的受众从大众到较小的、更小的群体，最后终于针对个人；而个人化同时又在战略的总体上实现了以往大众传媒所望尘莫及的更广泛的大众化。

二、网络新闻的劣势与风险

（一）承载与信任

承载问题。网络媒介尽管具有很大的容量，但是时刻处在供求紧张的张力之中。网络受众的飞速增长的需求，在某种意义上看，其发展速度总是快于媒介的发展水平。而就其容量和出版而言，还存在着许多信息过载的缺陷。

首先是庞大的访问人群导致的负载过大问题。历次的重大的新闻事件，如戴安娜逝世、太空探测者登陆火星、法国世界杯等，都曾使网上的交通非常拥挤。其次，日渐累加的总信息接受量，以及新闻内涵的不断拓宽，导致了网络受众在阅读新闻时花费了更多的时间。随着多媒体工具的普遍应用，信息消费的绝对时间以及信息等待时间都日见延长。

信任问题。从网络新闻过程的表现来看，由于绝大部分信息来源是无限制的，具有非常强的流动性和交互性，因此，在网上的新闻传播，因为受到受众和网络环境的宽容激励而变得可信度较差，这也是我们需要警惕的一种传播倾向。网络上的虚假新闻也许不至于立即制造出深刻的反响，但是由于网络传播无远弗届和全球沟通的特点，其在广度上的效率显然要高得多。一人有"闻"，众口相传，负面作用不可小视。

（二）侵害与噪音

侵害问题。不管是在政治、军事领域，还是在日常生活和经济生活领域，新闻稳定感的缺乏会引起称为"网络传播侵害"的痼疾。曾被网络界和新闻界炒得沸沸扬扬的"王洪事件"，富有说服力地说明了网络新闻的民间特征的缺陷，以及它易于引起有法理争议的诉讼的麻烦之处。⁽⁸⁾不管王洪这个案件最后的判决法理依据如何，都说明在网上，因为新闻来源的多元化而致使权威性较难得到保障；并且，因为有关网络新闻的立法相对滞后，而网际统一的道德规范和管理模型仍未建立，因此大量的侵害、争执将在所难免。

噪音问题。前面我们谈到了网络传播中的多元化的主题倾向，即不仅是纯粹的传统意义上的新闻，而且与之伴生的所有的资源信息，都能够在新闻传播当中找到一席之地。它们不仅深刻地介入了我们的意识，而且还深入到我们的生活。我们在网上所见识到的信息是丰富多彩的、多主题的、相互交融的；交融的各部分能够相互依存，并且这一依存现象已经受到网民消费的认可，对于传播来说似乎已是大势所趋。

但另一方面，就纯粹的新闻的传与受而言，在理念上显然会出现一个新的技术上的困惑，那就是关于信噪比的问题——信噪比（signal－to－noise ratio）在技术上是指电缆中指定点的有用信息和无用噪声之间的比率，用于衡量信号质量。⁽⁹⁾对于时间较为有限、兴趣不太广泛、对新闻的指向性要求偏高的三类受众来说，他们在接触 Internet 上的新闻信息时很显然会受到这样那样的困扰，这些困扰既来自于新闻本身绝对信息量的巨大，又来自与之伴生的各种各样的信息噪音，比如生活信息、电子商务信息以及技术层面的干扰——这不仅仅反映在显示屏面前所等待的时间偏长或受繁杂界面的困扰，而且，更重要的是，在抵抗噪音的心理状态没有准备好的时候，这些噪音潜移默化的影响已经产生。这对于一个有自觉的新闻题材接受倾向的受众来说，毫无疑义是在增加接受上的难度，并且还带有某种强迫性。

三、依赖与垄断

依赖性。依赖性也是我们考察网络新闻的一个非常重要的方向。这里所说的依赖是指新闻媒介传播对于外在资源的依赖。在设备供应不能得到全面满足时，媒介是否还能够发挥正常的作用？从这个意义上来讲，网络得分并不高。在台湾大地震期间，由于各地灾情不同，台湾北部的 ISP 的联线还基本正常，而中部地区则因为停电或设备受损包括 SEEDNet、仲琦、大众在内的许多 ISP 还是不得不中断服务。而在 ICP 方面，它们多半将主机托管于 ISP 的机房，因此也有不少网站停工待电。网民平常所期待的网络信息线路受灾严重，识者论道：网络的作用只有在电力的支持下才能发挥；不要说地震给设备造成损失，就是大面积的停电也会导致网络

的瘫痪，这时网络是无法发挥作用的，更不用谈什么无远弗届。

垄断性。反垄断性的思想来自这样一种经济学考量：是否应该及如何才能保证市场竞争战略上的均衡性。在 Internet 的环境下，从政治、社会、文化的角度来思考，网络是给我们带来了一个伟大的机遇，还是反而造成了全球传播的一个新的垄断？从一个方面来说，网络的特点是平权、自由、无限包容；但从另一方面来讲，不管是网络信息，还是信息技术，本身也都还不是一个自由与共享化的领域，而是充满了垄断与反垄断的内涵。

从垄断性的趋向上来看，全球新闻业都面临着同样的问题：垄断性随着兼并在各个新闻领域里的产生而得到加强，而且不仅限于 Internet。迪斯尼公司兼并美国广播公司（ABC），默多克收购泰晤士报等都是典型的例子，表明在国际传媒界关于新闻媒体向少数企业集中的垄断故事正在愈演愈烈。但从技术发展的特性上来说，最值得警惕的垄断还是要数网络新闻业。

四、成熟度

成熟度。成熟度也就是经验水平及其稳定性。在整个网络传播中经验水平目前还比较低下，因为其全球化发展的时间只有短短的 20 年。人才、设备、技术、法规都仍在改进和摸索阶段。从管理的本质上来说，这个领域里最奇缺的是人力资本。

对传统新闻业来说，有大批的具有成熟经验和技术的人才可供调配使用，同时，他们所使用的技术也是比较稳定和成熟的。网络新闻业缺乏保证成熟度的基本因素，因此，目前一个主要的趋向是，人才从传统新闻向网络新闻业方面流动；与此同时，其他各个方面的资源也在源源不断的对网络新闻形成支持。而从受众来看，在网络新闻面前所体验到的，除了新颖和丰富所带来的冲击，还有种种不成熟所带来的欠缺。这种感受应该说总是与任何先进的新兴事物相伴的，但在目前，这也正构成了传统新闻与网络新闻在战略相持中仍然保持着一定优势的一个重要的动因。

从更深刻的方面来说，成熟度的不足，必然又会带来影响长远发展的原创力欠缺问题。新闻产品的生产受到人、经验、技术框架、管理水平的制约，因此相当多的新闻网站、ICP 给我们留下的印象是原创性不够，生产能力还有待改进。

资料来源：杜骏飞：《网络新闻学》，中国广播电视出版社 2001 版，第 72～89 页。

2. 核心竞争能力

如果把与竞争者的比较结合起来，那么，优势、劣势分析特别有用，也可以利用"核心竞争能力（core competences）"这一概念来进行上述分析。"核心竞争能力"这一术语首次出现是在 1990 年。这一年，著名管理专家 C. K. Prahalad 和 Gary Hamel 在《哈佛商业评论》上发表了著名的《企业的核心竞争力》（*The Core Competence of the Corporation*）。文章指出："核心竞争力是在一组织内部经过整合了的知识和技能，尤其是关于怎样协调多种生产技能和整合不同技术的知识和技能。"①

按照 Prahalad 和 Hamel 的定义，企业的核心能力有三个基本特征：

（1）核心能力提供了进入多样化市场的潜能。

（2）核心能力应当对最终产品中顾客重视的价值作出关键贡献。

（3）核心能力应当是竞争对手难以模仿的能力。

企业核心竞争力的取得与企业的核心资源有着直接的关系。那些难以复制、模仿并能够为企业带来竞争优势的有形或无形资产，包括基础设施、知识产权、销售网络、营销战略及客户信息等，是创造核心竞争能力的关键资源。核心竞争力是企业持续竞争优势的"发动机"，然而关键资源本身并不会自动转化成竞争优势，必须有能使这些资源转化为持续竞争优势的能力。

在对网络媒体所进行的资源分析过程中，我们可以通过核心竞争能力以及资源这样的概念体系对我国网络媒体的战略结构做出基本的分析②：

（1）中央级政府媒体网站

依据我们在上文中提出的核心资源的标准，中央级政府媒体网站的资源主要有以下两种：

考虑到中央级政府媒体网站，如人民网、央视国际等，都是以传统媒体（不管是以一家传统媒体，还是多家传统媒体）为基础的媒体网站，显然其最大的资源就是来自于传统媒体的全方位支持，这种支持包括各方面，既有信息内容方面的支持，也有资金、人员、设备、管理上的支持等，甚至传统媒体的品牌可以延伸到互联网上。另外，由于中国传媒业体制内操作的特点，我国的传统媒体都与政府有着良好的（依属）关系，作为中央级的传媒网站，在这方面的资源优势显然更加明显。

---

① Prahalad，C.K. and Gary Hamel. The Core Competence of the Corporation. *Harvard Business Review*，1990，May－June：79－91.

② 巢乃鹏：《试论媒体网站的发展战略》，载《新闻知识》，2003 年第 5 期。

另一优势体现在核心竞争能力上。作为能将中央级媒体网站的资源发挥效用以产生竞争优势的能力，它一定是植根于这些媒体网站的最深处。根据这样的理解，我们不难看出，中央级媒体网站的核心竞争能力其实就体现在传统媒体对新闻的操控能力上，也就是传统媒体的新闻经验（包括采编、深度报道等）将能帮助传统媒体网站在未来的市场中获得相应的竞争优势。

（2）商业媒体网站

与中央级媒体网站相比，商业媒体网站既没有来自于传统媒体的新闻内容的支持，特别是独家新闻的支持；也没有来自于政府方面的另一种支持。但商业媒体所拥有的资源也恰恰是那些媒体网站所不具备的：一种资源是商业媒体网站的经济能力。一般而言，大型的商业媒体网站都有相当实力的投资者，或者是有效的融资渠道（例如新浪、搜狐），所以他们在经济能力上并不比传统媒体网站逊色，甚至更强。另一种资源是商业媒体网站符合市场需求及国际规则的管理体系。由于商业媒体网站是一个新生事物，它们的创始和发展目标又要求它们向市场、向国际规则靠拢。因此，一般而言，它们在管理经营上要较那些体制内媒体网站有一定的优势。而这也体现在它们的核心竞争能力上，商业媒体网站的核心竞争能力主要体现在其所具备的市场意识及其市场操作能力上。

（3）地方重点新闻网站

与中央级媒体网站或者是商业媒体网站都不同，地方重点新闻网站承担的主要是地方政府对外宣传的任务。作为党和政府的喉舌，它肩负着主要舆论的责任，它接受政府的领导和管理，同样也获得来自于政府的大力支持。所以它所拥有的最大的资源即是其身后的政府资源，包括政策上的支持、资金上的支持、人员上的支持等。对于这类网站，其核心竞争能力还处在逐渐形成的过程中，但可以预计的是，这类网站核心能力最有可能形成于以下这个方面：即将政府资源转化为其自身优势的能力。

链接 2

网易的数字游戏

2003 年 6 月上旬，网易股价超过 34 美元，市值达 10.55 亿美元。以 2002 年每股赢利 0.06 美元来计算，该股票的市盈率达 560 倍。与许多蓝筹股大约 10～30 倍的市盈率相比，网易市盈率看上去很高，但它的卖点在于成长性较好。网易 2002 年收入同比增长 721.8%，2003 年第一季度收入同比增长 392.3%。成长性好的股票，通常可以拥有高市盈率的特权。除了净利润之外，公司的收入总额、净资产、经营活动现金流量也是分析师们非常关注的财务数据。网易 2003 年第一季度营业现金流 8140 万元，当前股价大约是每股营业现金流 100 倍。

2002 年第四季度，网易销售净利率为 44.83%，2003 年第一季度净利率达 58.45%。而 2003 年第一季度新浪的净利率为 18.66%，搜狐为 31.94%。2003 年第一季度，搜狐与网易的总收入基本上相同，但网易的净利润要比搜狐多出 370 万美元，即高出 80%。投资者可能会想：网易的赢利能力真的如此之强么？网易净利率高的原因之一是营业费用较低，第一季度为 340 万美元，而搜狐为 480 万美元。原因之二是网易的销售毛利率高达 77.9%，搜狐为 64%。搜狐的非广告收入占总收入之比为近七成，而网易为九成。搜狐与网易短信收入占总收入的比重相近。搜狐目前的网络广告毛利率为 64%，非网络广告毛利率为 63%。第一季度，网易与搜狐的毛利差距为 200 万美元。假设网易与搜狐的网络广告毛利率相同，则网易非网络广告收入毛利率约有 80%。网络游戏的毛利率极高应为其中原因之一。

判断网易股价的合理性，关键在于对网易未来收入及利润规模的预期。网络广告收入环比下降是受季节因素影响，而非网络广告收入环比增速下滑已成定局，其与短信业务逐渐进入成熟期应是主要原因之一。依经验来看，一款网络游戏会在正式推出后的一年半载之内进入成熟期。网易的《大话西游2》游戏从 2002 年 8 月开始收费，预计收入会在 2003 年暑期达到高峰。网易称，将对现有游戏进行改进，并开发新游戏。但这能否收到效果，尚不能确定，毕竟目前在线游戏市场竞争已日益激烈。

网易收入主要来源于网络广告、短信、网络游戏等。在这三个领域，不论是作为门户网站，还是在线游戏运营商、SP，网易均未拥有明显超越业界对手的竞争优势或核心能力。此外，部分短信与网络游戏业务存在一定的政策风险，社会争议较大。

资料来源：成一尖：《网易的数字游戏》，见 http：// tech. sina. com. cn/i/c/2003－06－18/1314199706. shtml。

五、小结

资源分析是评估网络媒体战略能力的重要方法，如果要选择未来战略，就必须做这种分析。通常，大多数资源分析都集中讨论优势和劣势。

　　在了解网络媒体的战略能力时，价值链这一概念尤其有用，因为它强调价值活动和各活动间的联系而不是仅仅考虑资源本身。它强调战略能力与资源的使用方式和控制方式有很强的关系，同时还指出资源分析一定不要仅限于网络媒体所拥有的资源。供应商、受众等彼此之间形成的价值链之间的联系，有时也是网络媒体能力的基石，并且这种联系有助于防止竞争者进行模仿。

　　资源的概念提醒我们：资源配置提供了战略能力，战略分析中最重要的问题是了解网络媒体相对于其他竞争者的战略能力，网络媒体相对于其他竞争者的核心竞争力在资源分析中也是重要的因素。

本章主要概念回顾

　　PEST 分析、五力竞争模型、战略集团、市场占有率与市场增长率、资源SWOT 分析、核心竞争能力

思考题

　　1. 试用 PEST 分析方法分析一下中国网络媒体行业的经营环境。

　　2. 请在新浪、搜狐、网易、人民网、央视国际、新华网中任选一个网络媒体，以波特的五力竞争模型对其进行分析。

　　3. 请以价值链分析框架分析一下中国网络媒体。

　　4. 试以 SWOT 分析方法比较分析一下我国不同类型网络媒体的战略情况。

　　5. 任选一网络媒体，试以历史比较的方法分析一下该网络媒体的发展情况。

第四章 网络媒体经营战略的选择与评价

随着市场环境的变化，网络媒体需要在经营中适时地进行战略选择，因为战略选择涉及网络媒体未来的决策。在进行战略选择时我们应着眼于关键性的影响要素，并确定影响网络媒体战略选择的关键性因素，以此来保证网络媒体有效战略的选择。

网络媒体在其有效战略选择与实施之后，评价成为整个经营战略管理的最后阶段。由于外部及内部因素处于不断变化之中，所有战略都将面临不断的调整与修改，所以管理者需要及时了解哪一特定的战略管理阶段出了问题，而战略评价便是获得这一信息的主要方法。本章将对网络媒体战略选择与战略评价的有关知识进行介绍。

第一节 网络媒体经营战略的选择

在许多方面，战略选择都是网络媒体整个战略的核心。战略选择涉及网络媒体未来的决策及网络媒体对在战略分析中所发现的压力和影响进行处理的办法。战略选择将面对的是未来网络媒体所面临的社会、政治、经济环境，所以战略在未来环境下的可行性是战略选择的重点，直接关系到战略实施的现实可行性。

一、一般战略及其实施

在观察战略选择过程时，区分 3 个要素是很重要的。图 4-1 列出了这些战略要素：

首先是关于一般战略的。基于这些战略，网络媒体可以在所处的环境中获得一种持久的地位，例如，获得竞争优势或者是用户利益等。

其次是在一般战略的范围内组织可以选择的方向。例如，开发新产品或新市场。

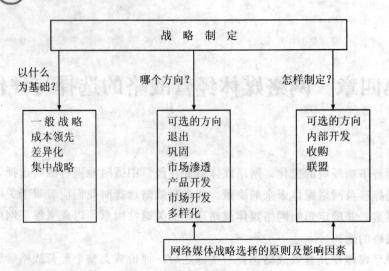

图 4-1　战略选择/制定的过程

　　再次，讨论获得战略发展方向的可选的方案。例如，自己开发、收购或者联盟等。

　　当然，以上这些战略选择的过程都必须基于网络媒体选择的原则（标准）、影响因素。

1. 一般战略

　　战略选择的终极目标是企业竞争优势的显现，所以战略的选择都是围绕着这个目标展开的。波特的《竞争战略》中关于一般战略的重要性和相关性的争论已经成为影响组织战略发展的重要因素。波特认为，企业有三种方法获得"可持续的竞争优势"[①]（见表 4-1）：

　　（1）成本领先战略。采用这一战略的"公司开始变成行业内的低成本生产者……一个低成本生产者必须发现和挖掘所有的资源优势。它一般出售一种标准和朴实无华的产品，特别强调生产规模，无条件地追求所有资源的成本优势……如果一个企业能够获得并保持一个整体成本领先地位，并能以行业平均成本水平或接近行业平均成本水平来为其产品定价，那么它将成为行业中高水平的经营者"。网络媒体产业作为一个新兴的行业，在没有统一标准的情况下，哪个网络媒体取得了行业的标准便在竞争中处于领先地位，同时网络经济明显的规模性效益使得网络媒体急于扩大规模、扩展经营范围。

---

　　① 迈克尔·波特著，陈小悦译：《竞争优势》，第 12～16 页。

（2）差异化战略。波特这样定义："努力在被购买者认为极有价值的某些行业方向上作的高于其他企业，独一无二……由于这种独特性因而可以给产品一个额外的加价……如果某个公司的溢出价格超过因其独特性所增加的成本，那么获得并保持这种差异化的企业将会成为超出行业平均水平的先进经营者……差异化战略的逻辑要求是：公司要通过差异化将自己与竞争对手区分开。"差异化战略要求企业自身核心竞争力的展现，独特的竞争优势是一个企业获得认可的关键。

（3）集中战略。这种战略以"在行业内很小的竞争范围内做出选择"为基础，实施这种战略的企业选择行业中的一个细分市场或是一组细分市场，通过实施其战略击败竞争对手。具体来说，集中战略又可以分成成本集中与差异化集中两种。采用成本集中的网络媒体将努力在它的目标市场内追求成本优势，而差异化集中则是网络媒体在目标市场内追求差异化。

表 4-1 三种一般战略

竞争范围＼竞争优势	低成本	差异化
较宽的目标	1 成本领先	2 差异化
较窄的目标	3A 成本集中	3B 差异化集中

资料来源：迈克尔·波特著，陈小悦译：《竞争优势》，华夏出版社 1997 版，第 15 页。

链接 1

雅虎何能走上持续赢利之路并保持良好态势

作为全球最早的互联网导航服务网站，雅虎曾经让世界为互联网经济迅猛发展的浪潮而叹服，但随即而来的互联网泡沫同样让这位互联网媒体巨头步履蹒跚。两年前，特瑞·西梅尔（Terry Semel）入主雅虎，在开展了一系列大刀阔斧的改革之后，终于取得了可喜的成就。据了解，雅虎第四季度净利润为 4620 万美元，折合每股 8 美分至此雅虎连续三个季度保持赢利。而上年同期则为亏损 870 万美元，折合每股 2 美分。在当今互联网经济相对低迷的情况下，雅虎究竟采取了什么举措才显得如此虎虎生威？

雅虎的成功原因：多元化经营模式/差异化战略

在这场互联网经济浪潮中，雅虎见证了互联网的童年、少年和青年时代。最初公司主营业务收入主要依赖页面广告一项，但后来由于互联网经济和众多门户网站的崛起，使雅虎一夜间痛失四亿美元的广告收入，雅虎股价也因此一落千丈，整个公司岌岌可危。不过，雅虎毕竟属于新生代的公司，决策和转型相对较快，特别是西梅尔成为雅虎的董事长和CEO后，决定从单纯依赖页面广告收入转而探索多业务增长点，形成了现在以广告为基础、付费业务和宽带接入为主要驱动力的多元化经营模式，雅虎才逐渐露出了久违的笑容。

第一，稳定广告业务收入。雅虎明白要想在广告市场有所作为，首要任务必须提升网站的人气，即点击率。因为想要登载广告的企业会考虑到广告的阅读群和阅读量。首先，去年以来，雅虎启动了"改版风暴"，雅虎首页以各地雅虎不同的需求为第一要素，将个人的用户体验与企业客户的营销需求更加紧密地结合起来，充分发挥出雅虎核心网络产品的优势，同时也为企业客户搭建绝佳的网络营销平台。其次，在吸引人气最重要的电子邮件上，很多网站推出了付费电子邮箱。而雅虎承诺"永远免费"，并且采用了世界领先的技术来保证邮件的稳定使用。（2003年）3月，雅虎启动新的垃圾邮件过滤机制，这样即使是在垃圾邮件大幅度增加的情况下，新版SpamGuard也能够将对垃圾邮件的投诉减少40%。因此，雅虎网站人气急剧攀升，对吸引广告市场具有明显的刺激作用。

第二，不断推出新的付费业务。雅虎在发展过程中，意识到即使广告市场做得再成功，单纯依靠广告收入来支撑将存在着很高的风险性，而网站服务市场还有很多的"新奶酪"可以挖掘，因此雅虎准备搞"相关多元化战略"。目前网站运作比较成功的业务就是收费服务，已经有220万人为雅虎的某种服务付费。2003年3月17日，雅虎公司开始提供迄今为止内容最为丰富的订购视频服务——"Yahoo Platinum"白金服务，该服务将集新闻、娱乐和体育赛事现场直播于一体。雅虎计划为其提供的独家和非独家节目内容每月收费9.95美元，而其体育节目内容每月将收费16.95美元，这是雅虎公司推出的第一种付费视频娱乐服务，进一步增加了该公司的收费服务项目。

第三，大力拓展宽带业务。有了在付费业务的成功经验，雅虎又瞄准了另一个潜在市场——宽带业务，2003年雅虎最重要的任务就是进一步扩大其宽带业务。曾长期担任华纳兄弟公司电影和音乐分支领导的西梅尔，决定和电信公司SBC通讯建立合作关系，让雅虎成为小贝尔（BabyBell）的拨号和宽带上网服务主页。从（2002年）第四季度公布的财报看，宽带业务为雅虎带来了至少700万美元的收入，雅虎与SBC通信公司 5 个月的宽带接入销售合作已经取得了成功。近日，雅虎公司宣布将与英国电信公司 BT 联手推出一项高速互联网接入服务，这是雅虎首次进军目前竞争激烈的欧洲宽带网络市场。这项名为"Yahoo UK Plus"的新服务将使得 BT 公司的宽带用户可以享受到更好的电子邮件传输、数字照片存储、反病毒软件以及防火墙安全等服务。

　　资料来源：张智江：《雅虎何能走上持续赢利之路并保持良好态势》，载博客中国 www. Blogchina. com，2003 年 3 月 30 日。

2. 维持和实施一般战略

　　到目前为止我们还没有涉及为了维持竞争优势怎样在实际中发挥战略作用的问题。理想地说，不应仅追求短期竞争优势，而应追求可持续发展的、可赢利的长期优势。我们在上一章中所提到的关于价值链的概念在这里的分析中将显示出其重要性。

　　（1）成本与价值链

　　一般来说，大多数公司，包括网络媒体，是很难获得成本领先的地位。但是这并不妨碍它们在某些方面获得成本上的优势或者降低成本，进而在与竞争对手的竞争中占据优势地位。那么我们如何来达到这点呢！我们常用的方法是从价值链内的不同活动来对成本进行区分。例如，像新浪、搜狐这样的网络媒体显然在外部支持（如获得广告）方面要比人民网、千龙网这样的网络媒体具有更强的竞争力，因而就具有较低的投入成本。而对于人民网、千龙网这样的网络媒体，它就可以根据价值链的分析辨认出竞争者哪些活动是超过自己的，哪些活动是比自己脆弱的，进一步在这些领域中降低成本，并将此作为将来获得竞争优势的一种方法或手段。

　　（2）差异化与价值链

　　价值链是一种有效的思考方式，它能帮助考虑怎样通过不同的价值生成来形成差异化。与在价值链的某个部分来实现成本降低以获得竞争优势不同，仅通过改变价值链中的某个要素是不能实现差异化的，只有通过价值链的多种联系才能实现差异化。例如，经常有不同的网络媒体宣布要推出一种高质量产品，如网易泡泡，却会因为服务问题、交易方式、甚至是人事部门的态度而导致失败。因此必须建立整个价值链中有效的联系，才能建立一个很好的可维持的差异化基础。对竞争对手来说，模仿一个产品或技术是比较容易的，但模仿整个价值链中的可兼容的以有效联系为基础的差异化却是非常困难的。①

---

①　格里·约翰逊，凯万·斯科尔斯：《公司战略教程》，第 140～141 页。

二、网络媒体经营战略的选择标准

1. 政策性标准

媒介产业是一个特殊的产业，不管是资本主义国家还是社会主义国家，媒介本身是没有任何阶级性的，谁都可以利用，关键是利用的人。所以媒介具有两重性，那就是经济属性和政治属性。同媒介的经济属性和政治属性相适应，它有两种功能：产业功能和宣传功能；在我国将宣传功能称作喉舌功能。因而，对于媒介产业来说我们不仅要关注他的经济效益，还要关注他的政治效益。

媒介作为一种社会控制的工具是统治阶级稳定社会的舆论工具，所以不同性质的国家都十分重视新闻媒介的政治功能。因此，网络媒体在进行战略选择的时候首要考虑的标准便是政策性标准。这是战略实施的前提，得不到政策的支持，战略只能是空中楼阁而没有任何现实的意义①。

2. 协调性标准

也就是战略的适应性标准，指的是媒介战略能否与环境保持一致。媒介环境变换频繁，尤其是媒介的外部环境，难以控制。所以，定期评价媒介战略与环境的协调或适应程度是必要的。同时考察当前可供选择的媒介战略是否全面考虑到未来媒介环境变化的影响。② 我们在第一章中所提及的瀛海威失败的经历在很大程度上正是因为战略选择与当时的社会环境、媒介环境不协调，没有现实的可行性。

3. 匹配性标准

媒介战略的选择、实施需要充足的资源保证。对网络媒体来说，最重要的资源是资金、技术设备、人力资源，时间也是一项重要的资源。网络媒体在进行战略选择的时候，应该对每一类资源都加以评价，说明所有资源能够满足战略实施需要的程度。

4. 风险性标准

战略是对未来发展方向的预期规划，由于未来经济环境、产业环境、社会环境的不确定性，基于主观判断作出的战略选择不可避免地存在风险。在这种情况下对风险大小的判断就显得尤其重要，不能简单地认为风险大就不好、风险小就好。门户网站在纳斯达克的上市就是对风险性标准的最好注解。上市初

---

① 邵培仁、陈兵：《媒介战略管理》，复旦大学出版社 2003 版，第 244 页。
② 同上。

期的高歌猛进到泡沫经济时期的一路下跌，直到现在的相对稳定，在当初战略选择的时候，就是在风险性大小判断的基础上作出的上市决策。

5. 时间性标准

时间是一项稀缺资源。选择媒介战略必须研究每一媒介战略是否具有合理的时间结构。媒介战略的实施需要时间，在选择战略的时候应当衡量战略目标在不同时间阶段实现的可能性。[①] 时间战略标准的另一层含义是选择媒介战略的紧迫性。网络媒体产业本身变化多端，竞争激烈，所以抢占先机是非常重要的。

作为国内第一家在美国纳斯达克上市的网络媒体——中华网首日上市即成为当日纳斯达克最红的一只股票。中华网在纳斯达克上市之初总共发售4247000 股普通 A 股及承销商超额配股权以购买额外 637050 股普通 A 股。每股发售价为 14～16 美元，当天突破一百美元大关。这不能不说中华网上市时间的选择非常成功。

6. 可行性标准

可行性标准的内涵主要是考察所有可供选择或实施的媒介战略在政治上、经济上、技术上和社会心理上的可行性。政治上的可行性主要考察网络媒体战略被政府和本地新闻主管部门接受的可能性有多大；经济上的可行性主要是考察实施网络媒体战略所需的人力、物力等资源的经济成本是否有保障及战略实施后能带来多大的经济收益；技术上的可行性指的是网络媒体所拥有的硬件和软件技术条件能否支持网络媒体战略的实现；社会心理方面的可行性主要考察网络媒体战略能否为社会公众尤其是目标受众所接受。[②]

从第一章论述的千龙网的创办及核心竞争力的定位来看，网络媒体在进行战略选择的时候有必要遵循上述的标准。

三、网络媒体战略选择的影响因素

管理学理论认为在现实中不可能找到最佳的战略，因为能够影响战略的因素实在太多了，即使你能够穷尽所有的影响因素，你也不可能考察清楚个中影响因素在不同环境条件下对战略的不同影响。战略选择、决策是非常困难的事情。

1. 网络媒体决策者的决策能力、判断能力、对待风险的态度

一个经营成功的网络媒体需要一个决策能力强、有战略眼光的领导，决策

---

① 邵培仁、陈兵：《媒介战略管理》，第 245 页。
② 同上书，第 246 页。

者的决策能力、判断能力将对网络媒体的战略选择产生很大的影响。同时决策者对待风险的态度也会影响到媒体的战略选择。

2. 可供选择的战略方案

战略选择就是从被选的战略方案中找出最有可行性的方案。所以被选方案的质量、数量是战略选择的前提，不可能从一系列没有可行性的方案中找到可行性强的战略来执行。还有一点，不是方案的数量越多越好，因为被选方案的制定也是需要成本的，方案过多不仅会给选择带来不便，而且会增加经营成本。

3. 原有战略的影响

原有战略、成功战略的惯性作用会影响到新战略的实施，所以在战略选择的时候要考虑到网络媒体原有战略的影响。

4. 竞争者分析

战略选择不仅对网络媒体自身的经营运作产生影响，而且还会影响到其他网络媒体。竞争是在一个互动的市场中进行，战略的选择不仅要考虑自身的情况，还要能考虑到战略对其他网络媒体可能产生的影响，因为这将最终影响到自身的战略实施。

5. 媒介文化、传播文化与社会文化

网络媒体最终选定的战略与媒介文化、传播文化和社会文化是否相容，直接关系到战略实施能否成功。影响受众接触和消费媒介产品行为的一个重要因素是文化。

当然，还有许多因素可能影响到网络媒体的战略选择，我们这里只讨论影响明显的变量，以上五方面时相互呼应、共同作用的。

链接2

网易全新改版　丁磊预测互联网下个机会在宽带

2004年1月6日，在网易新首页推出和子频道全面改版的发布仪式上，网易创始人、首席架构设计师丁磊详细阐述了网易在门户内容上的新建设；并且意味深长地推出了一个关联预测："互联网的下一个机会将是宽带。"

改版为先

网易重振内容已经成为事实，而拉开帷幕的，是2004年新年之际的新首页推出和子频道的全面改版。

网易强调，新首页的页面设计更加简洁清新，在视觉上具有更多美

感。而在页面的显著位置，网易为自身的其他业务提供了整体展示空间，包括网络游戏、短信、和网易泡泡的链接。这被称为是"增值服务的便捷通道"。业内人士认为，网易意在充分利用门户资源以加强对多线增值业务的推广和整合。

网易的20多个子频道被分化为三个子集合，以对准不同的读者定位。分别是：①针对白领一族的商业、财经、科技、房产和新闻等频道；②和商家共同推出的互惠推广平台，包括手机、导购、女性等频道；③强调娱乐和参与性的娱乐、体育等频道。而这些频道中的亮点，则是在2003年9月推出的"商业"频道，此频道专注高端和独家的大商业新闻，并融入了博客模式。

丁磊强调："虽然各集合对准的读者定位不同，但相互之间有补充。譬如即使白领一族，也会对娱乐资讯有一定的需求。"显然，网易强调的内容互补是门户内容一站式服务的体现。而针对每个特色频道，网易都推出了相应定位的广告招揽。

"网易的内容改版已经酝酿了一年，并且以后还会有更多的创新。"丁磊表示："网易今年（2004年）对内容将会有巨大的投入，在广州的新闻中心将成为国内最大规模的网络新闻中心。"丁磊强调："目前网易的内容建设还不是完全发挥的状态，随着网易新招聘的大学生、研究生的陆续进入，5月份我们的新队伍将开始正常运作。"

借力宽带

发布会上，丁磊表示："我认为，互联网的下一个机会将是宽带。"而与宽带发展相迎合的内容建设，丁磊的推测是："目前我们的改版还是在窄带上就可以顺利运行的，而将来，我们推出的就可能是针对宽带的了。"

对于针对宽带的内容建设会是怎样的，丁磊没有具体说明。而对于宽带本身，丁磊谈到："宽带大爆炸将是互联网的发展趋势。"他说："北京港湾、华为等厂商生产的宽带设备，网通等电信商的大量采购，宽带应用将是非常大的一块市场。"

丁磊表示："我们将尽量利用门户平台推出我们的产品，譬如网络游戏。我们的3D游戏就将在晚些时候进入市场。"丁磊强调："互联网是不断创新的过程，我们作为信息技术提供商，将重视宽带为我们带来的机会。"

业内人士分析，宽带至少会给网易带来两个机会。一方面，宽带普及给网络游戏升级带来硬件基础，会使网易在网游上的研发和经验优势更快

的嫁接到升级游戏上面，可以尽快拉大和跟随者的距离。而另一方面，宽带普及为门户内容和页面设计提供了一次升级换代的可能。而这次可能，对于要在内容上赶超新浪的网易来说，就尤为重要。

网易的广告收入占总收入比例是三大门户中最低的，相应的事实是，网易的内容建设对总收入的贡献度也是最低的。丁磊承认："目前网易的内容还不是强项。"事实上，新浪的内容优势为其带来巨大的广告收入，而内容优势本身所带来的人气和流量，也为其他业务的推广奠定了基础。

所以不论针对内容和广告本身，还是针对内容对其他业务的长远支撑作用，门户都会对内容抱有充分的重视。近期三大门户等同时邀请美国尼尔森咨询公司为其计算流量正是这一内容比拼白热化的体现。

网易在这个时候推出新首页和子频道改版，显而易见是要在内容竞争上发起攻击。而是否能借力宽带，则要对其是否能设计出适合宽带大容量信息流的新的内容模式加以持续的关注。

资料来源：程苓峰：《网易全新改版　丁磊预测互联网下个机会在宽带》，见博客中国（www.Blogchina.com），2004 年 1 月 7 日。

四、网络媒体经营战略发展可选的方向

我们下面将要讨论的是网络媒体多能采取的战略方向，其基本的框架是以"产品/市场"选择的形式（如表4-2所示）表示的。应该指出的是，这是一个非常重要的面向竞争环境的观点：它认为存在着网络媒体能充分利用由环境提供的增长机会。例如，我国经济形式的飞速发展及年轻网络受众群体的增加，对提供财经新闻的专业性网站是有利的。当然，对某些网络媒体是机会的因素，对另一些网络媒体可能不一定是机会。

表 4-2　战略发展可选的方向[①]

产品 市场	当　　前	新
当前	退出 巩固 市场渗透	产品开发
新	市场开发	多样化

---

① 格里·约翰逊、凯万·斯科尔斯：《公司战略教程》，第143页。

1. 退出

退出方案经常被忽视，但在许多情况下从某个竞争过于激烈的市场退出是比较明智的行为。例如，网易推出网易泡泡这样的产品，参加到即时聊天这一竞争十分激烈的市场中来，可能并不是一个好的战略。的确，这一市场有着诱人的潜力，但是就目前的情况来看，网易似乎并没有在其泡泡软件推出后有进一步的、有影响力的市场举措，如果不能尽快打开市场，其较好的战略选择方向可能就是退出了。

2. 合并

合并意味着虽然网络媒体的产品系列、种类和市场不变，但其经营方式却要发生变化。合并有许多种方式，包括在增长性市场中的合并、在成熟市场中的合并、在下降市场中的合并、在市场从成熟向下降型转化过程中的合并。考虑到网络传媒业目前是一个新兴的朝阳行业，显然，合并方法的运用仅适用于在增长性市场中的合并。在增长很快的市场内经营的组织可以考虑通过与市场一起增长来保持其市场增长率，不能与竞争保持同步增长可能意味着组织的成本结构毫无竞争力。当市场趋于成熟时，再想获得市场份额或获得具有竞争力的成本地位将困难重重而且代价高昂。

3. 市场渗透

作为一个谨慎的战略选择——市场渗透可能给网络媒体带来增加市场份额的机会。本书前面所谈到的提高产品和服务质量、增强营销活动等都是实现市场渗透的方法和途径，但需要注意的是如同其他行业一样，网络媒体在采取市场渗透战略的难易程度，取决于市场的特点和竞争者的地位。

在目前中国网络媒体整个市场都处于增长阶段时，对于那些只占有少量市场份额者及那些新进入者来说，获得市场份额相对会容易些。因为，即便是像新浪、搜狐、人民网这样的占据较高市场地位的网络媒体，其绝对销售水平仍然在不断增长。

4. 产品开发

有的网络媒体可能会认为它现有的产品/市场不能为其提供足够的机会，因而在现有的知识、能力和技术的基础上寻找新的替代品，例如，推出新的网络新闻组织形式或表现形式。但需要注意的是，网络媒体在推出其新产品时必须要能继续保持自己在当前市场的声誉。

产品开发会给网络媒体带来两难的选择。虽然新的产品或服务方式对网络媒体的创新来说很重要，但是推出过多的新产品和新服务必然要占用资源，有时甚至会引起亏损。从其他行业所获得的有关产品开发方面的经验应该对网络

媒体也有借鉴作用：

（1）一般而言，新产品开发比较成功的组织在选择开发时机和设计方案时比那些不成功的组织会更注重市场的作用，更关心市场地位。

（2）它们会重点开发那些以组织核心能力为基础的产品。

（3）它们在开发过程中十分强调各部门之间的协作，有时也会借用外部组织，如供应商、消费者等的力量和观点。

5. 市场开发

市场开发包括进入新的细分市场，为产品开发新的用途，或者扩大新的地区。当然，有的时候产品开发与市场开发会同时进行。两者紧密联系。因为进入新的细分市场可能会要求开发出适应这一新市场的具有新功能或特性的产品。

在实际的市场竞争中，有些媒体会更加偏重于产品开发，有些网络媒体则会将精力放在市场开发上。

6. 多样化

一般来说，在竞争分析中，多样化这一词更多的是指组织新的发展方向。多样化可以大致分为两大类：

（1）相关多样化。是指在现有的市场和产品之外拓展，但仍保留在行业范围内。例如，沿着网络媒体价值链的方向，拓展自己的服务体系。如进入网吧，建设特许网吧经营制度，这在网络游戏行业是十分常见的方式。作为网络媒体重要的经营模式之一，网络游戏的这种方法是可以作为网络媒体相关多样化战略的一个选择。

（2）无关多样化。是指脱离现在的行业，进入那些表面上看起来与现在的产品和市场无关的产品和市场内。这种多样化的战略在进入成熟期的行业中是比较常见的，因为一方面行业已饱和，另一方面无关多样化也有利于组织分散风险。

五、网络媒体经营战略的选择过程

网络媒体战略选择是网络媒体的一项重大决策，通过对战略方案进行分析评价直至最后选择最有利的战略方案，在很大程度上反映了决策者的领导能力。

1. 分析网络媒体目前战略实施的情况

了解目前战略的实施情况，包括多方面的工作：网络媒体目前战略目标的实施情况，目前战略组合情况，目前战略设计的范围，网络媒体的目标市场对战略的接受程度，新业务的发展方向。

2. 对被选战略方案的评价

对现有战略方案的准确评价是战略选择的前提，能否结合战略实施的环境变量来分析方案是这一阶段工作的重点，对战略方案的评价一定要有动态的眼光、预期的理念。

3. 分析发展前景

指的是分析网络媒体产业发展前景和产业内部不同网络媒体的发展前景。关于所在行业发展阶段的认识对企业的战略选择是非常重要的，因为同一企业在行业发展的不同阶段采用的战略是不同的。同时，也有必要对与自己竞争的其他企业有比较清楚的认识。对所在行业的分析通常包括这些因素：市场规模与目标增长率、行业竞争激烈程度、发展所需的技术、资源与能力、资金对行业的投资倾向。

4. 评价一致性

在网络媒体总体战略中，会确定整个网络媒体的战略目标，通常包括网民比例、点击率、广告收入、业务收入、利润等。将各经营单位与总体战略比较分析，若有利于网络媒体降低成本、增加收益的应该支持，反之，应该考虑放弃。

5. 选定媒体新战略

战略实施的环境是不断发展变化的，战略需要根据现实的环境进行相应的调整或是采用新的战略，总之要用发展变化的眼光来调整战略。

第二节　网络媒体经营战略的评价

战略评价是战略管理过程的重要组成部分。现代管理学理论认为战略管理包括三个阶段：战略制定、战术运用（战略实施）和战略评价。

战略制定包括确定企业任务，分析企业的外部机会与威胁和企业内部优势与弱点，建立长期目标，制定可供选择的战略，以及选择特定的实施战略。战略决策将使公司在相当长的时期内与特定的产品、市场、资源和技术相联系。

在战术运用（战略实施）阶段，要求公司树立年度目标、制定政策、激励雇员和配置资源，各个职能部门制定具体的战术，以便使制定的战略得以贯彻执行。

战略评价是战略管理的最后阶段。由于外部及内部因素处于不断变化之中，所有战略都将面临不断的调整与修改，所以管理者需要及时地了解哪一特定的战略管理阶段出了问题，而战略评价便是获得这一信息的主要方法。战略评价活动包括：重新审视外部与内部因素、度量业绩、采取纠正措施。战略评价是必要的，因为今天的成功并不保证明天的成功，成功总是和新的、不同的问题并存，自满的公司必然失败。

战略决策影响的是企业、组织的长期发展方向，在理想情况下战略与资源及变化的环境，尤其是市场、消费者或客户相匹配，以便实现企业的战略目标。形成战略的实质就是将一个公司与其环境建立联系①。战略是否与组织的目标相适应，是否与组织所处的产业环境相协调需要通过对战略进行评价。战略评价一般通过战略的适应性、可接受性、可行性三个标准来进行。

一、战略的适应性评价

1. 适应性与战略逻辑

战略分析的一个重要目的是清楚地了解组织及组织所处的环境，组织面临的重要机会和威胁、组织特定的优势和劣势及一系列影响组织战略选择的因素来对其进行概括。适用性是一种评估标准，用来评估所提出的战略对在战略分析中所确定的组织情况的适应程度，以及它如何保持或改进组织的竞争地位。适用性是对战略的第一轮评估，是筛选战略的重要标准。

从 20 世纪 50 年代起，战略逻辑的理性或经济评估就一直占据战略评估的中心位置。战略逻辑分析主要是将特定的战略选择与组织市场的情况及它的相对市场能力或核心能力相匹配，旨在建立一种关于为什么某类战略会提高组织的竞争优势的基本理论。不仅包括对当前的战略评价有用，还可用来评价未来的战略选择。②

2. 生命周期分析法

英特尔公司总裁葛洛夫先生曾说："当一个企业发展到一定规模后，就会面临一个战略转折点。"就是说，你要改变自己的管理方式、管理制度、组织机构，否则你仍用过去的办法，就难以驾驭和掌控企业，更不用说永续经营。企业发展的不同阶段、不同规模必须要有不同的管理，这是爱迪斯先生强调的企业生命周期的一条基本规律。

我们从市场和竞争两个纬度来划分生命周期的不同阶段。将市场从开发到

---

① 迈克尔·波特著，陈小悦译：《竞争优势》。

② 格里·约翰逊、凯万·斯科尔斯：《公司战略教程》。

老划分为四个阶段，将竞争地位从弱到强分成五类（如表 4-3 所示）。

表 4-3　生命周期组合矩阵

行业生命周期的阶段 竞争地位	萌 芽 阶 段	增 长 阶 段	成 熟 阶 段	老 化 阶 段
占统治地位	快速增长 急剧上升	快速增长 保持成本领先 注入新产品	保持地位 保持成本领先 注入新产品	保持地位 集中 保持成本领先 与 行 业 一 起 增长
强　大	急剧上升 差别化 快速增长	快速增长 追赶 保持成本领先 差别化	保持成本领先 注入新产品市场 集中 与行业一起增长 差别化	寻找小区 保持细节市场 与行业一起增长 收获
受欢迎	急剧上升 差别化 集中 快速增长	差别化、集中 追赶 与行业一起增长	收获 寻找小分区 转产、差别化 集中 与行业一起增长	缩减产品或业 务转产
可保有的	快速增长 与行业一起增长 集中	收获、追赶 寻找小分区 转产、集中 保持小分区、 不定	收获、转产 寻找小分区 缩减产品或业务	取消 缩减产品或 业务
弱	寻找小分区 追赶 与行业一起增长	转产 缩减产品或业务	退出 消失、取消	退出

　　显然，若要使这种方法能为特定组织的发展方向提供一个战略逻辑，那么最重要的问题是确定当前组织在矩阵中的位置，从而判断出哪种战略最适合组织。

　　生命周期的位置由 8 个外部因素或行业发展阶段的类型来决定，它们是：

市场增长率、增长的可能性、产品线的宽度、竞争者数目、竞争者的市场占有率的分布、顾客的忠实性、进入障碍和技术。这些变量的均衡决定了生命周期的阶段。矩阵的作用是分析战略在行业发展的各个阶段在组织的各个竞争位置的适用性。

互联网的生命周期可被视作由一系列阶段组成，处于其中任一发展阶段的网络媒体的战略选择是在对当时行业生命周期的分析基础之上作出的。

第一阶段是网站的诞生期，围绕的是建立网上身份需要迈出的最初几步。在第一阶段，公司首先需要注册网站域名，然后再进行网络链接或建立简单的网站。一些网站域名在注册后因再也没有建设而未能进入下一个发展阶段。除了在域名投机商操纵下的域名之外，还有许多被购买的域名从未被投入使用。这主要是为了合法保护商标及其他具有竞争性的知识产权。这其中的许多域名都进行"网页转发"，通过这种工具这些域名只是将多个域名的流量都指向同一个主网站那里。目前仍有一些域名在继续这种做法。

第一阶段的网络媒体的主要业务还包括创建由1~3张网页组成的极其简单的网站或正在建设的网站。尽管网络媒体中的一部分将永远停留在第一阶段，但它们中的大多数仍然代表了公司为实现上网战略而作出的最初努力。而随着公司的进一步发展，它们也会在最初的努力之后投身到更为成熟复杂的网络应用中去。

第二阶段发端于1999年，1999年以后注册的网站中，有略低于三分之一的网站处于第二发展阶段。处于第二阶段的网站已经较为完善，并能够进行从网络媒体到网络用户的单向信息传送。这些"宣传式"网站通常以很复杂的格式发布关于产品和公司的内容及一些大家都比较感兴趣的信息。人们对网络第二发展阶段的普遍性观点是：处于该阶段的网站已经较为完善，但从应用的角度来看，公司通过这些网站所做的只是发布相关的信息。他们既没有通过网站进行交易或大量收集客户信息，也没有利用互联网优势来促进客户关系的持续发展。

网络媒体发展的第三阶段的代表性经营战略是电子商务阶段。处于这一阶段的网站已经不仅仅是进行信息的单向传送，它们同时还和用户建立了一种交易关系。大约有二分之一处于这一阶段的网站都为用户提供了网上"购物车"服务，使用户的网上购物变得更为便捷。

第四阶段的网络媒体已经跨过了简单的电子商务阶段，并真正进入旨在建立和客户的长久关系的网络应用阶段。特色账户管理、新闻简讯、电子邮件订阅、个性化的界面及优惠计划——所有的这些功能都可被纳入公司的上网战略，以便用户体验更有价值、更丰富的网上经历。处于第四阶段的网络媒体可成为连接公司和客户的纽带。在第四发展阶段，网络作为一种销售渠道的威力才能真正地被体现出来。通过向用户提供高效便捷的网上交易服务，同时通过在线销售及一对一交互轻松维持它们与客户的关系，公司可最大限度地利用了现实世界和虚拟世界的各种优势，并在新经济中为自己今后的成功占据非常有利的位置。

不论是第一次网络高潮，还是第二次网络春天，互联网吸引全社会的眼球，可能主要源于它的财富效应。在网络的启蒙阶段，创业者的"冒险"意识是最重要的品质。在启蒙阶段，大家只是有一个朦胧的方向。不知道哪里是陷阱，哪里是机会，只有敢于冒险的人才能做出自己的决策。在网络的起飞阶段，创业者的"创新"能力最重要。在网络的成熟阶段，"战略管理"的重要性日益显现。网络发展相对成熟意味着网络媒体依靠网络应用来实现自身营利的战略格局的初步定形。当然在网络发展的每一个阶段，资本的支撑都是必不可少的。启蒙阶段需要资本提供度过"严寒"的"火焰"，起飞阶段需要资本提供发展壮大的动力，而成熟阶段纯粹是资本之间的游戏。

3. 价值链分析法

在评估组织的战略能力时，分析怎样控制成本和在价值链中怎样创造价值是尤为重要的。通过价值链的配置方式可以发现维持成功的关键，即价值活动之间的联系跟活动本身一样的重要。（有关价值链的方法在上一章中已有介绍）

在价值链进行战略评价时，有时我们会用协同效益的理论来进行思考，所谓协同效益主要评价的是组织能从各价值系统活动之间的当前联系中获得多少额外的效益。例如，围绕着市场开发的协同可以改善价值系统的业绩，因为它为开创良好的公司形象提供了一个进步的机会，因而与市场内的新进入者相比，其"投入成本"最低，购买能力也得到相应的增加。而围绕着产品开发则可以充分利用关键资源，发挥生产资源的优化配置，在产品生产的成本方面取得规模效益。

二、战略的可接受性评价

对战略的可接受性评价就是战略能否成功地得到实施。可接受性是一个很难评估的领域，因为可接受性与人们的期望密切相关。

1. 文化层面的可接受性评价

文化与战略管理有着天然的联系。当文化与战略一致时，文化成为战略实施中一条有价值的途径；当文化与战略不一致时，战略的实施往往要困难

得多。

《媒介战略管理》一书中将媒介文化与战略的关系分为三个方面加以阐述①。

首先，文化为战略的实施提供成功的动力。媒介文化之于网络媒体就像组织文化之于企业，强化的媒介文化会通过员工的共同的价值观念表现出来，形成网络媒体特有的气质。独特的媒介文化有利于网络媒体选择、实施独特的战略，这是形成核心竞争力的基础、关键。

其次，文化是战略实施的关键。

第三，最关键的一点是文化与战略的适应和协调。在网络媒体发展过程中，网络媒介之间的联合、购并一定要考虑到不同网络媒体之间文化上整合的可能性，文化方面无法实现整合的网络媒体的联合在经济效益方面的整合优势也会受到很大的影响。网络媒体的上市战略、投资战略、多元化经营战略的选择、实施、评估要充分考虑网络媒体自身的文化取向。

在《网络研究：数字化时代媒介研究的重新定向》中，美国马里兰大学的戴维·西尔弗将的网络文化分为三个阶段：第一个阶段为网络文化的大众化阶段。它起源于新闻界，主要任务是对网络这样一种新兴媒介进行描述与前瞻。其特点是好走极端，要么将网络视为乌托邦似的神话，要么就是完全将它视作反面乌托邦。在这一阶段网络媒体普遍将新闻信息服务作为自身发展的战略，新闻传播方面的自由是网络媒体在信息发布方面的一大优势，这样的战略也是与当时的网络文化环境相协调的。第二阶段为网络文化研究阶段。这一阶段主要关注的是虚拟社区和网上的个体身份认同。网络媒体重视各自的论坛、虚拟社区的建立是适应文化发展的战略表现。第三个阶段为批判性网络文化研究阶段。这时的网络文化研究扩展到四个领域：网络中各种因素的相互作用——政治、经济、文化、社会等各种因素在网络中是如何共同发生作用的、电子空间的话语方式——对于网络的描述方式是如何影响到人们对网络的认识的。

2. 经济层面的可接受性分析

经济层面对战略可接受性的评估主要分析战略的获利能力和成本收益比率。

（1）获利能力分析

传统的财务分析广泛地应用于战略的可接受性的评估之中，这主要通过对几个指标的衡量从经济层面评估战略的可接受性。

---

① 邵培仁、陈兵：《媒介战略管理》，第288页。

一般我们都会考虑的资本的回收期,包括网络媒体在内,组织在评价战略的时候都应考虑到需要多长时间才能获得收益。在资本密集的行业内,主要投资一般最少5年才能回收完毕,相反,在快速更新的消费品和服务行业回收期比较短。在中国网络媒体这个行业中收益率应该是多少还并不是很明了,虽然可以通过对像新浪、搜狐、网易等商业性网络媒体的分析能了解一些概况,但显然这无法反映整个中国网络媒体业的情况。

其次,折现现金流是最为常见的投资评估技术,对于一项业务开展是否成功,主要看其投入产出,而产出最直接的收益就是现金收益。如果我们能估计出以后某个网络媒体每年的净现金流及折现率,那么我们就能知道以后每年这个网络媒体的净现金收益。例如,如果我们分析估计某个网络媒体新投资的一项业务为10%的折现率,而第二年的净现金流是200万人民币,则其折现现金流为180万人民币。

虽然可以使用一种或几种这样的财务技术来帮助评估战略,但这样的评估也存在有明显的缺陷。例如,财务评估可能只关心有形的成本和收益,并不考虑战略所带来的其他收益和成本,有的时候经营者经常会遇到以下这样的问题:开发出一个新的产品投放市场后,作为一个独立的项目可能看起来并没有什么利润可赚。但是却会对整个组织的产品组合中其他产品的市场接受性具有重要战略意义,那么这一新项目虽然不具有财务收益,但却具有明显的战略收益。正是存在这样一些评估上的不足,所以管理者必须明白,可以使用财务技术进行战略选择的评估,但也不应该被这些方法的简洁性和粗糙性所误导。

(2)成本、收益分析

在相当多的情况下,对利润的分析使人们对投资的理解过于有限,尤其当项目的无形收益也很重要时更是如此。网络媒体作为社会的文化传播机构,受众、社会对它的评价有时比经济收益更加重要,网络媒体的无形资产是形成固定受众的关键性要素。所以,在分析战略选择的成本和收益时,我们需要考察整个组织所获得的有形收益和无形收益。

三、战略的可行性分析

可行性主要是从资源状况来分析战略是否可行,不过显然,以下这些方法的使用是可以同时应用于网络媒体战略选择的可接受性分析。一般而言,可行性分析的指标包括:资金流分析、盈亏平衡分析、资源配置分析。[1]

---

① 格里·约翰逊、凯万·斯科尔斯:《公司战略教程》,第193~194页。

1. 资金流分析

财务可行性评估通常是所有战略评估的一个组成部分。其中一个重要的分析是资金流预测。它要确定战略所要求的资金及这些资金的可能来源。

首先我们需要评估所需的资本的数量。

其次需要预测某一时间段的累积资本。通过估计未来收益加上所有非资本项目的回收推算出"经营所得资金"。

再次估计战略要求的必要的运营资本的增加额。

然后还有对应缴税收及分红等进行预估。

需要注意的是，资金流分析也只是一种预测技术，同样会遇上其他的预测方法都有的困难和错误。相比较其他各种分析方法来说，资金流分析应该能迅速地指出所提出的战略在财务上是否可行。

2. 资源配置分析

上面的资金流分析方法主要是按财务指标来评估战略的可行性，实际上根据与某种特定战略相关的组织内的资源能力来评估可能会更有帮助。应该明确各种可选战略对资源的要求，以及每个战略实施的关键资源。

战略评价是一个组织内部的系统工程，需要在综合考虑各种影响因素的前提下，运用多种分析方法，结合当时的及预期的经济环境来评价战略是否适合组织，能否被组织接受的现实可行性。

四、战略选择[①]

1. 根据目标选择

根据既定的战略目标做出战略选择显然是最有效的，也是被广泛接受的观点，当然，前提条件是网络媒体的具体目标应尽量用量化表示，并且要提供关于各种战略方案的相对优劣的"量化"，指出正确的行为过程应该是怎样的。

2. 参考上级观点

一种选择战略的通用的方法是将这个问题报告上级。实际上，那些负责评估的管理人员，可能都没有权利继续做出决定，选择一个战略。同样，那些必须对战略做出选择决策的高层管理人员不可能有时间和愿望去仔细地阅读和分析评估结果报告，他们更多的是利用现有的事实作出判断，看看不同的战略符合组织整体目标的情况，然后进行选择。因此对于那些负责评估而又没有决策

---

① 格里·约翰逊、凯万·斯科尔斯：《公司战略教程》，第196～198页。

权的管理者来说，尽可能的以言简意赅的方式陈述自己的战略选择，并将此传达上级，就是一种战略选择的方法了。

3. 部分实施

在许多情况下，包括网络媒体在内的各种组织面临的不确定性是非常高的，以至于在进行战略评价、做出战略选择时不得不延迟对战略做出"最终"的决定，可以先利用一些资源部分地实现一个或几个子战略。这样做，可以使组织获得更多的实际经验，能更好地了解每个战略的适用性。

4. 利用外部决策

由于在组织内部具有同样权利的不同利益相关者，常常对战略选择存在不同的意见。在这种情况下，常见的方法就是利用外部机构，如咨询公司等，来进行评估。当然，特别需要注意的是，咨询公司所能做的只是咨询评估，最终的决策仍需要组织最后做出。

链接3

TOM 网络收入增长迅速，门户地位提升

TOM. COM 是近年来中国网络媒体发展中的行动比较大，取得成绩也比较多的一个企业。根据 2003 年半年报，其互联网事业部门取得很好的成绩。从中，我们可以发现以下特点：

1. 网络收入增长迅速，门户地位提升

TOM 互联网事业收入为港币 1.24 亿，比上一季度增长 31％。其中港币 8800 万元来自短信服务，较上季度增长 87％。TOM 国内网络广告业务的季度收入较上季度增长超过一倍。接入上网服务继续保持双位数的增长。互联网事业部门净利率为 34％，净利为 4000 多万元。整个 TOM 集团有 25％的收入来自于互联网事业部门，比上一季度的 23％提高了 2 个百分点而去年只占 16％。

截至 6 月 30 日，TOM 网站每日平均浏览量超过 1.3 亿，并拥有超过 4000 万的免费注册用户。上海艾瑞市场咨询有限公司调查称，TOM 新闻频道、汽车频道、科技频道与财经频道在各大门户网站中占据了第三的优势位置。尽管 TOM 的总浏览量与免费注册用户数目前还没有进入国内前三，但差距缩小，主流门户网站地位已经确立。这也可以从整个网络业务收入额的比较看出来。例如，网易二季度总收入为 1.36 亿人民币，TOM 互联网事业收入换算为人民币后也有 1.31 亿元，两公司已相当接近。

2. 短信业务重要性提高，彩信领先同行

TOM 的网络收入中有 71％来自于短信，短信业务对于网站的重要性不言而喻。这个比重高于新浪、搜狐，与网易较为相似。TOM 拥有短信用户超过 1700 万，平均日短信发送量 700 万条。在二季度实行彩信收费之后，已拥有 20 万彩信付费用户，接近中国移动彩信用户总数的 50％，平均日发送量超过 2 万条。显然，TOM 的彩信业务发展较同行成功。这可能与它最早进入该领域有关。TOM 的短信用户数占网站注册用户数比重（1700 万：4000 万）较高，表明网站内容较为迎合短信用户需求，有效访问量比例高，有相对较多的免费客户转化为收费客户。

TOM 短信用户季度环比增长 14％（1700 万：1500 万），发送条数季度环比增长 40％（700 万：500 万），而收入却增长了 87％。短信用户更频繁地发送短信，且更乐于支付较高费用。这估计与公司短信业务品种扩大、服务增加值提高、研发设计能力较强有关。

由于 TOM 的彩信业务市场份额高，我们可以从中看出整个中国移动彩信业务的一些特点。首先，彩信用户的日均发送彩信量不如普通短信，前者是 0.1 条，后者是 0.41 条。其次，彩信收费三个月来，用户的数量还是偏少，仅及短信用户总数的 1％出头。记得在一季度季报公布时，TOM 短信用户群为 1500 万，平均每日发送量 500 万条；彩信有 35 万免费用户，平均每日发送 20 多万条。今后随着彩信手机的逐渐普及，业务潜力可能会随之得到挖掘。

3. 与其他国内门户网站季报的比较

与新浪（37％）、搜狐（35％）比，TOM、网易的网络广告收入占总收入的比重都明显偏低，总量上也大大不如前者。但 TOM 网络广告收入季度环比增长速度是各大门户网站中最快的，超过 100％，而新浪、搜狐、网易分别为 30％、51％、73.6％。这也从侧面表明，TOM 的重要门户地位开始得到较广泛的认可。但 TOM 的网络广告收入数额与新浪、搜狐还不在一个量级上，亦与网易相差较大，所以 TOM 高层提出要在第三季度把网络广告收入做到 1000 万元之上。这一方面取决于营销力度，另一方面也需要公司在内容建设方面付出更大努力。

从销售利润率来看，TOM 互联网事业部门高于新浪，但低于搜狐与网易。从季度营业收入的环比增长速度来看，TOM 互联网事业部门明显高于网易，但略低于搜狐与新浪。TOM 接入上网服务收入占总收入的比重应高于其他门户网站，这可能会在一定程度上拉低 TOM 的销售利润率

与营业收入增长速度。

4. 展望未来

预计未来 TOM 仍会持续努力于网站内容建设。笔者留意到，TOM 着重强调了免费邮箱的功能。它说，今年 4 月 16 日，免费邮箱的适时推出聚集了超过 1000 万的新用户。由此看来，要成为第一阵营的门户网站，免费邮箱战术必不可少。有 TOM 高层官员曾表示，先从短信入手让企业（指网站）尽快生存下来，待市场逐步成熟和自身条件完善后再进入网络广告。目前看来，这个时机应已成熟，可以减少因过分倚重短信而带来的影响。

在短信业务方面，近期中国移动的一系列政策调整很可能会影响网站第三季度的收入增长速度。对此，TOM 表示，相信第三季度短信业务还会有 20％～30％的增长率。几大门户均表示政策调整有利于长远。但短期来看，短信收入增长速度必定放缓。

综合分析来看，TOM 过去有两大成功点，另有两个有待提高之处。这两大成功点，一为短信，二为网站品牌定位。TOM 与中国移动关系密切，且最早切入彩信领域。这个打法有点类似于当初 TCL 电脑与英特尔公司最早在国内合作推出奔 4 电脑。经此一役，TCL 电脑进入国产 PC 的主流阵营。另外，笔者猜测运营商也不希望看到某一家门户过分坐大，占据网站短信业务的垄断性份额。因为那样的话不利于运营商维持其极占优势的谈判地位，不利于它对短信价值链的高度掌控。TOM 网站的品牌定位也较好。它大搞差异化战略，有意识地寻求市场定位，以娱乐和时尚来吸引城市新一代、热衷消费的年轻用户关注。这有助于它提高从网页浏览量到商业价值的转化率。

一个有待提高的地方是，TOM 集团的出版、体育、户外广告等业务均在中国内地居于领先优势，不像其他门户只有网站业务，但 TOM 各业务群之间是否产生了协同、互补效应？目前来看，尚不明显。TOM 的网络广告收入比重及绝对值还小。TOM 应该如何在线上与线下两者之间相互转化、推送用户？这个课题不仅涉及内容共享，而且可以包括广告客户。另一个有待提高的地方是，TOM 在地域、文化方面的个性或特色。网易在广东可能较受欢迎，新浪在北京可能有一定优势。TOM 的主要投资商及集团总部在香港，业务遍及两岸三地。TOM 不能不强调自己根植于大陆，贴近大陆，主要为大陆网民服务，但也可以同时强化自己是台港流行文化的代表。TOM 作为英文名字也较洋气。TOM 与"港台"，是否可以成为类似于"三星"与"韩流"的关系？如能做到这一点，TOM 品牌就会有更深的意味。

资料来源：陈毅聪：《TOM 网络收入增长迅速，门户地位提升》，见博客中国（www. Blogchina. com）。

本章主要概念回顾

成本领先战略、差异化战略、集中战略、生命周期分析、战略的适应性评价、战略的可接受性评价、战略的可行性评价

思考题

1. 试结合波特有关能使企业获得持续竞争优势的三种战略，来讨论新浪、搜狐、人民网、央视国际四个网络媒体各最有可能实施其中的哪一种战略，为什么？

2. 网络媒体经营战略的选择标准有哪些？

3. 网络媒体经营战略发展可选的方向有哪些？请任选一个网络媒体，结合其目前所实施的具体战略来讨论一下这一战略有可能发展的方向。

4. 战略的可接受性评价有哪些？

5. 作为一项战略，其最终的战略选择有哪些？

第五章 网络媒体经营战略实施

如同各种处于市场竞争中的组织一样，在经历了经营战略的分析、经营战略的选择与评价之后，网络媒体顺理成章所采取的行动被称之为经营战略的实施。网络媒体在面临复杂的市场时，经营战略的实施并不是随意采用的，必须经过严谨的战略分析和选择。本章即是立足于前两章的基础，详细介绍和分析了网络媒体有可能采取的经营战略，这些经营战略包括网络媒体的品牌经营战略，网络媒体的联合经营战略、网络媒体的资本运营战略等。

第一节 网络媒体的品牌经营战略

一、品牌经营战略概说

1. 品牌

品牌学认为，品牌一词是对相关事物的表征，既有精神属性又有物质属性，既表明该事物的质，又含有对该事物在运动规律、结构、特征、个性方面的认识。

现代意义上的品牌有广义、狭义之分。广义上的品牌指的是与品牌相关的各项事物。广义上的品牌更多地强调的是品牌的社会影响力、知名度，是真正意义上的整合品牌。

作为网络媒体的成功典范之一，雅虎的品牌定位和建立充分体现了现代意义上的品牌应该关注的维度：（1）核心竞争能力或者独特竞争优势的确立，雅虎在互联网兴起的初期就把"目录和搜索引擎服务"定位为自身的主要业务范围；（2）整合性的营销、推广模式，与百事的成功合作说明了在现代市场经济的运作环境中整合性营销的重要性；（3）在上述两方面基础上赢得的社会舆论、社会评价是雅虎这一品牌维持其连续性的基础。

以上三方面是网络媒体建立品牌的主要方面，充分说明了在现代经济环境中广义品牌的涵义、要素。现代意义上的品牌是与组织的整体形象联系起来的。一个好的品牌往往使人们对拥有该品牌的组织产生好感，最终在广阔的社会范围内产生对品牌、组织的认同。

在被誉为"眼球经济、注意力经济"的互联网经济时代，品牌的重要性日益显现。《数字化生存》的作者尼古拉斯·尼葛洛庞帝经典性的描述——我们将在互联网上扩大信任的唯一方法，是我们已知的品牌。为我们理解品牌在互联网时代的意义提供了很好理论帮助。

品牌除了产品本身，还包含了附加在产品上的文化背景、情感、消费者认知等无形的东西，而这些无形的资产更能向消费者提供超值享受。品牌的知名度、客户信任度、国际化能力、创新力、稳定性等是构成品牌价值的因素，但起决定性作用的直接因素还是品牌是否可以以高出同类产品更高的市场价格和获得超额利润，以及品牌在市场上的相对占有率和绝对销售额，这两个因素是品牌具有真正竞争力的表现。

2. 品牌经营

品牌经营就是商品或服务品牌的创立、维护与管理，以品牌为资本从战略的高度使企业获得较大的收益和市场的拓展。在市场竞争日趋激烈的经济环境中，绝大多数企业的营销阻力加大，利润普遍降低，商品的平均生命周期缩短，新产品的市场导入频繁，拥有知名品牌的企业会越来越重视现有品牌的优势，品牌经营战略近年来愈来愈体现出其重要性。调查表明，一个知名品牌能将产品本身的价格提高 20%～40%甚至更高，没有品牌或是品牌知名度较低的企业面临着被市场淘汰的威胁。

著名品牌形象意味着生产商的雄厚实力、良好的信誉度、优良的附加值和使用价值。良好的品牌形象可以缩短产品的售出时间，有利于形成一个忠诚的消费群体，有利于占有稳定的市场份额，有利于企业多样化发展和品牌延伸。

塑造品牌必须考虑如何传播才能吸引、抓住你的消费者，这是品牌传播的关键。互联网为组织社会团体的品牌传播提供了最节省、最有效的渠道、方式。在新经济时代，互联网不仅成为传播文化、塑造品牌的传播媒介，网站自身的发展也需要品牌效益。新浪、雅虎、搜狐三大门户网站已经成为网络媒体的名牌，品牌效益是它们维持可观、稳定的点击率的保证。

品牌经营是现代组织、企业发展的核心战略，现代化的管理者需要以"企业家精神"来管理、发展业务，其中一点就是建立品牌经营战略。品牌战略要求决策者能够从组织、企业战略发展的高度看待自身的发展，在赢得经济效益的同时重视社会效益的积累，在此基础上建立包括文化背景、情感、消费者认知等无形维度的品牌。

现代商品市场竞争中，品牌战略已越来越为广大企业所重视。在互联网上同样如此，每天都有成千上万的新网站诞生，如果一个网站没有品牌意识，就会被淹没在网海中而鲜为人知。

品牌的生命力在于其鲜明的特征，品牌定位的目的也在于创造和渲染网站的个性化特征。广东湛江，地方名气并不很大，可是，湛江的"碧海银沙"网站，在全国网民中也是遐迩闻名的，其具有特色的栏目和网站内容，颇受网民青睐，近 1000 万人次的网站总访问量就是网民对品牌忠诚所产生的效应。"碧海银沙"虽不是一个新闻媒体网站，但这个成功案例，却值得其他渴望"点击率"网络媒体好好研究、借鉴，找出其成功的关键性因素。

二、品牌对网络媒体的重要性

1. 品牌的重要性

品牌通过对某种需求的社会分析、文化分析和科学的预测，建构系统化的运作模式。它强调对某种需求的个性化理解和诠释自身的艺术性，并依据目标市场的特殊性整合自身的生产力资源、经济要素配置，从而实现自身文化特征的塑造。

品牌在宏观的维度推动社会经济文化的发展。文化是品牌的存在方式，这不单是因为品牌具有明显的精神文化特征与某种象征意义，更因为品牌创造了能够满足人类需求的物质文明。

许多世界知名企业往往都是把品牌发展看成是企业开拓国际市场的优先战略。可口可乐、百事可乐、麦当劳等无一不是先从抓品牌战略开始的，即创立属于自己的名牌产品，并把它作为一种开拓市场的手段，最终占领市场。而且，由于名牌的综合带动作用十分巨大，外向度也相当高，所以往往是一个产品的牌子创立后，逐渐形成一个系列并带动相关配套产业的发展。

2. 品牌对网络媒体的重要性

（1）品牌与网络媒体的社会效益

网络媒体品牌的建立有利于强化网络作为"第四媒体"的舆论导向的功能，增强传播效果。网络媒介的宣传效率与自身的品牌密切相关。网络媒介的品牌是社会公信力、社会美誉度的集中体现，在此基础上的宣传才能起到良好的、预想中的宣传效果。高品质的宣传既产生良好的社会效益，也是得到较高的经济回报的前提。可观的经济回报又对宣传的品质产生积极的影响。网易年轻的 CEO 丁磊顺应着纳斯达克的资本春天不仅成为中国内地富豪排行榜的

"新科状元"，同时也被评为"CCTV 2003 年度经济人物"。名利双收的丁磊与他的网易很好地在社会效益与经济收益的博弈中取得了完全的胜利。也许这种胜利只是暂时性的，但是丁磊及他的网易明确地向社会、互联网产业传递了这样的一个信号：网络媒体的发展、赢利是在社会效益的基础上取得的，品牌是网络媒体社会效益的关键。

网络媒体的品牌效益是网络媒体新闻、信息传播的前提，是网络媒体新闻、信息传播效果的关键性因素。有调查表明，受众和消费者往往具有某种品牌忠诚心理，即在购买媒介产品、消费媒介产品的时候，反复地表现出对某一种媒介的偏爱，这种忠诚心理，为媒介提供了稳定的受众群体。受众这种选择性接触媒介的行为就是品牌效益的显现。

品牌是网络媒体的无形资产，代表着媒体形象。品牌标志着一种超越时间、空间的文化品位，对于塑造网络媒体良好的形象是十分重要的。媒介的整体形象就是社会公众对媒介的评价体系。包括对网络媒体新闻准确性、客观性、时效性、可信性的评价，对媒体在新闻业务中表现出来的社会责任感、社会公信力的评价，包括对网络媒体体现出来的人文关怀、对受众的尊重的评价，等等。

（2）品牌与网络媒体的经济效益

品牌的效益表现在品牌自身的"扩散能力"上，罗杰斯在《创新的扩散》中指出，一种新的观念、技术推广、扩散到一定程度之后就会产生一种"自我扩散能力"。同样，网络媒体的品牌推广到一定程度后，会由于社会人际传播、交流，大众媒介对品牌的关注，以及社会大众的"比附"的社会心理需求，而具有了"自我扩散能力"。这种能力的必然结果是"滚雪球"现象的出现，品牌价值随着品牌的延伸性而进一步提高。新浪、搜狐、雅虎这些门户网站的影响超越了网络媒体本身，有人认为它们是新经济的代表，有的则认为它们是一种社会文化、一种广泛的社会文化标志。品牌超越自身的领域成为一种象征和代表是品牌自身增值的重要途径。

与传统媒体一样，广告也是其重要的经济支持。而品牌则是网络媒体赢得广告客户、拓展广告市场的前提条件。广告经营必须依托品牌。市场经济条件下，品牌就意味着广告经营的主动权。① 在网络媒体中，品牌就是点击率，就是"注意力经济"的注意力，就是社会舆论关注的焦点、热点。

---

① 邵培仁、陈兵：《媒介战略管理》，第 144 页。

为什么网民在浏览新闻时潜意识中比较愿意选择新浪新闻和人民网的新闻，这从一定意义上体现了新浪与人民网的品牌价值。

总的说，品牌在很大程度上影响着网络媒体的广告收入，也即在很大程度上影响着网络媒体的生存和发展。

三、网络媒体品牌的建立与发展

品牌是一种客观存在物，也是一种经济形式，更是一种经营模式。所以品牌客观上必须具备在精神文化上的创作能力与主观能动性。既要有一定的精神文化特征又要包括无形资产、品牌产权等经营要素。建立与实施品牌战略既要注意品牌的物质维度又要关注它的精神维度。

1. 品牌定位

在目标市场下的销售与服务是一个网络媒体维持稳定点击率的重要保障。品牌形成的前提是在科学、广泛的市场调研、市场分析基础之上运用市场细分、市场定位技术，细分、确认自身的目标市场。针对目标市场、目标受众的信息、服务需求提供新闻、信息和服务。

根据个体受众的特殊信息需求进行网络媒体的策划、开发，是新经济环境下个性营销的集中体现。能够满足千差万别个性化需求的营销可能取决于21世纪高新技术的发展。因为互联网技术使信息社会供求关系变为动态的互动关系，消费者可以在全世界的任何地方、任何时间将自己的特殊需求利用互联网迅速反馈给供给方。从这个角度来说，互联网解构了传统社会的实践、空间概念，是一种个性化的信息、服务方式。互联网提供精确度极高的个性化产品的能力动摇了现代商业的根基。它预示着制造商、经销商和零售商组织形式和运作方式将发生剧烈的变化。《一对一的未来：一次只与一个顾客建立关系》的作者之一马莎·罗杰斯预测，未来的公司应该设立客户经理。他们的工作是：通过使产品和服务满足每个人的需求，尽量使顾客获取更多赢利。

个性化的信息需求已经不是信息量的满足而是质的差异的获得。网络媒体要生存和发展就必须同时具备个性化的信息、服务能力，一种能够将互联网、信息和企业资源整合的能力，机器、生产规模和成本让位于网络和知识。

链接 1

Amazon 以个性化打动人心

为了赢利，就必须让顾客多次购买，而不是只购买一次。而要做到这些，个性化网络经验至关重要。要使网民对网络有品牌忠诚，甚至是让他们冒险进行初次在线购买，就要让他们感觉到，他们得到的东西是现实世界所不能提供的。Amazon.com目前做的正是这一点。该公司希望通过提出每一次购买和访问之后都有所变化的个性化建议，使人们成为"回头客"。对于（美国加州）托兰斯的一家软件公司的市场营销经理克里斯托弗·米尔斯来说，这种愿望实现了。他不断从Amazon购买东西，用他自己的话说，这是因为"它能真正以个性化打动人心"。1998年上半年，Amazon的销售额达到2.03亿美元，其回头客占销售额的60％以上。个性化是Amazon.com成功的关键性因素，通过反馈建设的个性化服务实现了顾客的细分，使得顾客在Amazon.com能够以极小的时间成本得到足够的信息、服务，在此基础上形成的品牌忠诚是Amazon.com赢利的品牌效益。

资料来源：《数字化品牌的十大营销模式》，见http：//home. donews. com/donews. article/1/18276. html。

2. 品牌的发展延续性

网络媒体品牌发展策略是一项复杂的系统工程，它与网络新闻的特性息息相关，主要包含以下几大战略[1]。

战略之一：以受众定位来细化品牌，并推出与众不同的标识网站的名称，新颖独特、富有个性，最好能直观地反映它的独特的市场定位特别是读者定位。

在网站建设之初，网站的形象比它的互动和内容影响更深远，应当根据人口统计学和心理学的有关原理进行统计调查，在整体设计效果上考虑网站界面的颜色、风格、图片、式样和字形等各方面因素，从版式设计、图片处理乃至技术支持等方面强化品牌，打造全新的理念。而受众一旦进入网页，最引人注目的当数标识。一个好的标识应该具有以下几个条件：显著的标志性、广泛的适应性、巧妙的象征性、高度的艺术性和易宣传性。并且网站的设计理念要与品牌和受众的兴趣相一致。在这方面的典型当属千龙网的那条欲乘风归去的红龙。其奋发向上的飞翔姿态表明其蒸蒸日上的前景，给人一种升腾、超然的脱俗之感；红色作为一种激励性的符号，则给人一种热情洋溢的情感反映，而龙的遐想往往能带给中国人强烈的自豪感和民族感。

战略之二：开展全方位的持久的网站宣传。

---

① 曾励：《品牌营销：中国新闻网站做强做大的必由之路》，《新闻学写作》，2000年第2期，第44～46页。

注重论坛的作用。媒体网站延续了传统媒体的独特优势，与党政各部门有着良好的交流和沟通，能够借助行政的力量，发挥网络舆论监督的重要作用。如人民网刊出记者发自南宁的报道《广西南丹矿区事故扑朔迷离》，揭开了当地隐瞒了半个月之久的重大事故。这就在网络世界中树立了人民网的公正形象。

在软宣传方面，对于新闻网站而言，最强大的推动力是条幅广告，此外，电视、报纸、广播等传统媒介和网络媒介的联动宣传效果和流动广告也不可忽视。

战略之三：提高网络新闻内在品质，确保网站名牌地位。

坚持以内容为本，增加专题报道和背景档案资料，同时提高网上新闻档案资料库的检索功能，充分发挥网络的丰富性和超文本链接。通过利用积累丰厚的资料库，在综合报道、深度报道、前瞻性新闻、背景陈述等方面显示自己的力量和底蕴。从新闻站点的角度来说，"超链接"是一种较好的提供新闻背景的方式，它解决了传统媒体受时空限制而不能提供足够的背景资料的弊端。但需要注意经常更新新闻网站的内容，以维持受众的新鲜感，并避免信息累赘的"节外生枝"，以免使受众迷失在信息海洋中而忘记自己的访问初衷。

将成熟的新闻专业水平和网络的即时性相结合，增强网络新闻的快速性反应机制，使受众在人民网点击每条新闻的"网友感言"时就可给相应的栏目编辑发送 E-mail 表达自己的意见。

如果一个网站利用多种手段来巩固与受众的关系，就有可能使品牌信息被成功地传播。美国学者雷汗奇和赛塞的研究结果表明，顾客忠诚率提高5％，企业的利润就能增加25％～85％。另外一项研究表明，企业吸引一个新顾客的成本是保留一个老顾客成本的4～6倍。因此，培育顾客忠诚度是企业营销活动的重要目的，它直接关系到品牌的发展和壮大。

战略之四：注重个性化服务和网络交互特性，提供良好的新闻产品服务。这种服务应该包含在产品生产的全过程以及售后服务等配套措施。

重视新闻信息的整合工作，按照专门化的路子进行加工整合，根据不同读者的需要量体裁衣，进行定制加工，有效地控制信息的流速、流量和流向，使信息直达目标顾客，减少市场盲目性和经济成本，更使受众免去了在各个网站来回查找之苦；为自己找准一个合适的读者群，考虑具有不同文化背景的用户的不同需求，并且要解决好与之配套的形式问题。

坚持受众访问中的便于操作原则，即网站的界面要简单，网站的信息导航条和信息位置也应该便于操作，并且导航系统应该简单、准确与所有页面保持

一致风格及快速下载原则。再如通过追踪电子邮件营销和多渠道进行深度交流，等等。

网络媒介的互动性和全时性使得品牌和消费者的关系与以往完全不同。尤其是直销方法被引进网络传播以来，直销能帮助建立主要的和已在册受众的数据库，这些人是品牌成长的基础，对于新的网络媒体而言，建立数据库的最大好处就是它能提供有关信息，告知谁有与某个品牌进行接触的意愿。这将会对品牌策略产生更深远的影响。

而随着我国网络市场的逐步发育和走向成熟，随着品牌争夺的日益激烈，越来越多的新闻网站将会步入品牌延伸的行列。采用品牌延伸策略，新闻网站可能从四个方面受益。

首先，原新闻网站的知名度有助于提高新产品市场认知率和减少新产品市场导入费用。采用品牌延伸策略不仅能增强读者的品牌忠诚度，同时还有助于解除受众对新产品的戒备心理，使新产品更容易为市场所接受。

其次，原新闻品牌的良好声誉和影响有可能对延伸产品产生波及效应，从而有助于受众对延伸产品形成好感。

再次，采用品牌延伸策略，借助原新闻品牌推出新产品，使后者的定位更为方便、容易。

最后，如果品牌延伸获得成功，还有可能进一步扩大原产品的影响和声誉。这是因为，品牌延伸一方面能增加该品牌的市场覆盖率，使更多消费者接触、了解该品牌，从而提高品牌知名度；另一方面，消费者使用延伸产品的良好感受和体验，有可能反过来对提高原产品声誉产生积极影响。

当然，除了应从战略高度审视品牌延伸，以下几点也是新闻网站进行品牌决策时需要加以认真考虑的：

第一，原品牌必须有独特的形象，这种形象应能使延伸品牌产生产品差异，同时，品牌延伸应当有助于强化而不是削弱原品牌的独特个性。

第二，当原品牌与某一产品联系特别紧密，甚至成为该产品的代名词的时候，对这类品牌的延伸要特别谨慎，以防止其"喧宾夺主"。

第三，对风险较大的品牌延伸，不宜将原产品与新产品或延伸产品联系过于紧密，以免延伸产品失败而祸及原品牌。

四、网络媒体品牌的评估

媒介品牌价值评估在媒介品牌管理战略中发挥着很大的作用。竞争力强的品牌在现代市场经济中意味着有特别价值的资产。媒介有必要对媒介品牌的价值做一个准确、合理的评估。

从图 5-1 中可以清晰地看到新浪、搜狐、网易三大网站的赢收发展，它们的竞相赢利充分说明了网络媒体的品牌效益。无论是依靠网络广告的新浪，还是依靠短信、网络游戏的网易，还是"稳扎稳打"的搜狐，它们之所以能够赢利不仅与纳斯达克资本春天的到来有关，更深层次的原因在于三大网站稳定的点击率、忠实的网络受众。因为不论是网络游戏还是网络媒体与短信的业务联盟都是在网络媒体人气指数的基础之上取得的。

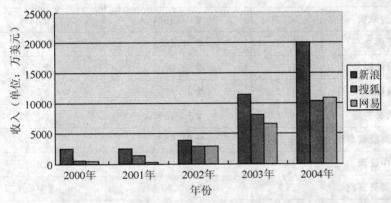

图 5-1 新浪、搜狐、网易 2000～2004 年净营收额情况

"人气"的取得不仅和网络媒体的新闻信息、服务功能相关，更重要的是依靠网络媒体的品牌效益。许多上网的新手在品牌效益的作用下，对三大网站形成了"偏爱性选择"接触网络，并在此基础上形成的"习惯性接触"，必然发展到"品牌忠诚"。

我们可以通过一些网络媒体的排行榜清楚地意识到品牌效益在吸引"眼球"、"注意力"过程中的作用。这种品牌效益产生的"偏爱性选择"有时候表现为一种失去理性的偏好、选择，也许品牌效益的最高体现就是这种效果的出现。

如表 5-1 所示，财经网站的人气榜排行榜中，各网站的流量（CISI 值）都有明显增长，独立财经网站继续领先。门户财经频道中，三大门户财经的人气指数虽然一直与独立财经网站存在一定差距，但是其点击率远远高于其他门户网站的财经频道。可以看出即使在相当专业的财经领域，三大门户网站的品牌效益还是发挥着作用。

从表 5-2 可见，综合门户网站的体育频道与独立体育网站的访问量形成了比较明显的两个梯队层次，门户网站体育频道的访问量普遍较高，TOM 的体育频道（即鲨威体坛）访问量之所以在整体网站访问量中占了11％，仅次于其新闻频道的访问量，鲨威体坛在业界的高知名度应该说功不可没。独立体育网站的访问量则普遍偏低，提供足彩资讯的网站也不例外，足彩资讯网站访问量的低迷与足彩在社会上的火热现象形成鲜明的对比。

表 5-1　财经网站 CISI 人气榜（2004 年 2 月 26 日）

	CISI	CISI 同期变动	3 月访问量变动
和讯	109.6	↑126.56％	↑538％
金融街	81.9	↑58.49％	↑88％
证券之星	67.2	↑67.18％	↑133％
新浪财经	44.2	↑82.06％	↑75％
搜狐财经	32.2	↑27.72％	↑68％
网易财经	9.9	↑19.40％	↑70％
中国财经信息网	9.7	↑27.91％	↑49％
中证网	8.9	—	↑57％
中国易富网	7.9	↑169.70％	↑108％
华夏证券	7.2	↑12.50％	↑105％
全景网络	7.2	—	↑62％

表 5-2　体育网站人气榜（2003 年 3 月 17 日）

	本周日平均流量	近 3 个月平均流量
新浪体育频道	2475	↓12％
搜狐体育频道	1456	↓18％
TOM 体育频道	902	↓7％
网易体育频道	531	↓25％
华体网	375	↓14％
中国足彩网	175	↓11％
二十一体育网	120	↓21％
中体网	90	↓18％

　　对网络媒体品牌价值的认识、评估最终要通过网民对网络媒体品牌价值的确认，以上的指标是网民选择网络媒体比较看重的几个方面。通过对网络媒

提供的新闻信息、各项服务及相关的虚拟社区体验是网民选择网络媒体、形成习惯性接触行为的关键要素也是网络媒体品牌价值评估的基础。

第二节　网络媒体的联合经营战略

一、联合经营战略概说

联合经营战略已经成为企业实现扩张战略的重要手段。企业可以通过联盟和购并迅速扩大自身的经营规模，实现资源共享、优势互补和多元化经营目标。通过联盟，可以在企业之间形成资源共享机制，提高资源利用率，使联盟各方均获得收益。通过购并，企业可以迅速扩大经营规模，抢占市场份额，实现优胜劣汰。

联合战略在全球性的新经济时代焕发出越来越迷人的魅力。"联合已成为一股强劲的潮流"。从全球经济的角度来看，具有"卓越的建立、保持广泛协作关系的能力，对提高战略竞争力有着极其重要的作用"[①]。

一般来说，联合经营战略可以大致划分为两个组织之间的业务联合战略；以重构组织核心能力为中心的构并战略等，其中在购并战略中隐含的一个战略标示即是战略集团。为方便理解起见，在下文中，我们先分别就这几种形式做一简单介绍。

首先，我们先大致浏览一下 20 世纪 90 年代世界范围内媒介产业的变革，以感受一下媒介联合经营战略的魅力。可以说在这个阶段媒介产业最具有时代象征意义的现象就是通过购并等主要联合方式组建巨型媒介集团。

1995 年 7 月 31 日，沃尔特·迪斯尼公司以 190 亿美元合并了美国广播公司（ABC），创下了媒介产业集团兼并的最高记录。8 月 1 日，西屋电气公司以 54 亿美元合并了哥伦比亚广播公司（CBS）。8 月 22 日，时代华纳公司以 75 亿美元合并了特纳广播公司。1996 年 6 月 24 日福克斯公司与全美最大的有线电视经营者电信公司（TCI）合办 24 小时有线电视新闻节目。7 月 15 日，微软公司和全国广播公司（NBC）联手筹办一套 24 小时的新闻和谈话电视频道（MS NBC），将新闻在因特网上并行播出。1997 年 1 月，福克斯广播公司

---

① 迈克尔·科特、加里·哈默等：《未来的战略》，四川人民出版社 2000 年版，第 102～103 页。

以 30 亿美元购买了新世纪通信集团公司的全部股权。3 月，新闻集团又以 13 亿美元购买赫里蒂奇媒介公司，同时又出资 10 亿美元购买国际家庭娱乐公司。1997 年 9 月 11 日，20 世纪福克斯公司和萨班娱乐公司接管了拥有 3000 部电视系列剧和 50 多部电影的 MTM 的资料库。1999 年 9 月 7 日，维亚康姆公司宣布出资 370 亿美元兼并电视业巨头哥伦比亚广播公司。2000 年 1 月 10 日，世界上最大的传媒娱乐公司——时代华纳公司和世界最大网络服务商——美国在线公司宣布，两大公司将进行合并，成立"美国在线——时代华纳公司"，以建立一个强大的综合因特网和传媒优势的"航母型企业集团"。这一合并所涉及金额达 3500 亿美元。

可以看出 90 年代后，美国媒介产业的综合化趋势又有了新的变化。与媒介相关的其他产业（如娱乐、电信、电脑等）与媒介、特别是广播电视业的兼并、购买、联合已成为时代的潮流。全世界规模最大的娱乐集团——美国迪斯尼公司兼并了美国广播公司（ABC），西屋电气公司收购了哥伦比亚广播公司（CBS），时代—华纳公司与美国有线电视新闻网（CNN）所属的特纳广播公司合并。从某种意义上说明，当今美国的媒介产业已突破单纯的报业集团或媒介集团的界限，向更大规模的综合信息产业集团的方向发展。这种兼并与联合追求的是利润的最大化，可以使其资源配置更为合理，媒介多种功能的开发和新的传播技术的应用更为扩大。

"把横向一体化、纵向一体化、集团化和全球化结果交织在一起时，一种潜在的收益感出现了"。产生了"明显的节约成本"。全球媒介在 20 世纪 90 年代"经历了一场史无前例的巨头间的合并、收购浪潮"。[①]

1. 联合战略

战略联盟是公司、企业间的近距离关系，它的特点是通过兼顾互补利益，共享专有信息及密切协作与合作来实现战略联盟。联合使实施建构的成本更低、量度更合宜。

战略联盟的形成是基于人们相信联合能产生协同效应。将双方的资源和努力汇集起来，能够取得比各自能取得的总和还要大得多的成效。为了改善当前运作中的弱点，企业一般通过核心能力的联合与购并形成战略联盟。核心能力是指对公司、企业生存和发展至关重要的特定领域的专门知识和技能，是战略联合的双方最为看重的能力。核心能力的互补、联合是公司、企业实施战略联

---

① 爱德华·赫尔曼、罗伯特·麦克切斯尼著，甄春亮等译：《全球媒体——全球资本主义的新传教士》，天津人民出版社 2001 年，第 55 页。

合的基础和关键。

2. 媒介集团战略

媒介集团战略是随着现代化生产方式的集团化产生的，是"社会经济基础发展到一定历史阶段必然出现的新闻传播业的经营管理方式"①。媒介集团化是世界媒介普遍采用的一种战略，已成为世界媒介发展的一大趋势。

链接 2

美国在线——时代华纳公司简介

产业包括：

电视：华纳兄弟电视台

有线电视：时代华纳有线电视公司、有线电视新闻网（CNN）、CNN财经台、CNN体育台、CNN国际台、卡通拉美台、法庭电视台、家庭票房台（HBO）、TBS超级台、TNT与卡通亚洲台、特纳电视网等20家。

电影：华纳兄弟故事片公司，城堡岩石娱乐公司，新线影院，华纳家庭录像公司等9家；

互联网：路经寻找者，胡佛公司等3家；

杂志：娱乐周刊，幸福、生活、金钱、人物、体育画报、时代等17家；

音乐：大西洋唱片公司，华纳兄弟唱片公司，华纳音乐集团，华纳音乐国际等6家；

出版：休闲艺术公司、夕阳图片公司、时代发行公司，华纳图书公司，时代——华纳录音图书公司等9家；

电话：时代——华纳通信公司

跨国公司：日本电缆股份

零售：华纳兄弟消费公司，华纳兄弟国际剧院，华纳兄弟录像店

娱乐：华纳兄弟主题公园

其他：美国家庭企业等2家。

迪斯尼公司简介

产业包括：

电视：美国广播公司（ABC），沃尔特·迪斯尼电视公司等5家；

---

① 邵培仁、陈兵：《媒介战略管理》，第161页。

有线电视：美国广播公司有线电视与国际广播集团（部分拥有最大的体育台 ESPN、ESPN2、ESPNEWS、艺术与娱乐台（A&E 等）、迪斯尼频道、历史频道，E！娱乐电视

电影：好莱坞电影公司、沃尔特·迪斯尼电影公司等 3 家。

互联网：布伊那·威斯塔互联网集团

出版：迪斯尼出版集团等 4 家

零售：迪斯尼商店，迪斯尼俱乐部，ESPN 店等 4 家

体育：安那海姆天使队等 2 支

娱乐：动物王国、迪斯尼度假俱乐部、迪斯尼公园、迪斯尼——米高美影城、魔幻王国、沃尔特·迪斯尼世界、巴黎迪斯尼、东京迪斯尼等 10 家。

其他：迪斯尼学院、迪斯尼巡游公司

20 世纪末中国开始了以报业集团为龙头的媒介组建集团浪潮。1996 年，广州日报报业集团成立，这是中国第一家报业集团。随后的 1998 年，南方日报报业集团、羊城晚报报业集团、光明日报报业集团等五家报业集团先后涌现出来。广电行业的集团化进程晚于报业的集团化，2000 年湖南广播影视集团成为中国首家电视产业集团。2001 年中国最大的新闻媒介集团——中国广播影视集团成立。

在此期间，中国网络媒体也在经历着史无前例的巨变。网民数量的持续、快速增长加快了网络媒体的发展。大型门户网站及专业网站浮出水面。我们认为，随着互联网泡沫经济的破灭，以互联网为代表的新经济进入稳定、快速的发展时期。在此基础上出现的网络经济的"资本的春天"为网络媒体实现集团化提供了充分的资金保障。同时，网民规模的扩大、网络受众的分化客观上要求网络媒体的联合。

2000 年 9 月 14 日，中国网络门户搜狐公司在香港宣布，正式签署搜狐公司收购中国最大的年轻人社区网站 www.chinaren.com 的最终协议，交易金额 3000 万美元。双方具体的收购工作于当年第四季度全部完成，搜狐网站拥有了 780 多万的注册用户及每天 4400 万网页浏览量。搜狐公司首席执行官张朝阳在收购之前称，此次收购符合搜狐公司的发展战略，搜狐公司有内容服务和搜索引擎，而 ChinaRen 在开发网络社区方面有很大的优势，两家公司存在很明显的互补，合并将对公司的进一步发展起到良好的推动作用。收购之后，搜狐进一步完善自己作为门户网站所必需的各项功能。

创建有中国特色的媒介集团，是我国新闻传播产业在全球新经济环境下发

展的必然方向。"媒介集团发展战略就是根据国家长期的宏观经济和社会的发展方向、社会生产技术的发展趋势，以及国内外市场的变化情况，对媒介集团的生存发展和远期成果做出总体的策划。"① 全球经济的一体化客观上要求产业的发展、竞争能够突破地理上的限制，参与全球性的产业竞争浪潮。随着中国加入 WTO，以及中国政府在媒介产业方面的承诺，媒介产业参与世界性的分工、竞争将成为一段时间后的必然现实。面对世界级的媒介集团，媒介产业的集团化不仅是竞争环境的客观要求也应该成为传媒产业的从业人员的主观愿望。

我们可以从以下几方面认识媒介集团化的现实意义：

首先，组建媒介集团是世界媒介产业发展的规律，是媒介产业适应"后工业化社会的来临"的战略选择。一定程度上，美国的传媒产业代表着世界传媒产业的走向，美国各大媒介的联合、兼并说明在新经济的浪潮下媒介集团化是世界媒介产业的发展趋势、规律。

其次，组建媒介集团有助于扩大媒介规模、增加效益并分散经营风险。经济学中的"规模经济"原理认为，一般性的竞争产业都存在"规模经济效益"，规模的扩大是边际成本下降的基础，边际成本的下降必然使得边际收益、总收益增加，从而增加经济效益。

再次，组建媒介集团可以实现媒介资源优势互补，优化媒介结构，促进媒介产业健康、有序、快速地发展。媒介集团化可以实现资源的共享，新闻资源的共享能够更大程度地节省媒介的经营运作成本，人力资源、财物资源、品牌资源的共享，降低媒介的成本，提高收益。

在此基础上我们认为网络媒体联合战略的实施出于以下三个方面的动因：

首先，协同效应，是指两个公司、企业联合后，通过整合实际价值得以增加。其依据是当两家公司、企业在最优经济规模下运作时，联合后可以更加受益于规模经济。而且横向联合比纵向联合更可能获得规模经济。

其次，谋求增长。一个公司、企业联合或兼并另一家公司更深层次的动因可能是谋求增长。目标经济主体可能处于成长性行业，成长性行业的高回报可能意味潜在的竞争优势。谋求增长是网络媒体在竞争激烈的产业环境中生存、发展、扩张的必然要求。

再次，提高市场占有率是提高利润、增加收益的关键。互联网经济环境下，网民是网络媒体竞争的根本，是网络经济中的稀缺资源。网络媒体的联合

---

① 邵培仁、陈兵：《媒介战略管理》，第 166 页。

能够直接、迅速、大幅度地提高网络媒体的受众数量。这是赢得广告收入的前提，也是降低成本的关键。

我们认为联合之后的整合是能否真正实现联合、取得效益的关键。联合经营可能会给企业带来很大的动荡。整合阶段的任务不仅是力求保持组织稳定、恢复正常秩序，而且还要抓住机会，利用过渡阶段的不稳定性推进一些可能与联合不相干的改革。网络媒体的联合经营首先要在新闻价值的选择方面取得一致，网络媒体联合之后在设计风格方面也要能体现出一致性的趋势，服务业务的整合、系统化是联合战略实施的更高层次。

经营业务的整合指的是在纵向一体化的过程中，平衡各业务单位的生产能力。因为联合后的生产、经营能力取决于整合后各业务单位的生产能力。"木桶原理"告诉我们，影响整合后企业生产的是生产能力最低的业务单位，因而整体规划要求平衡各业务单位的生产能力。

更高层次的整合是文化的整合。组织文化是一种独特的混合物，包括组织的价值观、传统、信仰及处理问题的准则，其影响力是广泛而深远的。解决两种组织文化的差异问题是整合战略的关键。只有在组织文化上实现了整合，才是真正意义上的整合。

3. 媒介购并战略

购并是资本运作的主要方式。企业购并是现代经济生活中企业项目投资的一个新内容，是市场经济条件下企业资本经营的重要方面。

从这个角度来说，媒介购并战略毫无疑问属于媒介资本运作战略，我们将其放在媒介联合战略来分析、研究的原因在于媒介购并的核心往往是几个组织的联合，而资本只是媒介购并使用的工具和武器。

我们参照《媒介战略管理》一书中对实施购并的媒介产业的界定："直接或间接地拥有和经营广播电视的广播电视网，节目生产和播出，有线电视系统，报纸、杂志、或出版，以及通信服务系统。"[①]

媒介购并产生的根本原因是资本增值机制的驱动，它反映了社会经济内在的本质要求。媒介的购并可以最大限度地扩大受众覆盖面，大幅度降低传播成本，提高信息传播的效率。

邵培仁等在《媒介战略管理》一书中提出媒介购并的实施出于以下几个方面的原因[②]：

---

① 邵培仁、陈兵：《媒介战略管理》，第 176 页。
② 同上书，第 179～182 页。

首先，形成现代媒介产业合理的规模经济。合理的规模经济是现代媒介产业必备的重要因素。规模经济效益指的是媒介的规模化可以降低成本，增加收益，在激烈的媒介竞争中占据优势。

其次，获取高额利润。市场经济条件下媒介的利润关乎媒介的生存和发展。媒介产业的发展方向是真正的自主经营、自负盈亏。企业化的性质、市场竞争的压力要求媒介追求自身的利润。

再次，增强媒介市场竞争力与控制力。我们知道企业进入新的行业将会不可避免地受到行业壁垒的影响。购并是企业进入新产业而避免承担进入成本的方法。媒介可以通过购并，以很小的成本进入新的媒介产品市场或者其他产品市场。

第四，媒介购并还能够实现媒介资源的合理配置。

第五，实现媒介的优化组合。

最后，有利于资产剥离与战略调整。

二、网络媒体与传统媒体的联合经营

网络媒体被认为是区别于报纸、广播、电视三大传统媒体的第四媒体。网络媒体与传统媒体的关系是众多媒介研究者关注的焦点。网络媒体的诞生与传统媒体是密不可分的，最早的网络媒体雏形基本上是传统平面媒体的电子版。

传媒上网的实践，始于报刊上网发布网络版。我国于 1994 年 4 月作为第 71 个国家正式接入因特网。约一年半后，《中国贸易报》在我国内地报纸中率先登上因特网发布网络版。这标志着我国新闻传媒业迈出了加盟因特网的第一步。1996 年 10 月，广东人民广播电台建立了网站。同年 12 月中央电视台建立了网站。1997 年 1 月人民日报社建立网站，将报社所办的系列报刊推上网。此后，我国内地逐渐有更多的传媒机构新上网。2000 年以来，我国内地出现了地域内多家传媒机构联手创建大型网站的新现象。北京和上海的传媒的做法，尤具代表性。在北京，9 家主要市属新闻媒体与一家国际文化传播中心及一家信息技术公司共同发起创办了千龙新闻网，于 2000 年 5 月 8 日开通，以"权威、实时、全面、独家"为目标。在上海，10 家上海主要传媒机构联手创建了东方网，于 5 月 28 日开通，定位为"以新闻传播为主的综合性网站,"采取"新闻导入、服务衔接、商务展开"的发展策略。这两家网站综合运用其所依托的媒体的新闻资源，提供丰富的内容服务。

现阶段，新的媒体无法取代原有的媒体，多种媒体之间是一个相互补充和共存的关系。目前，门户网站通过与其他媒体交换来取得内容，传统媒体也看

到了与门户网站合作的必要性。许多记者已经把门户网站当作快捷的信息来源。传统媒体与门户网站相互合作，对突破地域限制、扩大彼此的知名度和影响力、为广告客户进行有效投放带来日益显著的优势。

在我国传媒网站发展的历程中，由传媒机构单打独斗单家建立网站，到若干传媒机构联手合作共同创建大型网站，反映了网络媒体发展的一个方面。

在经营业务方面，传统媒体与网络媒体的互补性优势非常明显。传统媒体广泛的新闻资源、独立的新闻采访权、专业化的人力资源、传统的新闻理念等都是网络媒体在新闻业务方面尚不能及的方面。而网络媒体在传播速度、传播范围、传播过程中的互动性却是传统媒体、所不具有的优势。

网络媒体作为一种媒体，"传播新闻"的功能是它的基础，对新闻品质的追求是一个媒体的责任与义务，对于原创新闻的重视是一个网站提升新闻品质的表现。原创性新闻是网络媒体相互竞争的关键性因素，是一个网络媒体形成核心竞争力之所在。原创，既有内容方面的含义，又有形式方面的含义。内容方面的原创指的是网站通过特约撰稿人或是网站记者、编辑的采访所创作的新闻作品，它是网站表明自身态度、观点，引导社会舆论的基础。现在更多的原创指的是形式方面的原创，就是在复制的基础上进行新闻整合的工作——基于大规模整合的点滴的原创。

对原创性新闻的追求，对网络媒体核心竞争力的追求，要求网络媒体拥有独立的新闻采访权利、独立的新闻采写方面的专业化人员。这些条件在短时间内难以达到网络媒体独立进行采访的要求，所以客观上要求网络媒体与传统媒体实施联合经营战略。

本书作者完成的一个关于千龙网新闻表现形式的调查研究在一定程度上说明了，在新闻业务方面网络媒体与传统媒体联合经营的必要性。研究发现，新闻专题的数量及更新的速度出乎意料的少，内容方面的原创很少，而形式方面的原创比较多。然而，因为千龙具有传统媒体的新闻业务背景，因而具有了得天独厚的优势，在跟传统媒体实现了信息资源共享的基础上，进一步实现人力资源的共享，加之千龙网拥有新闻采访权，在新闻专题、内容原创性方面应该能够做得更好。

网络媒体的传播优势如信息极大丰富、时效性强、全球传播、形态多样、自由和交互，使得它在传媒界的表现大有所向披靡之势。网络媒体的出现和发展，必然导致传统媒体在注意力市场中份额的流失。1999 年 1 月 9 日，在美国举行的"新闻业与互联网"专题研讨会上，美国在线现任董事长兼 CEO 凯茨说："如果你们观察一下'美国在线'，你们会发现，我们没有记者和消息来源。但是，每天从美国在线获得他们感兴趣新闻的人，比全美国 11 家顶尖报纸的读者加起来的总数还多；在黄金时间，我们的读者和 CNN 或者 MTV 的观众一样多。"网络媒体独一无二的技术优势被传统媒体所认识，拥有资本、人力和品牌的传统媒体开始纷纷上网，争先恐后地将自己成功地嫁接到互联网平台上。传统媒体的新媒体建设以报业为开端，营造了一个丰富多彩的网上世界。

传统媒体与网络媒体的联合经营是现阶段媒介产业的必然现象，是传统媒体、网络媒体发展的战略选择。传统媒体的内容和品牌与新兴媒体企业的技术相结合，这种传奇组合和对未来的期待极大地刺激了投资者和从业者的想象力，也正是在这股力量的推动下，双方拓展了一个更为广阔的经济增长空间，同时也为整个传媒界和互联网经济指明了方向——联合。

三、网络媒体购并战略

网络媒体之间的相互兼并、联合标志着网络媒体的发展进入全新的阶段。新兴的产业是以各个企业各自为政的发展开始的，在经过一定时期的发展、竞争后，产业本身要求在产业内部进行整合、兼并，形成具有相当规模的企业、组织，行业中的领先者一定是具有规模的企业，这种规模企业既是产业竞争的必然产物，同时也是产业自身发展成熟的重要标志。

网络媒体发展初期，人们热衷于按照主要功能的不同，把网络媒体分为门户、搜索引擎、电子商务等类别，或者按照服务群体不同，分为旅游、房地产、购物等类别。这一时期网络媒体的主要特征之一是目标群定位。但对规模较小的网络媒体来说，客户资源的分流也给价值开发带来一定难度。因此，不同特征的网络媒体组成战略联盟，实现资源共享和优势互补是比较可行的解决办法之一。搜狐和 ChinaRen 的购并，实现了搜狐品牌向 ChinaRen 校园消费群体的深入，同时也充分利用了 ChinaRen 健全的"校友录"职能。易趣对 3721 的收购，使易趣原本经营状况一般的手机销售在 3721 原有大客户的支持下，迈上了一个大台阶，几乎可以和一些网下的大分销商一争高下。上市公司投资的网站也不敢落寞，托普投资的"炎黄在线"网络联盟的网站遍及全国，各加盟城市网站和专业网站已达 110 多家。这种网站连锁运营模式一方面可降低网站经营耗费的成本和资源，另一方面还可以产生联动效应，互相协作、互相补充。如"炎黄在线"提出的"信息引擎"概念，不是为用户提供简单的网站搜索服务，而是帮助用户在联盟中的多个网站内搜索可用资源，提高搜索效率。

可以说，网络媒体之间的联合经营更多的是一种品牌营销，是具有高知名度、信誉度的大网站寻求赢利多元化或市场最大化的途径。当然这一过程也迎合了大量受困于"银两"的专业精品小网站的需要，因而联合成为双方必然的价值选择。结果必定是有人获得所需资金，有人获得所需资源。

一个产业成熟的标志之一便是"让你耳熟能详的企业越来越少"，言下之意是当产业发展到一定阶段时，优势资源会逐渐集中到一小部分规模和业务范围都更大的企业当中去。在一系列的资本运作之后，原本散落在各个细分领域内的品牌将逐渐被一个更大的品牌所吸纳并最终以体系的面貌出现。

各大网络公司正在通过收购小型网络公司或是联合与自己规模相当的网络公司来圈定自己的势力范围，刺激自身的发展壮大，提高自己的竞争实力，进一步向海外市场扩军。《商业周刊》曾邀请标准普尔公司的分析师对互联网产业的购并狂潮进行全面解析，同时指出这一风潮并未结束，还将持续一段时间。

世界范围内的网络媒体之间的收购浪潮说明网络媒体的联合是大势所趋。先是有雅虎则将购并 Inktomi。随后，Overture Services 收购了挪威 Fast Search&Transfer 公司的网络搜索部门。此外，InterActiveCorp 声称将收购 LendingTree，InterActiveCorp 再度收购 Hotels. com。

购并风潮中，首当其冲的第一个主题就是大型网络公司通过购并变得越发强大，拥有更多的服务与产品种类。全球最大的两家互联网公司 InterActiveCorp 和雅虎一直都在积极努力地扩大各自的主营业务——旅游和搜索服务，雅虎公司一直都在改进自己的搜索技术与服务，拓宽服务内容；InterActiveCorp 也通过收购 Hotels. com 和 Expedia 两家上市公司简化自己的经营结构。这些购并同时也反映出市场竞争的激烈。

2003 年 11 月 21 日，雅虎公司全球网络旗下的雅虎控股（香港）有限公司与 3721 网络软件有限公司（香港 3721）宣布已经签订确定性购买协议。根据协议，雅虎控股（香港）同意出资 1.2 亿美金购买香港 3721 的股份。雅虎公司北亚区副总裁兼董事总经理关重远先生表示："雅虎和香港 3721 之间的合作将为亚洲地区的个人和企业用户带来创新技术，并为他们创造更佳体验。这一协议也能为支持和发展中国和亚洲其他地区现有的互联网需求提供卓越和互补的人才及技术。"

通过此次合作，提供中文关键词搜索服务主导厂商北京 3721 公司将通过与香港 3721 及其附属机构的技术合作，获得雅虎丰富的技术、产品和服务支持。同时，通过与北京 3721 的合作，雅虎公司相信将有能力帮助亚洲的中小型企业覆盖更多的消费者，并为它们走向全球市场架设桥梁；同时还将能够为亚洲软件行业的发展提供鼎力支持。3721 公司总裁周鸿祎表示："3721 非常高兴能够与全球互联网第一品牌雅虎结盟。通过此次合作，3721 可以获得来自雅虎全球领先的互联网技术、充裕的资金、全球一流的管理体系以及人气最旺的全球化网络平台。这一切都能增强我们的技术研发实力，丰富我们的技术储备。"

在网络媒体联合经营的时代浪潮中，作为三大商业网络媒体之一的搜狐也不甘寂寞，它的收购计划同样说明购并战略已经成为现阶段网络媒体竞争、发展的战略选择。搜狐先后将 17173.com 和焦点网收归旗下，两次收购涉及的金额分别高达 2050 万美元和 1600 万美元。就这次搜狐的购并来说，与 17173 的联合经营可以看做是在低端路线和网络游戏上的拓展；对焦点网的购并则可以看做是对如今如日中天的房地产广告市场蓄谋已久。按照张朝阳的解释，这也是搜狐一以贯之的 "2C 战略" 在新时代的具体表现。

中国互联网在走过了以 "告别烧钱时代" 为主题的 2002 年之后，从 2003 年以来更多地开始了自己的规模化发展。虽然没有人在之前就明确表示过 "要开始大规模收购"，但从新浪收购广州讯龙到 TOM 购并雷霆无极，再到雅虎香港将 3721 收归旗下，再到搜狐闪电收购 17173.com 和焦点网，毫无疑问的是，产业的重组洗牌已经成为了当年互联网发展的主旋律。

网络媒体的购并战略是这一产业发展到一定阶段的客观要求，也是每个网络媒体在竞争环境下自我生存、发展、扩张的战略选择。

链接 3

雅虎收购 Overture 引发搜索市场大洗牌

据《纽约时报》于当地时间本周五（2003 年 10 月 31 日）报道称，微软公司在最近的两个月中与 Google 公司进行了接洽，讨论有关达成合作伙伴关系，甚至是合并的事宜。微软公司一心想在互联网搜索市场分一杯羹。《纽约时报》援引微软公司官员的话报道称，由于最近在互联网搜索技术方面进展，微软公司可能仍然对收购互联网搜索公司有兴趣。《纽约时报》指出，Google 公司则在积极地筹划上市发行股票。路透社最近也报道称，Google 公司正在积极地寻求银行帮助它实施上市的计划。

2003 年 7 月，雅虎收购 Overture 在搜索市场掀起进一步并购重组的风潮，一些小型搜索技术和服务提供商的股价也随之大幅攀升。

Ask Jeeves 公司负责网络资产业务的总裁斯蒂夫—伯科维茨表示："搜索业务是互联网业务的门面，这一点所有的企业都已经意识到了。"与其他人一样，伯科维茨也表示搜索行业的重组将创造新的商业机会。

随着基于网络搜索的互联网广告在互联网行业泡沫破裂之后成为广告商吸引新用户的一个强劲的工具，并成为诸如雅虎和 MSN 等门户网站的一项新的营收来源，搜索行业自然引起了企业和分析人士越来越浓厚的兴趣。其中利润尤其看好的就是精密定位的付费搜索服务，这一服务使得广告商可以在网络用户通过关键词搜索找到搜索内容之后极有针对性地登出文本广告。当网络用户点击广告后，广告商将向服务提供商付费，而 Google 和 Overture 等服务提供商则与包括雅虎、MSN 以及 AOL 在内的门户网站分享营收。

William Blair 公司的分析师特罗伊—马斯汀表示："以前，Overture 对于 MSN 等门户网站而言并非一个竞争对手，但现在随着雅虎的加入，Overture 就变成了 MSN 的对手。所以像 MSN 等门户网站也许更愿意考虑与 Google 结盟，这无疑使得 Google 赢得了不少同盟军。"分析人士和竞争对手表示，通过为潜在合作伙伴提供更高比例的广告营收分成，雅虎将可以增加 Overture 的搜索量，并使得 Overture 能够降低成本以及向 Google 发起挑战。

微软对 google 的兴趣毫无疑问的来自 google 的核心能力——在搜索引擎方面的领先性。正如上文所说的互联网的竞争正在转向搜索技术方面，微软为了保持自身的竞争能力需要 google 核心能力的支持。雅虎收购 Overture 的行为也基于双方核心能力联合的可能性。

资料来源：《雅虎收购 Overture 引发搜索市场大洗牌》见 http：// tech. sina. com. cn/i/w/2003-07-15/1029209446. shtml。

链接 4

TOM 购并各种媒体

TOM. COM LIMITED，1999 年 12 月 16 日成立，2000 年 1 月 18 日，网站 TOM. COM 正式开通。2000 年 3 月 1 日在香港联合交易所的创业板上市。TOM. COM 有限公司为和记黄埔有限公司（和黄）及长江实业（集团）有限公司（长实）与其他策略性投资者组成的合营公司。

TOM 股票 2000 年 3 月 1 日上市，但 TOM 的整合运动在上市前就已经开始了。2000 年 1 月 30 日入股 OneAsia. com15％的股权及其上市前的一些优先购买权；随后的 2 月 14 日与华夏旅游网络有限公司（华夏旅游网络），组成新合营公司 itravel Limited。在盈科数码动力购入 TOM. COMLIMITED5％策略性股权后，TOM. COM 的宗旨日益明确：以 TOM. COM 为入门网站，发展以"资讯娱乐"为主的互联网内容业务，目标是"将中国带到全世界，亦将全世界带到中国"。

　　TOM 上市后与 4 家体育相关伙伴建设足球网站；与华夏旅游网络有限公司组成的合营公司 itravel Limited，推出旅游网站 GOCHINA-GO. COM；与 Orange 携手合作为 Orange WAP 用户独家提供多元化资讯服务及全球首创安全网上付款系统；与 AllAsiaFinancial 携手开发投资网站 AAStocks.com，为华语地区提供具实力的股票市场投资网上分析服务；购得 she. com35％股权；与美亚机构和上海信息产业有限公司合资成立上海美亚在线宽频网络有限公司等等一系列包括进军内地互联网，在京推出 12 个简体版资讯娱乐频道在内的增强 TOM 实力和丰富内容的扩建活动。

　　网络媒体 TOM. COM 通过扩展产业链取得协同效益是通过考察产业链来分析战略适用性的案例之一。TOM. COM 与五家内地户外媒体公司达成合作协议，五家公司包括北京炎黄时代广告公司、广州腾龙集团、天明广告、齐鲁国际广告及青岛春雨广告。TOM 以 6257 万元收购炎黄 50％股权，其中 1306 万元以现金支付，余额则发行 898.6 万股 TOM 股份支付；TOM 注入 2730 万元收购腾龙 65％股权，并享有腾龙其余 35％股权认购权；将以 5325 万元收购天明 50％股权，其中 1509 万元以现金支付，其余则以发行 692.4 万股 TOM 股份支付；1.04 亿元收购齐鲁 60％股权，其中 2174 万元以现金支付，其余以 1495.6 万股 TOM 股份支付；TOM 以 4426 万元收购春雨 51％股权，其中 924 万元以现金支付，其余以 635.6 万股 TOM 股份支付，在收购中的预计每股发行价是 5.51 元。五家公司合共收购金额是 2.9 亿元。

　　这次收购之前，早在 2000 年 10 月，TOM 已经收购了中国内地最大型户外广告媒体公司之一昆明风驰明星信息产业股份有限公司 49％或以上的权益。风驰是 TOM 扩展产业链实现跨媒体经营取得协同效应的战略选择。TOM 透过这项相配的传统媒体业务，将进一步强化 TOM 独特的市场竞争优势，结合网络和传统媒体的跨媒体广告销售，推动用户群及浏览量所创造收入的优势及进一步提升收入。

　　在完成了一系列的收购之后，该公司的户外媒体网络覆盖北京、上海、广东、山东、四川、云南和河南7省市，广告位总面积超过13.4万平方米，为其今后进行全国性的业务推广奠定了稳固的基础。显然TOM看中的是户外广告市场的赢利能力和发展趋势，同时，随着网络与人们生活关系的越来越紧密，传统行业与网络企业合作也逐渐成为一种趋势，传统企业意欲借助网络这个载体更好地拓展空间，而网络公司在国际资本市场遭遇寒流的时刻也把更多的目光聚集在传统企业身上，目前国内的网站纷纷与传统企业合作以寻求更大的发展，刹那间回归和整合成为一种主流。

收购户外广告媒体只是 TOM 跨媒体经营的一个重要棋子，在网络媒体全面不景气的时候，TOM.COM 的一系列的方案都是为了构筑其跨媒体合作战略而实施的。TOM.COM 通过不断的兼并、收购、整合来扩充其跨媒体平台。TOM 的跨媒体策略以传统媒体通过客户，互动资源的整合来拉动网络广告的销售，为客户提供基于网络、印刷、户外、活动、广播及电视的跨媒体平台的一站式广告套餐服务，从而大大增加广告销售的成功率，节省了客户广告的投放成本，同时也弥补了网络广告收入的不足。而且跨媒体平台可以充分利用不同媒体平台所产生的现金流的互补性，降低财务风险。

四、网络媒体与电信运营商的联合经营

网络媒体的赢利一直是关乎网络媒体生存、发展的关键性问题。在实现与传统媒体、网络媒体联合经营的同时，网络媒体也从未放松过与电信运营商的合作。与电信运营商的联合经营是网络媒体增值服务的重要组成部分，在后面的章节中，我们还将有专门论述，特别是关于短信业务问题。在此，主要是从网络媒体与电信运营商联合经营的战略选择角度加以分析。

网络媒体与中国移动的联合经营战略集中体现在移动梦网的业务方面。中国移动的彩信广告铺天盖地，移动梦网无疑在这场由多媒体短信引发的未来移动数据业务的市场竞争中占得了先机。移动梦网的出现对于互联网业界来说，其所起到的作用有两点：

首先，提供了一个货币支付的平台。移动梦网为中国互联网业解决了一个支付的平台，大多数的收费项目都可以通过这个平台得以实现。例如，订阅短信、订制收费邮箱等大多数网上付费项目，都能以这个载体得以实现。况且这一平台的方便、快捷、安全性等与电子银行比，具有很大的优势。在这种平台下，商务模式与客户交流更为直接、流畅，更大程度激发了潜在客户成长为现

实客户的可能。

其次，刺激和推动了短信的高速产业化成长。短信的高速发展应该是近两年的事，这其中"移动梦网"功不可没。据有关部门资料，仅 2004 年一年，中国短信市场规模就达到 345 亿元，比 2003 年增长了 150%。应该说短信是移动梦网所开掘的一个金矿，在 SP 与移动梦网的共同努力下，这一金矿已经形成了一个能创造更多利润的产业链。这一产业链中获利最大的就是中国的互联网业。自此，国内的网络界找到了一个极好的商业模式，并最大限度地借助了移动梦网提供的机会，进而形成了实质的赢利模式。在一定程度上可以这样认为，移动梦网为中国互联网提供了原动力，这个力量绝不应该削弱，而应该不断加大马力。而且，在为产业贡献力量的同时，移动梦网也一定会得到互联网最好的回报，这需要移动梦网真正在互联网增值服务方面做出自己的创新和努力，而不仅仅是超脱的平台提供者。

2003 年，中国电信也不甘寂寞，开始了"互联星空"的宣传和推动，这是一个类似于移动梦网的野心勃勃的互联网增值战役。

中国移动、中国电信作为电信运营商的代表在增值服务方面与网络媒体的广泛接触、联合证明了网络媒体与电信运营商的联合是市场环境下经济利益驱动的正常的战略选择。

链接 5

新浪宣布收购移动增值服务提供商 Crillion

服务于中国及全球华人社群的领先在线媒体及增值资讯服务提供商新浪公司，今日宣布收购国内领先的移动增值服务提供商 Crillion Corp，双方已签订最终协议。本次收购将为新浪带来 200 万付费用户，并进一步巩固新浪在国内移动增值服务市场的领先地位。

总部位于深圳的 Crillion 联手全国各地的人才市场，通过短信为广大求职者提供招聘信息服务。Crillion 在其庞大的用户群中建立了多种深受欢迎的基于手机短信的移动社区，使用费每月在 0.7 美元至 1 美元之间。据 Crillion 管理层的报告显示，公司 2003 年的营收达到 1050 万美元，净利润为 440 万美元。

新浪首席执行长汪延表示："在过去两年中，中国的移动增值服务业务取得了爆炸性的成长，移动电话用户总数在 2003 年末达到了 2 亿 6000万，而新浪已成为这一市场领域内无可争议的领导者。Crillion 公司的200 万付费用户将进一步巩固新浪的客户基础，使我们得以通过领先的

市场销售渠道更好地营销现有的产品和服务。"

此次交易将按照各项交易惯例执行，其中包括管理部门的审核手续等。交易预计将于 2004 年第二季度完成。

资料来源：新浪科技，见 http：//www.sina.com.cn，2004 年 2 月 27 日。

网络媒体的战略选择是在激烈的竞争环境下，结合产业自身的发展情况，在各种客观环境下，充分考虑自身的优势、劣势、战略目标，综合各方面因素的战略选择。所以在现实中网络媒体的战略选择一定是上述两种媒介战略的综合运用。在第三节中我们还会讨论媒介的资本运作战略。网络媒体的战略选择应该是网络媒体在自身战略目标的指引下整合品牌战略、联合经营战略、资本运作战略的战略性决策。

第三节　网络媒体的资本运作战略

一、资本运作战略概说

1. 资本运营概念的提出

资本指的是企业从事生产经营活动的本钱，是企业经营运作的基础性条件。在市场经济中，资本是一种稀缺的生产资源。同时，资本流动的动力在于追求最大化的利润，资本流动的最终目的在于资本自身的增值。以上两个角度本质上说明了资本运营的全部活动都是服务于资本增值的最大化这一目的的。现代管理学理论认为，资本作为一种稀缺的生产资源对企业的长期发展有着极为重要的战略性意义，企业家、经理人有必要从战略管理的角度重视资本运营。

资本运营就是为谋求风险和赢利能力之间的特定平衡，争取资本增值的最大化而进行的对资本结构、融资和投资的运筹。

一般的、泛化的资本运营具有两大类功能：

首先，通过各种合法融资渠道，以尽可能低的成本，从金融市场获取需要的资金，以保证企业生产、经营、投资活动的正常展开。

其次，通过合理使用各种金融工具，根据最优风险收益比率，盘活资金存量或是将闲置资金在金融市场上投资，增加收益。

资本运营是现代经济环境下优化资源配置的主渠道。在市场经济环境下资金的流动是配置其他相关资源的基础，如果缺乏一种健康、灵活的资金的动员、利用、流动机制，资金的"逐利性"就会消失，那么资金在"逐利性"的基础上实现对各种社会经济资源的配置的功能就会失灵。所以，市场经济的健康、有序发展需要成熟的资本市场，而企业资本运营的发展是形成成熟的资本市场的基础、关键。

从企业的角度来认识资本运营，可以说资本运营是一种战略管理的手段。广义地说，经济实体所拥有的各种资源和生产要素，都可以看做是企业的"资本"参与资本运营。

在市场经济发达的国家，资本运营的提出、实施已经多年，在我国则起步比较晚。随着经济体制的改革、转型，市场经济要求企业的产品按照市场的需求进行，资源的配置依靠市场调节。党的"十四大"确立了社会主义市场经济体制目标之后，资本运营、资产重组被企业家、决策者们提上议事日程。资本运营的提出与实践，是市场经济体制的内在要求和国际经济一体化的客观压力。

2. 资本运营的内涵

资本运营的内涵包括三个方面：一是资本的内部积累，二是资本的横向集中，三是资本的社会化控制。[①] 从经济学意义来分析，资本运营是以利润最大化和资本增值为目的，以价值管理为特征，通过生产要素的优化配置和产业结构的动态调整，对企业的有形与无形资本进行综合有效运营的一种经济方式。

资本运营的对象是价值化、证券化了的物化资本，或是可以按照价值化、证券化操作的物化资本。资本运营的核心问题是如何通过优化资源配置来提高资产的利润、收益，确保资本的增值。资本运营的收益主要来自生产要素优化组合后生产效率的提高所带来的经营收益增量。资本运营一般要求将企业资产全部资本化，并以获得较高的资本收益为目的进行运作。

良好的运营资本管理要求企业做出决策来解决运营资本管理的两个核心问题：流动资产的最佳水平及为维持这一流动资产水平而采取的短期负债和长期负债的适当组合。同时又受到必须进行的获利能力与风险之间的权衡的影响，就是在企业的流动性和赢利性之间权衡。

3. 资本运营的特征

资本运营作为一种经济活动，具有增值性、流动性、风险性的特征。

（1）资本运营的增值性

增值性是指企业运营资本的目的是资本的增值即获得收益，这是资本运营

---

① 刘一丁：《国有企业资本运营研究》，东北财经大学博士论文，1998 年。

活动的出发点和归宿。市场经济环境下资本的增值包括以下三个方面：一是利用无形的资产筹措资金。无形资产的集中体现是品牌优势。在前面讨论过品牌的效益，品牌信誉、忠诚，是一种可以转化为经济收益的无形资产。二是五项资产的有形化，可以将品牌做资产评估，参与入股。三是无形资产交易增值，技术转让、增值服务等。我们知道企业在资本运营之前总是会做相当详细、准确的调查、评估，为的就是尽可能地保证资本运营的增值性。

（2）流动性

资本运营的流动性包括广义流动和狭义流动两方面含义。广义的流动指企业的各类资产，有形资产和无形资本的流动与重组。广义的资本运营是与企业组织结构的调整和变化、与产权的交易联系在一起的。狭义的流动指的是企业流动资产的流动，它一般表现为与企业所运作的产业相联系的物资流、资金流。

（3）风险性

强调资本运营的风险性就是要充分认识到风险性和增值形式是相伴而生的。资本运营属于高风险性领域，资本运营的风险性源于投资的高风险性。资本运营在某种程度来说是一方对另一方的投资活动，投资活动的高风险性决定了资本运营的风险性。《现代投资学原理》中提出，投资的高风险性根源于技术风险，即由于技术研发过程的复杂性、不确定性，企业和投资主体难以把握研究开发的成果。一种技术、商品能否被消费者、市场接受受很多因素的影响，因此技术商品化的成功概率也存在很大的不确定性。市场风险也是投资高风险性的重要因素，市场的认可程度、接受程度、扩散的范围、速度等都是风险性的潜在影响因素。

资本具有配置劳动资源、消费资源和生产资源的功能，能够以资本倾斜来发挥不同的资源优势，从而确立竞争优势。媒介对于人力、技术、信息、物质等资源的需求与这些资源的供给形成一对矛盾。资源的获得与配置决定着媒介产业的发展前景。通过资本运作掌握资源，成为市场经济条件下我国媒介产业发展的必然选择。

二、媒介资本运营战略

1. 媒介资本运营

广义范围内的媒介资本运营是网络媒体实施资本运营的产业背景。网络媒体的资本运营是在媒介产业资本运营的基础上进行的，同时，网络媒体资本运营又是媒介产业资本运营的重要组成部分。

20 世纪 90 年代中期以来，媒介资本运作的速度不断加快，力度不断加强，日益成为媒介产业乃至整个社会各界广泛关注的热点话题。媒介产业更成为各大资本家、风险投资公司密切关注的焦点产业。

资本运营是一种战略管理手段。广义上说，经济实体所拥有的各种资源和生产要素，都可以作为企业的资源参与资本运营。"媒介本质上是由各种资源和生产要素构成的具有政治属性的经济实体。媒介所拥有的各种有形资本和无形资本都可视为资本，通过资本运作的方式实现价值增值。媒介的资本，包括和媒介产业有关的广告、发行、印刷、信息、出版等资本，也包括媒体非新闻传播方面的资本。"①

正如前面提到的资本运营的实践是在西方市场经济体制成熟的环境下产生的，资本运营的概念是舶来品。西方国家资本运营的许多具体的操作方法、理论原则，我们也有必要学习、借鉴。在《媒介战略管理》一书中提到国外媒介资本运营的四种主要形式：一是媒介的跨行业合并和兼并，从行业外得到资源；二是允许媒介以上市公司的身份出现，从社会获取资本；三是行业外大资本投入媒体产业运营；四是媒介自身向外投资，获取投资收益。

媒介资本运营的方式多种多样，但媒介资产重组是其核心内容。重组是指对一定被重组的媒介实体范围内的生产力诸要素进行分拆、整合及优化组合的活动或过程，它包括购并、直接上市、买壳或借壳上市、分拆上市等具体方式。不过，以上各种方式并不是媒介资本运营的全部方式，其划分也没有绝对的界限，在实际操作中都是各种金融手段、金融创新工具混合使用、互相渗透。

在我国目前媒介产业领域存在着六种媒介资本运营方式：

（1）媒体资本购并

资本购并是媒介实体间的产权交易行为。购并即收购兼并，其实施途径有三种，一是以承担债务的方式进行兼并，二是出资收购经营状态不佳的媒介实体，三是通过收购股权实施兼并。进行资本的购并，不管是对整个媒企业还是对于单个媒体而言，都可以实现媒介资源和生产要素的合理流动和重新组合，从而优化媒体的经济结构，提高媒介的运行质量和资源配置效率，实现资产规模的扩张，提高媒介的核心竞争力和市场竞争力。

一般来讲，购并有合并（收购与兼并）、认购股权和收购资产三种方式。目前媒介使用较多的是收购资产这种方式，也就是通过收购目标实体资产的方

---

① 邵培仁、陈兵：《媒介战略管理》，第 189 页。

式取得对目标实体的控制权和资产的使用权。

（2）媒体直接上市

直接上市是指媒介实体从公开发行股票开始，到直接在股票交易所挂牌交易，不必与其他实体发生股权交易。这种方式通常需要先成立一家具有独立法人资格的企业，将媒体的核心业务与经营性业务严格分开，将经营性业务注入该企业，然后申请公开募集资金成为上市公司。在传媒上市融资方面，广电系统走在了前头，1998 年 12 月 23 日，经中国证监会批准，湖南电广实业股份有限公司在深圳证券交易所公开发行 5000 万 A 股，成为国内第一家直接从事传媒服务业的公司。在纸质媒体当中，最引人注目的当属《成都商报》的借壳上市，也就是博瑞传播的上市。而在 2003 年的 6 月，博瑞传播又通过上海的某广告公司注资入中央人民广播电台的"都市之声"频率进行广告经营。

现阶段我国上市的媒体主要是概念上市而不是实体上市，主要是从媒体宣传功能中分离出的产业化资产上市，其业务定位具有一定的边缘色彩。

（3）间接上市

间接上市是指买壳和借壳上市，这是一种间接进入资本市场的途径。在我国证券市场上，选择的壳公司一般是不赢利、"内质"已被淘空的上市公司，其价值是作为上市公司所拥有的直接融资、增资配股的权力。媒体通过间接方式收购上市公司进入资本市场，然后将其发行、广告、印刷、包装等边缘性业务注入上市公司，获得持续融资的能力。

我国目前已经有湖南出版实现了借壳上市，人人网在香港的母公司人人媒体控股有限公司也在香港主板实现了借壳上市。

（4）分拆上市

媒介实体的分拆上市是指已经在主板上市的媒介实体将其现有的资产分拆，或对其以风险投资形势控股的实体进行改造，实现其在即将开设的二板市场上市的资本运作方式。主板上市公司的分拆上市是发达国家的企业常用的一种资本运营方式，属于企业资本收缩范畴，是吸收合并的逆操作。

（5）与上市公司合作

媒体与上市公司合作，设立合作企业。通常是上市公司出资金，与其合作的媒体出资源。这样，上市公司可获得稳定的高额回报，媒体可获得发展急需的资金。这种方式是目前媒体进入证券市场最为快捷、最为方便的方式，同时也是广为采用的方式。比如湖南投资、东方明珠、央视股份、中信国安等采用的都是这种方式。

（6）媒介无形资本的运作

　　无形资本是相对于有形资本而言的，在 WTO 相关的协议中，"知识产权"包括七个方面：版权及相关权，商标（含商号），地理标志包括原产地标志，工业品外观设计，专利，集成电路布图设计，未公开的信息包括商业秘密。这只是经国际法认定的"知识产权"，广义的无形资产远远超出这个范围，例如知名度、信誉、商誉、某些关系等，都可以成为无形资产。媒介无形资本指由特定媒介实体控制的，不具有实物形态，对媒介实体的经营能持续发挥作用，而且能在一定时期内为其所有者创造经济效益的资产，包括媒体品牌、版面、时段、栏目、销售网络、节目知识产权、商标权等。

　　媒介无形资产一方面可以用来作为筹措资金的利润吸引力和号召力；另一方面也可以通过中间机构的评估，炒作其商业价值，扩大在资本市场的影响力；此外，还可以以无形资产为核心作为资本参股、合资等方式来扩张媒体规模，进行保值、增值。

　　无论是从经济、市场还是技术发展的角度讲，现有的中国媒介务必进行重新整合和扩张，这种整合与扩张很难靠单个媒体的内部积累来实现，只有借助资本市场的兼并、重组来推进，通过购并等多种方式打造大型媒介集团，对资源进行重新整合，凸现自身优势。资本注入传媒业也使得媒体的主营业务得到了超速增长，传媒的产业结构和资源配置都得到了优化，传媒也为资本市场带来了活力和多元化增长格局。尽管资本可能是柄双刃剑，既能推动媒体产业发展，也可能导致产业加速衰落，尽管媒体与资本的互相进入中有成也有败，但只要规范操作行为、有效控制风险，及时实施监督，就能获得双赢局面。媒体与资本需要在自我探索和国家推动中不断寻求良性的互动。

2. 网络媒体资本运营战略

　　网络媒体的资本运营是在媒介产业资本运营的大背景下进行的，网络媒体作为媒介产业的新兴的媒介形式，它的发展无法独立于媒介产业的整体性的发展趋势，所以网络媒体的资本运营战略与媒介产业资本运营战略是互动的。考察媒介产业的资本运营战略有助于我们从产业发展的高度来认识网络媒体资本运营战略。

　　从产业发展、竞争的角度来分析网络媒体的战略选择，应该说网络媒体的资本运营战略是网络媒体发展、壮大，网络媒体产业自身整合的必然的战略选择。从网络媒体起步阶段的"启蒙运动"到后来的"圈地运动"，网络媒体只是一味地要求资本的输入，而没有资本的收益。这个阶段的状态是资本作为一种经济资源向一个新兴的朝阳产业输入，网络媒体考虑的是怎样炒资本市场上"圈到"的资金，来维护网络媒体当时的"烧钱"状态。随后资本的逐利性要求资本从收益不明显的产业退出，加之国际范围互联网经济的衰退，网络媒体出现"泡沫经济"，一时间资本纷纷从网络媒体退出。在经历了前所未有的低潮后，纳斯达克资本春天的出现使得网络媒体开始真正意义上的赢利。可以说到这个时候，资本对这个产业的投入、支持已经到位。从产业自身发展的角度来说，在经历了初期的发展之后，产业自身要求产业内的企业在相互竞争的基础上，以效益为导向进行产业内的整合。要求效益好的企业以各种可能的、合法的手段兼并、收购效益差的企业，在一定范围内实现一定程度的垄断生产、经营。这是产业自身发展、壮大、成熟的关键。

网络媒体在经历了"天堂——地狱——人间"之后，产业内部的整合是现阶段发展的关键。网络媒体产业内部企业之间，网络媒体与相关产业的企业之间的整合都是产业竞争、整合的必然。资本运营作为一种配置经济资源的手段在产业内部进行整合中的作用是不可避免的。资本运营战略是现阶段网络媒体发展、整合的主要战略选择。

3. 资本运营战略对网络媒体的意义

首先，资本运营战略使得网络媒体得到充分的资金保证。资本的逐利性使得资本的流向有着天然的价值选择，资本的投向一定是相对来说更有收益、更有增值潜力的产业。所以资本必然流向效益好、规模大的网络媒体，而资金正是网络媒体扩大范围、实现规模效益的基础性条件。传媒不是一个谁都有能力涉足的行业，它需要大量的资本投入和人才积累，网络媒体的经营、发展也需要资金的支持。资本运营使得跨国媒介集团能够通过资本市场进入中国媒介产业，推动媒介产业、网络媒体产业的发展、成熟。

新经济环境下网络媒体的发展需要资本市场的支持，分析网络媒体资本来源，大致可以分为两类，其一是国际风险投资和民间资本构建的纯粹型网络媒体，其二是传统媒体、国内上市公司注资的依附型网络媒体。资本市场的开放、成熟是资本实现自由流动的基础；资本运营战略的选择是资本流向适当的产业、企业的关键性战略选择。网络媒体的运营是靠庞大的资金作为后盾的。国外的网络媒体是靠风险投资资金先期投入，再靠上市来筹措资金。也就是完全的市场化运作机制。中国网络媒体的发展完全走西方的模式显然不行，这关系到由谁来控制媒体导向的问题。但我们又必须面对现实：国外风险投资资金大量拥入（国内大部分商业网站基本上拥有外国的部分资金）和民营网络媒体的迅速崛起。究竟通过何种融资手段以解决国有网站特别是传统传媒逐步向网络媒体发展所需的资金，已成为当前我国网络媒体发展中最受困扰的一个难点。我们认为应在试点的前提下，借鉴国外网络媒体在资金运作方面的成功经验，在资本市场不断完善的前提下，充分发挥资本运营的战略性作用，实现资本与产业的高效率结合。

其次，发展往往起着积极作用。资本运营有助于盘活网络媒体的可经营性资本，激活网络媒体的无形资本，获得网络媒体发展的必要的资金支持，实现网络媒体整体性的资本增值。美国学者比恩等人认为："竞争是工业社会的价值观，而知识经济时代的价值观是合作。"这种崭新的价值观已成为现代人的一种普遍的诉求。因此，在全球经济一体化的新形势下，整合成了跨国集团获取最大利润空间的一种战略能力、一种进击能力。通过资本运营实现资源、要素整合，网络媒体不仅能够实现稀缺资源的低成本补给，实现现有资源的最优化配置，实现分散资源的增量和增值，而且能够实现网络媒体投资能力的最大发挥。

最后，资本运营战略是网络媒体应对 WTO 的机遇与挑战的战略选择。随着加入 WTO 签署的一系列协议的生效，各种协定对媒介产业、网络媒体的各种直接或间接、正面或负面的影响逐渐显现。网络媒体要想在全球化的进程中发展、壮大，就要能够在与各大跨国媒介集团的竞争中取得独立的地位，通过资本的运营实现与跨国媒介集团的联合，实现双赢的目标。在日益开放的经济环境下，网络媒体在资本市场的运营情况直接关系着网络媒体的发展状况。

4. 影响网络媒体资本运营战略的因素

（1）政策体制层面的影响

在我国，媒介产业作为党和国家的重要喉舌，媒体的政治（社会）属性一直被放在最突出的地位，传媒业相对于其他行业而言计划经济色彩更为浓厚，行业政策性壁垒更为严密。政府从市场准入、税收等方面直接调控媒介产业，在内容、结构、资本等各个方面来影响媒介产业的资本运作。总体来说，适应媒介产业化运作的政策体制构造还远未建立，越是接近于媒介运作的核心部分，其构造的市场化因素就越稀少。而资本运营则要求市场主体必须是严格按照现代企业制度建立起来的，完全遵循公司法要求规范运作的微观市场主体。由此可见，我国网络媒体在资本运营方面还有待于逐步探索出适合我国具体情况的战略。

（2）管理体制层面的影响

我国媒介产业特殊性的一个方面表现在媒介的核心领导不是由发自经济基础的资本权力而是由来自上层建筑的行政权力来决定的，资本对于核心领导的影响是相当有限的，影响媒介运作的是权力的力量。另一方面，我国传媒多头管理、条块分割的管理体制与资本运作规模效益发展是背道而驰的，这种大量

的重复性建设带来的资源浪费、无序竞争，使得资本的纽带作用相对耗散。这种特殊性在我国网络媒体产业中仍然存在，在本书第一章中曾初步分析了我国网络媒体的构成类型，除了类似于新浪、搜狐等商业性的网络媒体外，其他诸如人民网、千龙网等网络媒体也都体现了上述两个方面的特性。而这些在管理体制层面的影响在一定程度对网络媒体的资本运作会产生负面的影响。

（3）运作体制层面的影响

资本进入媒体后，其先进的操作手法必将对网络媒体产生极大的影响，并能促使网络媒体进行产业升级。资本选择投资对象的初衷是追求利润的最大化。由于传媒业在我国还处于起步阶段，有超常的利润增长空间和速度，传媒类公司在证券市场上表现出了充分的成长性，为投资者提供了丰厚的回报。而传媒利用资本市场的造血功能进行资本积累和资产增值，不仅可以解决长期困扰传媒业后续发展资金不足的问题，更重要的是引入了现代企业制度及其运行机制，资本市场的进入规则也有可能使网络媒体重新进行优化资源的配置，改善微观的组织结构。

三、网络媒体的上市

1. 媒介上市

中国证监会 2001 年发布的新版《上市公司行业分类指引》中，将传播与文化产业确定为上市公司的 13 个基本产业门类之一，传播与文化产业主要分为出版、声像（广播电影电视）艺术、信息传播业等四大类。这种分类明确了传播与文化的产业性质，从根本上解决了长久以来对于传播与文化性质的争论，推动了传播与文化的产业化，推动了传播媒介、文化企业进入资本市场的进程。

随着中国加入 WTO，外资传媒企业逐步渗透中国媒介市场，以前那种建立在国家对传播文化产业实行垄断经营和保护基础之上的媒介格局将被打破乃至彻底颠覆。中国媒介面临前所未有的竞争压力。媒介通过企业化改制后进入资本市场，以资本为导向通过资本运营实现媒体的跨媒体、跨区域的飞跃发展，这对提升媒体企业的竞争力有着重要作用。中国媒介产业进入资本市场不仅是媒介自身发展的要求，同时也是中国应对媒介国际竞争、复兴中华文化的必由之举。①

---

① 邵培仁、陈兵：《媒介战略管理》，第 201 页；转引自 http：// www. gouosen. com. cn。

上市，是指符合《公司法》和《证券法》归定上市条件的股份有限公司向国务院授权证券管理部门提出申请，并获准其股票在证券交易所交易的行为。经国务院授权证券管理部门批准，在证券交易所上市的股份有限公司就成为上市公司。媒介上市战略在实践中主要有两种：直接上市和间接上市。鉴于前面章节对这两种上市战略做过比较详细的介绍，这里就不再赘述。

2. 中国网络媒体的上市之路

上市融资是国内网络媒体的重要发展战略，网络媒体既有诱人的高收益远景，又需要投入巨额风险投资。如果没有强大的资本市场的支持，网络媒体难以成长。

网络媒体具有高风险、小规模、建立时间短等特点，并且网络媒体的无形资产比重大，很难达到证券交易所对有形资产的要求。网络媒体的这些特点使得它们一般难以进入证券市场的"主板"市场。创业板市场的目标是吸纳那些为发展和扩充而集资的高增长型公司。网络媒体目前更关心的是产业的成长性，大部分网络媒体还处于内部不断完善和扩大规模阶段，但是有着高成长性、高收益潜能，因此网络媒体是创业板的首选企业，受到欢迎和重视。对于网络媒体而言，创业板市场的门槛要求比较低，不要求赢利记录，较低的市值水平都可以进场融资。可以说，网络媒体和创业板市场的互补性特点使得网络媒体普遍青睐创业板市场。由于纳斯达克上市门槛较低，对赢利没有硬性要求，未来成长性更受到市场和投资银行的关注和推崇，所以网络媒体更愿意选择在纳斯达克挂牌上市。[①]

1999 年 7 月 12 日，中华网成为第一家在美国纳斯达克上市的中国网络媒体，标志着中国网络媒体上市的开始。中华网上市正好赶上了纳斯达克的好时光，1999 年 7 月首发上市圈得 8600 万美元。2000 年 1 月再发新股二次上市，又从纳斯达克募得令人炫目的 3 亿美元。2000 年 3 月，在 TOM. COM 上市的第二天，中华网又将其旗下香港网分拆上市，募得 13 亿港元即 1.7 亿美元，以至于中华网账上一度堆了 5.6 亿美元的现金。

2000 年 4 月 13 日，新浪网在美国纳斯达克市场开始挂牌交易。

2000 年 6 月 30 日晚，网易以"NTES"的代码在纳斯达克正式挂牌交易，成为继中华网和新浪之后，又一家在纳斯达克挂牌的中国概念网络股。

2000 年 7 月 12 日，中国著名的门户网站搜狐正式挂牌交易，股票简称SOHU。搜狐公司此次股票发行总量为 460 万股。

---

① 王巍、吕发钦：《网络价值评估与上市》，经济科学出版社 2000 年版，第 199 页。

中华、新浪、网易、搜狐4家中国网络公司先后在美国纳斯达克上市，共筹资2亿美元。这不仅给中国的网络媒体以极大的鼓舞，对中国所有的高科技企业都是鼓舞。4家互联网企业在美国上市成功，首先是因为美国投资者看好网络前景。网络作为新的信息媒体在全球正迅猛发展。网民数量的不断增加会使网络媒体及网络公司的价值越来越大。美国人投资于中华、新浪、网易、搜狐等网络公司，是因为他们坚信随着网上用户的发展和网上经济活动的增加，网络媒体和网络公司赢利的可能性将会越来越大。

虽然2000年下半年开始的网络经济泡沫的破灭，给纳斯达克证券市场的网络股带来了几乎毁灭性的冲击，中国的这几家上市网络媒体也曾沦落到几乎退市的边缘。但随着网络经济的复苏，以及这些网络媒体真实价值的显现，到2003年，中国三大网络股价表现出强劲的上涨势头，涨幅称雄纳斯达克证券市场，令美国其他网络股相形见绌。

同样是在纳斯达克资本春天显现的2003年，其他网络媒体再次掀起了进军纳斯达克的浪潮。为了进一步反映互联网业务的价值，TOM.COM正在研究分拆互联网业务在美国纳斯达克上市的可能性，预计集资额达7亿～8亿美元。TOM与2003年8月发布公告，承认公司一直在寻求各种途径将价值增至最高，并充分反映其各项投资的价值，其中包括将TOM的业务分拆上市。

链接6

盛大提交纳斯达克上市申请，欲融资3～5亿美元

（2003年）12月12日，路透财经援引香港《南华早报》的消息报道，国内网络游戏商上海盛大网络公司已经提交正式文件，申请明年在纳斯达克进行首次股票公开发行（IPO），盛大期望融资3亿到5亿美元。

根据投资界的消息来源，位于上海的盛大公司已经向纳斯达克提交上市申请，不过盛大公司发言人李淑君周四在香港否认了任何关于上市的消息。

路透财经的报道称，盛大这个仅有四年历史的公司，去年收入达到5000万美元，利润达到2500万美元。《南华早报》的报道则称，今年盛大公司的收入和利润都很可能翻倍。

盛大公司刚刚被评为亚洲第二位处于高速成长的科技公司，Deloitte Touche Tohmatsu公司根据对盛大公司长期跟踪研究，认为盛大公司今年的营收将比前三年增长了10,342%。

分析人士表示，最近中国公司发行新股受到市场的追捧，在美国和

香港都获得了投资者的积极反应，而盛大可能是此后最新的一个发行新股的公司。

然而2003年的网络神话并不仅仅是画了一个圆圈，和2000年的烧钱时代相比，中国网络已经没有了那种狂热和浮躁，财富的来去只是网络经济的表象，而回归本质的，是网络已经无所不在的潜入了你我的生活和工作之中，并由此繁衍出无边无际的产业。

资料来源：tech. sina. com. cn/i/w/2003-12-13/0152267773. shtml。

在纳斯达克市场上市的约500家外国企业中，亚太区公司占了13％，中国公司约有10家，如新浪、亚信、中华网等。可以说，几乎每一只中国股票在纽约上市，都在华尔街掀起了一股"中国概念股"的热潮。例如，2000年3月3日，亚信网络在纳斯达克上市成功，当日股价上涨314％，收盘于99.56美元，成功融资1.2亿美元。

近两年来，随着中国高科技企业冲击纳斯达克脚步的放慢，美国投资者对中国概念股的热度正在逐渐消退。一方面是普通投资者不了解中国公司，对公司披露的信息往往半信半疑；另一方面中国企业的财务报表本身就有许多不规范的地方，使得许多投资者对中国概念股"不敢轻易碰"，华尔街也少有专门关注中国公司股价走势的证券分析员。但是这一轮中国新军的冲击，使得中国概念在国际资本市场的影响力将会大大提高，更多的国际投资者将会看到，中国有着高速发展、日趋成熟的互联网产业，中国有着从优秀走向卓越的互联网新军。

链接7

NASDAQ 中国门户——网易

以网易为代表的国内三大门户，2002年以来持续飙升，成为NASDAQ明星股。下面我们主要来看一下其中代表性的网易公司的经营情况。

可以看出，随着网易2001年底把业务重心极具战略眼光地全面转向网络收费服务和网络游戏后，收入迅猛增长。2002年前三个季度里网易主营收入平均增长了79％，并率先在第二季度就实现了PRO－FORMA赢利和US GAAP赢利。在最近的第三个季度中，扣除一笔400万美元的一次性诉讼费支出，网易的PRO－FORMA赢利已经达到290万美元。其增长速度远远超出预期，因此其股价在最近一年时间里从1美元涨到15.5美元，涨幅高达14.5倍。

同时，从股价水平来看，已经有美国分析师预计网易2003年每股收

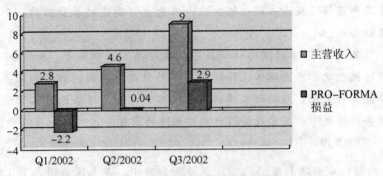

图 5-2　2002 年前三个季度网易收入

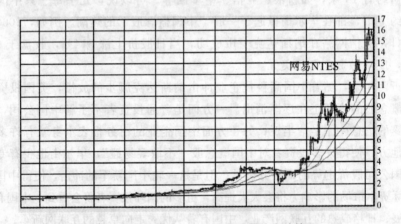

图 5-3　2002 年前三个季度网易股价变动情况

资料来源：网易季度报告

益为 0.63 美元，按 15.5 美元的收盘价计算，现在网易的动态市盈率仍然偏低，低于美国主要的同类网络股。但鉴于中国互联网的良好成长空间，三大中国网络门户的股价应仍有增长空间。

资料来源：《独家分析：互联网的早春》，《中国互联网行业研究》，见 http：//www. chinabyte. com/20030114/1648309-1. shtml。

本章主要概念回顾

　　品牌、品牌经营、联合经营、媒介集团战略、媒介购并战略、资本运营

思考题

1. 网络媒体联合战略的实施是出于哪些方面的原因？

2. 试举一个案例，来阐述并分析网络媒体与传统媒体之间联合经营的过程及其动因、结果。

3. 在我国目前媒介产业领域存在哪几种媒介资本运营方式？

4. 试选一个案例，来阐述并分析网络媒体上市的过程及其动因、结果。

第六章　网络媒体的组织结构
设计与人力资源管理

　　对于任何一个组织来说，完善的组织结构和人力资源是确保组织发展的基础。网络媒体，作为现代社会的一种组织形态，同样必须有其系统化的有机结构，以及能满足组织未来发展要求的人力资源。本章将从组织结构设计和人力资源管理的角度出发，结合我国网络媒体发展的现状，对网络媒体的组织结构设计与人力资源管理作初步的讨论。

第一节　组织设计的基本类型

　　"组织"一词，希腊原意是"协调"、"和谐"的意思。在管理学上，组织是指人们为了实现某一特定目的而形成的系统集合。从这个含义上看，首先，组织离不开人，它是由一群被正式授职的人组成的；其次，这些人必须一起工作以实现特定的目标；再次，组织是一个系统化的结构，它由个体聚集在一起，并为了实现组织任务，有一定的架构，在组织内部进行分工与合作，明确不同层次的权力分配与责任制度，形成了一个系统化的有机结构。

　　组织结构是部门划分、管理层次与管理幅度的确定、集权与分权关系的确立等一系列管理决策的产物和结果。确立组织结构各要素的不同方式，会使组织结构呈现出不同的形式，即组织结构形式[①]。一般来说，基本的组织结构主要有以下几种形式：

一、职能制组织形式

　　职能制是一种以直线制结构为基础，在首要领导下设置相应的职能部门的组织结构形式（见图 6-1）。

---

　　①　Stepherl P. Robbins：《管理学》，中国人民大学出版社 1997 年版。

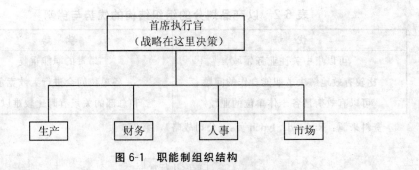

图 6-1　职能制组织结构

职能制是一种集权和分权相结合的组织结构形式，它在保留直线制统一指挥优点的基础上，引入管理工作专业化的做法。因此，既能保证统一指挥，又可以发挥职能管理部门的参谋领导作用，弥补领导人员在专业管理知识和能力方面的不足，协助领导人员决策。所以，它不失为一种有助于提高管理效率的组织结构形式，在现代企业中适用范围比较广泛。

表 6-1　职能制组织结构的优势与劣势

优　势	劣　势
简单而清晰的责任	各部门之间合作困难
集中的战略控制	在制定战略时强调部门利益，会忽视组织整体利益
认可的职能地位	若授权职能部门权力过大，容易干扰直线指挥系统

资料来源：Richard. lynch 著：《公司战略》，云南大学出版社 2001 年版，第 755 页。

值得注意的是，随着企业规模的进一步扩大，职能部门也将会随之增多，于是，各部门之间的横向联系和协作将变得更加复杂和困难。加上各业务和职能部门都须向首席执行官请示、汇报，使其往往无暇顾及企业面临的重大问题。当设立管理委员会，完善协调制度等改良措施都不足以解决这些问题时，企业组织结构改革就会倾向于更多的分权。

二、以产品划分的结构

当组织增长时，需要细分它们的行为来处理可能在生产、地域或业务方面出现的大量多元化的问题。这就出现了以产品划分的组织结构。（见图 6-2）

表 6-2　以产品划分的组织结构的优势与劣势

优　势	劣　势
可以集中关注业务领域	昂贵的职能重复
比较有效地解决了职能合作的问题	各单位间会进行无效竞争
可以有效衡量各个体单位的业绩	和总部的关系有时比较难以协调

资料来源：Richard. lynch 著：《公司战略》，第 756 页。

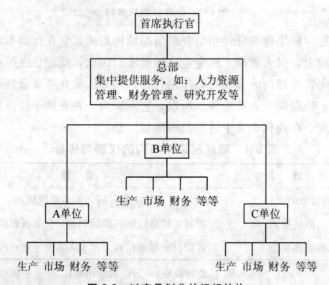

图 6-2　以产品划分的组织结构

三、事业部制组织结构

当组织进一步增长，就会引起组织各不同部分之间及与外部组织之间更加复杂的变动。如与外部全新的组织合资经营、建立联盟及其他形式的合作都会产生。事业部制也称分权制结构，是一种在直线职能制基础上演变而成的现代企业组织结构形式（见图 6-3）。事业部制结构遵循"集中决策，分散经营"的总原则，实行集中决策指导下的分散经营，按产品、地区和顾客等标志将企业划分为若干相对独立的经营单位，分别组成事业部。各事业部在经营管理方面拥有较大的自主权，实行独立核算，自负盈亏。

表 6-3 事业部制组织结构的优势与劣势

优 势	劣 势
考虑到了现代组织制度所有权的复杂性	管理机构多，管理人员比重大，对事业部经理要求高
增加了对新市场的进入	分权可能架空公司领导，削弱对事业部的控制
可扩大了组织的联盟，可以减少风险	很有限的协调作用或规模经济

资料来源：Richard. lynch 著：《公司战略》，第 757 页。

首席执行官
事业部1
(100%所有权)
事业部2
(100%所有权)
合资经营
(50%所有权)
少量股权
(25%所有权)

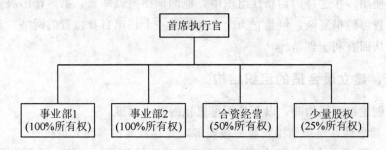

图 6-3 事业部制组织结构

四、矩阵制组织结构

一些情况下，一个大组织独立建立一些小组织是没有太多好处的。因为这些子组织既要对产品服务，又要对地域服务。但面对复杂的市场环境，建立这样一种组织又是必要的。这样的双重责任决策组织结构被称为矩阵制组织制。当然这两个度量并不一定必须是地理和产品，任何两个相关的领域都可以。也就是说，矩阵制结构由横纵两个管理系列组成：一个是职能部门系列；另一个是为完成某一临时任务而组建的项目小组系列，纵横两个系列交叉，即构成矩阵。

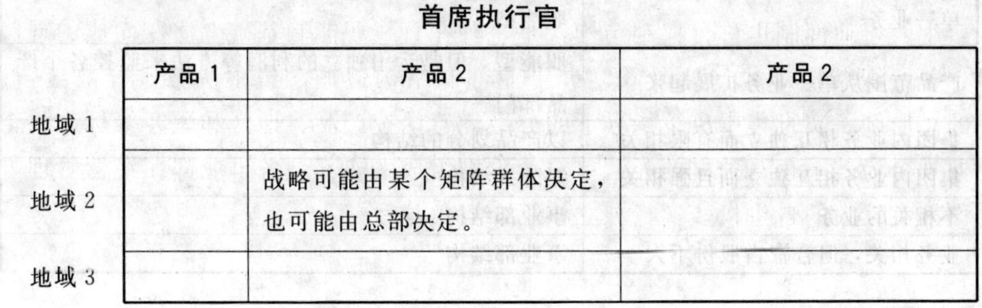

首席执行官
产品 1
产品 2
产品 2
地域 1
地域 2
地域 3
战略可能由某个矩阵群体决定，
也可能由总部决定。

图 6-4 矩陈制组织结构

表 6-4　矩阵制组织结构的优势与劣势

优　势	劣　势
决策冲突时可以亲密地合作	复杂、缓慢的决策：有时需要每个参加者都同意才能作出决策
适应特定的战略环境	对责任的界定不是很明确
提高管理参与	如果某些合作团队合作较差，那么会在合作者之间产生紧张局面

资料来源：Richard. lynch 著：《公司战略》，第 758 页。

相对来说，鉴于矩阵制组织结构的灵活性，在现代创新性较强的组织中经常会被使用。在这样的创新性组织中，他们试图突破障碍，虽然作出决策可能很慢并且可能很复杂，但是它为个人提供了一个超出自身位置的网络，加强相互联系从而有利于创新。

五、建立最合适的组织结构

在创建组织结构时，以下是不可忽视的基本标准：

1. 简单性，组织结构要容易被理解，并且容易由参与人员执行。

2. 最小成本法。如果合适的话，要避免更加复杂的组织（像矩阵组织），这可能会需要很大的成本去管理和监督。

3. 在任何要进行的变革背景中，都要考虑到参与人员的激励问题。①

对于大多数组织来说，没有结构不是一种选择方案。选择发生在组织现在的状态和当战略变化时所预期的未来状态之间。

除了这些问题，在组织业务与更合适的组织结构之间还存在一些联系，请见表 6-5。

表 6-5　业务活动的性质与组织结构

业务的性质	劣　势
单一业务	职能型
产品范围从单一业务扩展起来	职能型，但是运用独立的利润等方法来监控各个产品部门
集团内业务相互独立而有限相关	以产品划分的结构
集团内业务相互独立而且强相关	矩阵式结构
不相关的业务	事业部结构
业务相关，但合资占股份不大	事业部结构

---

① Richard. lynch 著：《公司战略》，第 764 页。

第二节 网络媒体组织设计

网络媒体已经成为我国新闻传播事业的重要组成部分，是以传播网络新闻信息、引导网络舆论等为主要职能的媒体组织。如同其他各种组织一样，网络媒体也是由诸多不同职责的岗位人员组成。当前网络媒体在劳动分工的基础上，主要还是按照传统的职能来组建部门。同时，在实际运作中，各网络媒体也十分注意采用新的组织管理思想，采取矩阵式（团队型）的组织来进行工作。

一、网络媒体的职能型结构

围绕基本职能组建部门是当前各种网络媒体最为普遍采纳的一种组织设计方法，基本思想是围绕网络媒体必须完成的核心职能来对相对分工、相互关联的相关岗位职责进行"集成"开展业务活动。这种组织结构简单、直观、合乎逻辑。图6-5是目前网络媒体中常见的组织结构形式。

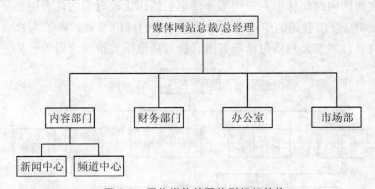

图6-5 网络媒体的职能型组织结构

从我国目前网络媒体的组织架构来看，绝大部分的网络媒体都沿袭传统的企业职能型结构。其中最为重要的部门当属内容部门。

由于新闻网站大多是从传统媒体发展而来的，因此，其内容部门的机构设置、岗位安排等方面，不可避免地借鉴和吸收了传统媒体，特别是报社的经验和做法。以东方网、千龙新闻网等大型综合新闻网站为例，他们目前在内容部门的设置上与报社差别不大。

如东方网的内容部门有两个：一个是新闻中心，下设编辑部（负责网站首页和新闻主页的新闻编辑工作）、机动部（以原创为主）、舆情部（负责 BBS、CHAT）、社会服务部（类似于报社的群工部）、多媒体部（负责视频、音频）和人机界面部（负责页面制作）；一个是频道中心，下设体育、财经、文娱等多个集新闻和服务等为一体的频道。

而千龙新闻网的内容部门只有一个，即新闻中心，中心下设 6 个部门：一是新闻编辑部（负责新闻栏目的编辑工作）；二是资讯编辑部（负责房产、旅游、财经等频道）；三是记者部（负责采访）；四是社区部（负责 BBS、CHAT）；五是总编室（负责协调及行政等）；六是多媒体部（负责音频、视频）。

不难看出，新闻网站内容部门的设置有着明显的报社部门设置的痕迹，甚至可以说是照搬了报社内容部门的设置。如果说，新闻网站内容部门的设置和报社有所不同的话，不同之处仅在于新闻网站因为有 BBS 和 CHAT 等特殊的功能，其部门设置多了一个舆情部（或社区等）。至于其他内容部门，在本质上和报社是一样的①。

二、网络媒体的事业部制组织结构

这类组织结构类型在网络媒体中比较少见，因为它对组织的规模有一定的要求。在我国网络媒体中，采用事业部组织结构比较典型的代表应该是新浪公司。图 6-6 是新浪公司的组织结构。从图中我们可以看到，除了为社会所熟知的新浪网外，新浪公司还包括与韩国合资的新浪乐谷游戏公司等。

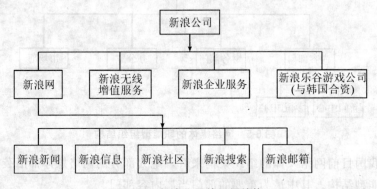

图 6-6 新浪公司的组织结构

资料来源：陈彤：《网络媒体现状与新浪网的网络媒体实践》，2004 年中国网络传播学年会演讲稿。

---

① 徐世平主编：《网络新闻实用技巧》，文汇出版社 2002 年版，第 207 页。

三、网络媒体的矩阵（团队）型组织结构

在上文中，我们已讨论了组织结构与业务之间的简单相关性，如果仅从这个角度出发，网络媒体，特别是目前我国大部分的政府新闻网站，似乎都没有太多的必要性来构建矩阵式组织结构。即便是以新浪、搜狐等为代表的商业网络媒体，从组织战略的角度出发，建立矩阵式网络媒体组织结构的必要性也不是特别强烈。但在网络媒体的实际运营过程中，我们却能从组织内部看到矩阵式组织结构的雏形，可能更恰当的词应该是"团队型的组织结构"，因为这种雏形与我们所界定的矩阵式组织结构还是有本质区别的。虽然都是创新性组织中常用的组织结构形式，但矩阵式组织结构指的是整个组织的架构，以产品业务来区分。而团队型结构是指在完成一项具体任务时的临时团队结构。

例如，网络媒体在重大突发性事件或者预定性事件报道的过程中，需要在短期内调动大量的人力。如新浪网在进行"9·11事件"、伊拉克战争等报道过程中，需要完成比平时多两倍甚至更多的编辑参与有关专题的制作。此时，就需要多个频道支援。又如2004年雅典奥运会，除了希腊前方的10多位编辑外，仅在北京新浪总部就有60多位编辑为奥运会运转[1]。

当然即便是在这种团队式组织结构的运转中，我们也能看到来自矩阵式组织结构的基本特点。例如新浪的团队编辑，在实施过程中实行民主集中制的原则。如同矩阵式组织机构一样，在处理具体事务时，个人有个人的想法和意见，新浪团队编辑的方法就以投票进行解决，少数服从多数。

另外，我们从新浪网新闻报道的策划也能发现某些矩阵式的组织结构。如新浪网在进行可预测事件和突发事件的报道时，都会早早做规划和方案，由销售人员拿出计划书向客户销售。而当突发事件发生时，新浪网有一个由七八个人组成的小组专门策划。他们首先要判断事件的影响程度，然后迅速地做出反应：快速推出组合新闻的相关专题，并做出相应的商业包装及报价，通知各大广告客户"有广告投放的热点时段出现"或"有热点栏目可以冠名"等，以推动客户抓住机会做宣传。新浪有一整套销售网络和机制保证特殊时段的广告运作顺畅，做到"在编辑和网民最忙碌的时候，网络广告的升值掺应到账单上"。在"9·11"事件发生的几天里，新浪就增收广告收入100多万元人民币。"我

---

① 陈彤、曾祥雪：《新浪之道——门户网站新闻频道的运营》，福建人民出版社2005年版，第113页。

们算是发了笔战争财",陈彤笑着说。①

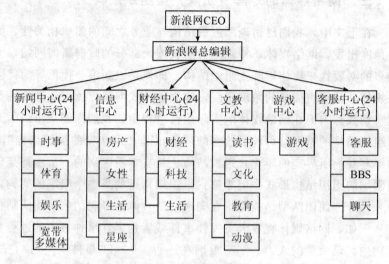

图 6-7　新浪网新闻中心的组织结构

资料来源:《泡沫是怎样填实的》,《工厂经理界》(第 136 期),2003 年 11 月 20 日。

四、网络媒体组织设计的影响因素

　　世界上没有通用的组织设计,不同的组织因为使命、目标等的不同而在组织设计上显示出差异性。不过,组织设计有一定的路径可循。一方面组织结构的设计必须以组织的任务和职能为中心,另一方面,也必须以组织当中的"人"为中心,赋予组织成员不同的职务与职责。在网络媒体的组织设计中,也是如此。不同的网络媒体面临和承担的责任义务可能会有所不同,因此,在进行组织结构设计时应根据具体的情况来进行调整。一般来说,网络媒体组织设计时,除了如同其他组织一样需要考虑自己的产品和业务的发展外,还需要考虑以下一些基本因素。

1. 网络媒体的职能

　　用户的需求就是网络媒体发展方向的指向标。我国网络媒体属于服务型组织,传播新闻信息是网络媒体的首要职责。网络媒体是我国新闻事业的重要组成部分,根据互联网信息容量大、传播范围广、形式多样、互动性强等优势,通过专业编辑人员的每日更新,以准确宣传党和国家的方针政策,及时报道国

---

　　①　陈彤:《网络媒体现状与新浪网的网络媒体实践》,2004 年中国网络传播学年会演讲稿。

内外大事，主动提供各类信息服务，积极反映人民群众的愿望呼声。网络媒体较量的空间也已经不再限于新闻发布的丰富、实效等浅层次的新闻业务，争夺受众注意力的战场已经拓展到综合性信息服务，提供多元化的内容。因此，网络新闻媒体的核心特征在于其是提供新闻信息服务的网络机构，而不仅仅是发布新闻的机构[①]。

为网站编辑更新新闻信息，为网民邮箱、BBS、电子商务等服务提供技术保障和开发工作，网络媒体必须基于互联网技术的应用，不仅要 24 小时维护网络，而且要进行软硬件的开发和升级。目前网络媒体需要的技术应用至少基于服务器相关操作系统与集成、网络新闻采编发系统、网络邮箱系统、网络BBS 系统、网络检索技术、页面设计与模板制作服务等多方面 24 小时的不间断支撑。而互联网的技术发展"士别三日当刮目相看"，因此，不仅网站的建设需要专门的技术力量予以保障和集成，而且随着网站短信、检索等业务的加载和竞争，这些业务也需要技术人员及时开发和应用相关先进技术。

此外，网络媒体还要拓展市场，增强造血功能。随着世界贸易组织相关要求在我国逐步对位实施，作为事业单位的新闻媒体逐步走向市场，开展市场化运作，媒体的经营已经成为业界和学界的热点。网络媒体也同样面临生存和发展的压力。当前网络媒体开展市场营收的主要手段包括综合信息服务、网络广告、手机短信、软硬件开发集成、连锁网吧、远程教育等方式。如今新浪、搜狐等网站通过网络广告、短信等增值业务的漂亮业绩不断引起华尔街的注视，而东方网、红网、北方网等省级重点网站则或通过手机短信、或通过连锁网吧运营等方式取得了较好的社会效益和经济效益。

2. 新闻网站发展的战略

组织结构的设计和调整必须服从于组织的战略和策略。网络媒体的组织结构不是媒体发展的目的，而只是实现网络媒体发展目标、实现网站价值的手段。但是网络媒体发展战略的变化会引起组织结构的变化。网络媒体组织结构的设计必须考虑到网站的整体发展战略，分析网络媒体为了达到自身目标所需要和开展的各项活动。我国网络媒体尤其是新闻网站在诞生之初只是传统媒体在网络上的"翻版"，大多附属于传统媒体，不仅不具有独立性，而且人员相对较少，组织结构比较简单，大多只进行人员的相对分工，即使稍大规模的网站也一般只设立负责新闻信息内容制作的部门和技术维护与管理部门。北京千龙网、上海东方网、天津北方网等省级重点新闻网站的筹建与开通，标志着我

---

① 刘学：《中国网络新闻媒体研究》，载《新闻与传播研究》，2002 年第 1 期。

国大型主流"传播平台模式"的诞生。这些网络媒体不仅独立于传统媒体，需要设置行政、人事、财务等部门，而且开始尝试公司化运作，"力求迈出办传统媒体的老思路和老办法"①。他们除了强调新闻信息生产部门的组建外，特别重视市场推广、技术增值、网络广告等业务在组织中的职能发挥。

即使网络媒体的总体发展战略类似，网站为实现整体战略目标而采取的策略手段不同，也会影响网络媒体组织结构的设计。总体而言，我国大多省级重点新闻网站的发展目标和思路基本相近，即主要以新闻和资讯服务打造地区性"第四媒体"和综合性门户网站，但是由于网络媒体实现这一战略目标的手段不同，如部分网站强调地方性新闻提供，而另外一些网站着重于新闻的海量供给，他们在组织结构上的设计也不同，前者往往将国内国际新闻编辑与地方性新闻编辑一道组合在编辑部，而后者则会分设国际国内新闻部和地方性新闻部。

3. 新闻网站规模与业务活动

网站的资金投入和人员多寡均会影响到网络媒体的组织结构设计。当网站规模较小时，网站的组织结构设计比较简单和分散，一般采取直线型的组织结构形式，组织人员只是相对分工，常常组织成员个人承担多种职能，如有的网站新闻编辑除承担新闻的采访和编辑任务外，还需要负责相关栏目的页面设计和模板制作工作。当网络媒体规模越大、人员较多时，这些网站的发展战略和目标均要高于规模较小的网站，同时，成员的分工相对更加专业化，标准操作化程序和条例制度越多，组织的复杂性和正规化程度越高，组织结构更加趋向于机械式。在设计方式上，他们更多地采用类似传统媒体的组织结构模式：内容制作和页面模板设计更加专业，新闻和资讯服务相对分隔，编辑和记者相对分工，栏目更新和专题制作相对独立，形成部门之间的职责分工更加专业细致、网站的管理规范和制度相对更加完善详细、业务操作更加清晰明了、业绩考核更加客观量化的严密组织框架体系。

4. 技术特点

网络媒体是主要基于互联网新兴技术的运用来进行新闻信息的传播的，属于技术先导型的媒体，因此，技术平台和技术手段的不同也会对组织的设计产生影响。一般来说，网站的技术特点对组织结构设计的影响主要体现在网站的技术人员组合上。当网站采用服务器托管或者租用空间时，网站只需要较少的技术维护人员，一般只组建职能相对单一的部门，但是如果网站采用大型服务

---

① 杜骏飞主编：《中国网络新闻事业管理》，中国人民大学出版社 2004 年版，第 106 页。

器集群应用特别是强调网站技术平台的研发时，不仅会设置技术维护部门还会设立技术研发部，将维护管理和应用开发两种职能分开，并采用不同的业绩评价与考核体系。当然技术对组织设计的影响不仅体现在技术部门的组织设计，对内容生产部门也会有影响。如有的网站由于资金等因素的影响，网站基础平台相对比较简单，新闻的采、编、发功能主要集中于有限的服务器，需要实行分人分时签发，因此，在部门组建上会要求编辑在完成当日新闻更新后再进行资讯内容制作，从而将新闻和资讯部门合而为一。此外，技术的不同应用也会影响到行政、人事等职能的发挥。如有的网站采用功能比较完善的 OA 系统，可以将一些内部流转的文件通过 OA 系统实现，从而使得网站组织结构层次相对减少，内部沟通更加方便有效。

5. 组织发展环境

组织环境也会影响到网络媒体的组织结构设计。如有的网站品牌或者影响力较高，或者被相关部门认可为"第四媒体"，网络媒体的新闻采访任务和职责便相对重要，因此，急需组建独立的采访部门应对大量的采访任务。采访部门的设立不仅适应采访职责的需要，也有助于对改变过去网络媒体简单拷贝复制的模式，加强网站自己声音的传播。如今，网络媒体承担着重要的网上舆论引导任务，组建网上舆论引导队伍或者网上评论部也已经被一些网站纳入组织设计范围。再如，随着网站公司化运作的推进，网站不仅需要开展售前服务，还需要对提供的大量商业化服务进行售后服务，因而组建客户服务中心应该成为一些网站与社会外界进行沟通和实现内部有效监督的便捷渠道。

第三节　网络媒体的人力资源管理

一、网络媒体人力资源建设的现状

人力资源规划是预测组织未来发展的要求，以及为满足这些要求而提供人力资源的过程，组织的环境及人员都是不断变化的，要建设好一个有竞争力的人力资源队伍，组织就必须具备战略眼光，未雨绸缪，做好人力资源规划和管理工作。我国网络媒体发展的历史并不是很长，虽然其架构的目标是实现现代企业制度，许多网络媒体在运作过程中也已经允分意识到人力资源管理的重要性，并且开始不断努力地改善人力资源管理，但网络媒体人力资源管理的现状并不令人满意，还存在以下的问题：

一是体制上没有理清关系，人力资源管理相对滞后。由于国内的网络媒体在很大程度上是在盲目追随国外（特别是美国）的发展模型，由水平型门户到垂直型门户，勾画着自己"融资——上市"蓝图。这导致了网络界一个很普遍的现象：网络媒体大都缺乏自己明确而实用的商业模式和发展战略。在企业启动之初或快速扩张时期，因主要考虑如何打动投资者而不是消费者，故网络媒体往往简单地以高薪相互挖墙脚，而忽视了企业人力资源管理的重要性①。

二是岗位设置欠完善，人才配置都没有做到有的放矢和人尽其才。长期以来，国内新闻网站都存在普遍移植传统媒体的人力资源管理机制的问题，忽视了本身工作的特性和创新性。这显然与当前的实际情况不相协调。人力资源管理的滞后和过时，会从根本上引发一系列招人、用人等问题，严重者将危及网站的发展与生存。事实上，相当多的新闻网站在制定自己的人员需求方案时，靠的是感觉，凭的是经验。因此容易造成人才错位配置、不能做到有的放矢和人尽其才，出现人才浪费等问题。

三是难以发现与吸引人才、难于使用人才、难于留住人才，人才流动异常频繁。社会上有人认为"网络编辑谁都能干，就是抄来贴去"的看法，其实并非如此。网络新闻工作的特性，对各岗位人才的专业素质和综合能力都有很高的要求，尤其是新闻网站的编辑人员，从新闻专业素质到计算机应用水平、网页编排、版权意识、竞争意识等方面都要求是"全能"。目前网络新闻媒体中人力资源未得到充分的开发与使用。员工的积极性没有充分调动起来，导致网络媒体运作效率低下，直接的结果就是人员流动异常频繁，导致网站的工作连续性受到影响。

四是不注重员工的培育，激励和约束制度创新不足，无法充分调动员工积极性。网络新闻从业人员年龄普遍较低，被认为充满干劲而不够成熟。另外，网络媒体的激励与约束制度创新不足，员工的进取心与积极性没有充分地调动起来。管理制度的僵硬，激励手段的陈旧，使本来由活泼向上的年轻人组成的团体静若止水。不能从物质奖励和精神鼓励等方面使优秀的员工得到有效的承认，久而久之，员工们最终可能形成多一事不如少一事的心态。②

---

① 赵曙光、耿强：《网络媒体经营战略》，新华出版社 2002 年版，第 193 页。
② 易海燕：《新闻网站人力资源管理四大问题》，中国新闻研究中心（www.cddc.com.cn），2005 年 6 月 21 日。

二、制定网络媒体人力资源管理的战略

网络媒体制定与实施人力资源战略的过程是一个管理过程，它是由管理人员用与其他职能战略相同的方式制定与实施的（见图 6-8）。网络媒体的管理人员与人力资源职能人员通过不断推进的活动来实施人力资源战略，包括组织设计、确定人员配置需求、配备人员、进行能力开发及管理人才开发、提高工作绩效、评价工作绩效和承认和奖励工作绩效等。这个过程由一系列活动组成，通过这些活动，管理人员可以持续不断地确定和澄清人力资源问题。人力资源管理所面临的挑战是，要保证所有的活动都针对网络传媒企业的需要。所有的人力资源活动应当共同构成一个系统并与人力资源战略保持一致，而这些战略又应当与网络媒体的总体战略保持一致①。

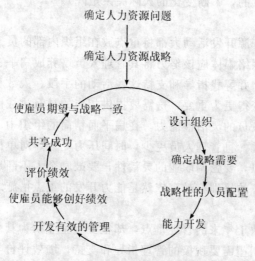

图 6-8 人力资源职能部门的管理

1. 制定人力资源战略②

网络媒体的管理人员首先要确定人力资源问题对其企业的重要性，对环境的变化以及企业自身优、劣势变化所带来的机遇与威胁做出评价。网络媒体所面临的变化及问题包括：企业的战略及其目标的变化、新技术的出现、兼并与收购活动、资本市场的战略考虑、顾客的需求与期望的改变、结构重建、劳动

---

① 洛丝特著，孙健敏等译：《人力资源管理》，中国人民大学出版社 2000 年版。
② 赵曙光、耿强：《网络媒体经营战略》，第 187 页。

力队伍变化以及经营的全球化等。

设计周密的战略只是第一步，管理的战略必须与实践相配合。人力资源战略制订之后必须让人当作行动指南去理解和采纳。管理者、雇员及其他相关人士必须共同承担战略中所反映的企业远景、价值观和使命。最后，战略必须被转化为组织的目标，以及具体单位和个人的目标。

2. 组织建设

目前网络媒体的组织和人员配置方式变得越来越有弹性，网络媒体必须不断改进和开发自己基本的工作能力。在网络媒体中，职位通常是灵活的。通过改变职位的职责和活动来适应网络媒体需求的变化及员工的能力和兴趣，这会促进员工在工作中的创新和适应性。在不断变化的环境中，管理人员的角色也在逐渐改变。为了变得更为灵活，许多网络媒体正在鼓励整个组织上下的非正式直接接触（多重的，不断变化的人际关系矩阵）。

3. 能力开发

目前的人力资源开发活动大都将重点放在组织内部的员工身上。随着组织的扁平化趋势，网络媒体应该努力将其管理人员培养成扁平、精简、灵活的新环境中的领导人，并寻找指导和支持这些活动的手段。人数和层次变得越来越少，管理能力就变得更为重要，这需要提供相应的具有挑战性的、广泛的实践机会以开发管理人员的灵活性能力。在扁平而精简的组织中，工作轮换和人员流动相对比较困难，且管理人员更少，时间压力更大，对单位和个人工作绩效的要求更高。所以，要强调职业的灵活性，要鼓励个人不断地学习。当然，在这个过程中，员工的培训与教育依然是能力开发的重点措施之一。

4. 绩效管理

绩效管理是数十年来的管理重点，却很少有企业认为其绩效管理过程是有效的。落实绩效期望需要积极的管理指导和支持，绩效评价与反馈，对绩效的承认与奖励等。

在竞争激烈的网络媒体中，绩效评价显得更为重要。在不同的时期，绩效的承认与奖励的作用是大不相同的。一般来说，除薪资提升、奖金激励及其他物质奖励方式之外，还应该要采用各种认可和创新手段来庆贺企业、团队以及个人的成就。

三、网络媒体人力资源管理的对策[①]

在企业拥有的各项资源中，人力资源是最重要的资源；企业之间的竞争，

---

① 赵曙光、耿强：《网络媒体经营战略》，第194~196页。

尽管表现形式多种多样，归根到底是人才的竞争。对于网络媒体来说，也是如此。只有有效地开发人力资源和科学地管理人力资源，网络媒体才能获得迅速发展。因此，为搞好人力资源开发与管理工作，针对上述问题，网络媒体应该把以下几个方面作为工作开展的中心。

1. 正视现实，转变观念

网络媒体应从根本上将赢利能力放于首要位置，制定符合企业实际情况的商业运作模式和企业发展战略。在此基础上，确定企业切实可行的人力资源规划方案，使企业人力资源管理工作获得明确的指导性方针。

2. 提高网络媒体管理者的自身素质

"千军易得，一将难求"。优秀的管理团队应拥有较强的业务素质、高瞻远瞩的策划能力、独特鲜明的人格魅力，这些将直接、有效地促进人力资源管理水平的提高，纳入贤才、能者居位、员工稳定等欣欣向荣的景象才会出现。

3. 进行企业激励机制、约束机制等管理创新从制度上保证科学地吸引、发现、使用和留住人才

具体讲有如下几个方面：（1）切实推行股票期权制度。使网络媒体的管理者和业务骨干拥有公司的期股或期权，把他们的利益和股东的利益密切联系在一起，激励经营者们努力地为企业创造最大的价值。（2）全面制定出一系列员工福利与健康的保险计划。众所周知，网络媒体的人员流动性相对较大，因此，员工们大都存在"下岗"的后顾之忧。一整套员工福利与保险计划的实施，不仅能解下悬于员工们头顶的利剑，而且通过大量非正式的、愉快的交流机会，形成团结的队伍，更加努力地去工作。（3）推行有效的培训计划，将网络媒体改造成"学习型组织"，培育优秀的企业文化。网络媒体企业可以组织不同范围的员工内部培训，外聘专家培训，外派员工去院校培训等，全面提高员工的素质，使员工利益价值取向和企业的目标相一致。互帮互敬、积极向上的企业文化，"学习型组织"所带来边干边学的连锁反应，必将使网络媒体的人力资源管理百尺竿头更进一步。（4）在完善岗位责任制和业务考核规范的基础上，进行有效的管理机制创新。比如，建立弹性工作时间制度，员工只要能保质保量地完成既定的工作，每天工作八小时的计时从上午九点开始，还是从十点开始计时都可以。在进行此类管理创新的时候，须以提高工作效率和员工的积极性为出发点，认真研究具体业务流程的特性和员工的普遍特点（如编程人员喜欢在夜间工作），深入分析，分步骤缓慢推行此类创新手段。

四、网络媒体新闻人才的培养

网络新闻媒体的健康发展离不开一大批懂新闻、懂网络、懂管理的复合型人才，无论是网络新闻媒体彼此间激烈的竞争，还是应对入世后海外网络新闻媒体的挑战，都需要有这样一批高素质的网络新闻人才。

1. 网络媒体新闻人才的素养[①]

网络媒体新闻人才的基本素养包括政策理论素养、新闻业务素养、职业道德素养及综合业务素养等几个方面。

（1）政策理论素养

网络新闻工作者与传统媒体的记者编辑一样，都是人类灵魂的工程师，都是宣传思想战线的工作者。网络是开放的，信息庞杂多样，既有大量进步、健康、有益的信息，也有不少反动、迷信、黄色的内容。国内外的敌对势力正竭力利用网络同我们党和政府争夺群众、争夺青年。网络新闻工作者承担的责任更加艰巨，面临的环境更加复杂，没有过硬的思想政治素质，没有政治意识、大局意识和责任意识，是很难胜任这一工作的。

（2）新闻业务素养

网络新闻工作者主要是通过采写编发新闻来完成信息传递、舆论引导工作的，具备良好的新闻业务素质本来就是题中之意。

此外，在海量新闻事实面前，网络新闻从业人员应该具备快速判断事实真伪、迅速选择新闻事实和及时编发新闻稿件的能力。

由于网络新闻媒体的特殊性，其部门设置比传统媒体简单，新闻从业人员往往"身兼数职"，因此更需要其熟练掌握新闻采写编评的"十八般武艺"，成为新闻业务的多面手。

（3）综合技能素养

网络新闻媒体比传统媒体更依赖于技术的应用。网络新闻工作者应掌握一定的电脑知识和网络技能。他们不但要学会运用相关的软件，如 Microsoft Word、Microsoft Explorer、Microsoft Outlook 等，而且还要学会如何利用网络进行工作，比如在网络上发现新闻线索，利用网络工具进行远程采访，通过网络传送手段向编辑部发回稿件等。

网络新闻从业人员还应该成为多媒体采访和编辑的行家里手，他们除了能用笔写稿外，还应能使用数码相机、数码摄像机进行采访，为网络新闻媒体发

---

① 徐世平主编：《网络新闻实用技巧》，第210～211页。

回多媒体稿件。同时，后方编辑也应能熟练处理文本信息、表格信息、图片信息及视音频信息等多媒体信息。

网络新闻工作者还应具备较好的英语水平。目前，网络上英语占垄断地位是客观的现实，要想充分利用网上资源和网络技术，他们就必须能熟练地用英语查询和阅读网上资源，用英语在网上进行环球语音和可视采访，用英语写作、报道、发电子邮件①。

（4）职业道德素养

首先，网络新闻工作者要树立服务网友的观念，不但要尽可能为网友提供有用的新闻，而且要尊重网友的意见，倾听网友的呼声，及时改进新闻工作。

其次，网络新闻工作者应自觉维护新闻的真实性，不得弄虚作假，更不能为了追求轰动效应而捏造、歪曲事实。

第三，网络新闻工作者还应尊重同行和其他作者的著作权，在选用他人稿件时，注明稿件的作者和来源，反对抄袭和剽窃他人的劳动成果。

2. 网络新闻人才的岗位培训

仅仅依靠大专院校的培养远不能满足网络新闻媒体对人才的大量需求，还需要网络新闻媒体自身对员工进行培训，通过网络新闻媒体外部与内部两股力量的结合，双管齐下，加快网络人才的培养。

为了帮助新闻编辑打好理论路线、政策法律纪律、群众观点、知识（包括网络知识）和新闻业务等5个根底，建立一支政治强、业务精、纪律严和作风正的网络新闻编辑队伍，网络新闻媒体应制定详细的培训计划，选送骨干编辑外出学习，根据现实需求邀请有关专家、学者和业内资深人士，阶段性地、有针对性地、定期地对编辑进行培训、考核和业务研讨。

此外，网络新闻媒体在人才的使用上，应避免重走传统媒体论资排辈的老路，淡化级别、职称、学历、资历，鼓励年轻人的积极性、主动性和创造性，建立一套符合网络特点，激励约束作用强，可操作性强，利于培养、发现、冒出人才的新型管理模式。

以东方网为例，他们在实践中探索出的编辑岗位分级管理制度就是一种较为有效的人才管理模式。根据编辑岗位、综合能力和工作实绩，东方网将编辑分为10级，不同级别薪酬不同，以民主评议、领导集中为原则，每半年对编辑考核一次，能者升级，次者降级乃至调离岗位，连续表现突出者不仅待遇提高，而且优先外派学习培训，并可参与新闻主管助理乃至新闻主管岗位的竞

---

① 张海鹰、滕谦：《网络传播概论》，复旦大学出版社2001年版，第146页。

争。这一制度的实施，有效地促进了网络新闻编辑各方面素质的提高。

本章主要概念回顾

职能制组织结构、产品划分的组织结构、事业部制组织结构、矩阵制组织结构、网络媒体人力资源建设、网络新闻人才

思考题

1. 请简要叙述组织结构的类型及其各自的优劣点。

2. 试结合你对网络媒体的认识谈谈当前中国网络媒体的组织结构类型有哪些。

3. 请阐述一下中国网络媒体当前的人力资源建设现状。

4. 请简要叙述网络媒体新闻人才的基本素养有哪些。

第七章　网络媒体新闻管理

　　网络媒体新闻管理是合理配置各类网络新闻信息资源，改进网络新闻报道方式，提高网络新闻宣传水平的一项高级活动。

　　网络媒体的新闻管理可以分为外部管理及内部管理两个层面。从内部层面看，是指网络新闻的内容组织及管理等；从外部层面看，是指国家运用政策调控、法律法规及网络技术等手段，对网络新闻媒体进行的宏观管理。[①] 在本章中，我们将主要针对网络媒体内部的新闻管理进行讨论，而在这个层面上，也可以分成两个方面：第一个方面，是对网络新闻的信息内容的组织管理；第二个方面是对网络新闻采编发的流程的管理。

　　加强和改进网络新闻管理，是搞好网络新闻宣传工作的重要手段。首先，加强管理，有助于提高网络新闻质量。网上信息浩如烟海，泥沙俱下，为确保网络新闻的真实性、有效性，避免色情、凶杀、暴力等不良信息的泛滥与传播，有必要采取相应措施严格规范新闻内容。其次，加强管理，有助于确保网络新闻媒体正确的舆论导向。网络的开放性决定了简单依靠技术手段把有害信息拒之门外是不可能的，必须对网络新闻媒体"积极发展，加强管理，趋利避害，为我所用，努力在全球信息网络化的发展中占据主动地位"[②]。

第一节　网络媒体新闻内容管理

　　网络媒体新闻信息内容处理能力的强弱，新闻内容管理水平的优劣，直接关系到网络新闻媒体能否通过有效的信息传播，充分表达其政治观点与文化价值观念；直接关系到网络新闻媒体能否在激烈的市场竞争中站稳脚跟，并取得良好的经济效益。

---

① 　徐世平主编：《网络新闻实用技巧》，第 192 页。
② 　江泽民总书记 2000 年 6 月 28 日在中央思想政治工作会议上的讲话。

从一定程度上看，对网络新闻媒体的管理也主要是针对网络新闻媒体的信息内容的管理。为了规范网络新闻媒体的信息服务活动，确保网络新闻信息的真实性、准确性和合法性，我国于 2000 年先后出台了《互联网信息服务管理办法》和《互联网站从事登载新闻业务管理暂行规定》，对网上的信息发布活动做出严格规范，明确了各类网络新闻媒体登载信息的条件和内容，而且还明确规定了网络新闻媒体的信息来源。比如，依据《互联网站从事登载新闻业务管理暂行规定》，非新闻单位依法建立的综合性互联网站的信息来源只能是"中央新闻单位、中央国家机关各部门新闻单位以及省、自治区、直辖市直属新闻单位"，"不得登载自行采写的新闻和其他来源的新闻"。

网络媒体新闻的信息内容管理，从流程上来划分，主要包括新闻信息内容的选择评估和新闻信息内容的组织两个方面。

一、网络新闻信息内容的选择与评估

所谓网络新闻信息评估，主要指的是网络新闻媒体对新闻信息的鉴别与判断。新闻信息评估是网络新闻信息管理的第一道环节，是确保网络新闻质量的重要步骤。

客观世界存在的信息犹如汪洋大海，其中既有大量的对社会生活有用的信息，也难免夹杂着各种色情、反动或者纯粹无稽之谈的有害信息。这就有必要通过有效的新闻信息选择及信息评估，取其精华去其糟粕。

1. 网络新闻信息的选择标准

网络新闻信息的选择标准，基本沿袭了传统的新闻判断与选择标准，包括以下几个方面：

（1）时新性

时新性是指新闻在时间上的新鲜性质。新闻要具有时新性，一方面事实必须新鲜，另一方面报道必须及时。事实的新鲜，是构成时新性的内在基础；而报道的及时，则是构成时新性的保证。

（2）重要性

重要性是指新闻对人们的切身利益、对社会生活有较大影响的性质。重要性体现了新闻与人和社会的互动关系。衡量新闻是否重要，主要是从以下两个方面加以考虑：一方面要考虑新闻事件与人和社会的利害关系，关系越直接、越密切，就越有新闻价值；另一方面要考虑新闻事件对社会生活的影响程度，影响越深远、越广泛，就越有新闻价值。

（3）接近性

接近性是指新闻与受众在空间距离或心理距离上的接近程度。接近性也通常可以从两个角度衡量：地理接近性和心理接近性。

（4）显著性

显著性是指新闻中的事件、人物、地点的知名度或突出性。越是著名、越是显要、越是突出的事件、人物、地点，就越能吸引受众，就越有新闻价值。

（5）趣味性

趣味性是指新闻所具有的新异奇特、富有趣味性和人情味的性质。

（6）实用性

除了以上新闻选择的基本价值要素外，网络新闻信息的选择还体现了一些新的趋向，例如实用性标准。在网络上，实用性的信息越来越多，各个新闻网站的财经新闻评论及分析方法、网络教育等都是我们日常经常接触的实用性的信息内容。而互联网所提供的众多功能强大的搜索引擎也为用户提供了获取实用性信息的最大的便捷和帮助。对于这类实用性的信息，判断其有无新闻价值，有多大的新闻价值，我们已不能简单的从以上那些标准出发。可见，实用性已正在逐渐成为网络新闻信息选择的价值标准。

2. 网络新闻信息的评估标准

网络新闻信息的评估标准其实与选择标准基本一致，也主要是从时效性与效用性等角度出发进行评估。不过除此之外，从新闻信息管理的角度出发，在网络信息评估标准方面，还存在以下一些基本的标准①：

（1）信息的真实性

真实是新闻的生命，可是网络却经常成为虚假新闻的发源地。传统媒体大都规定不允许转载网络新闻媒体的新闻，这种规定从一个侧面说明了问题的严重性②。

为杜绝虚假新闻的出现，网络新闻编辑应进一步提高自身素质，在处理海量信息的时候，加强识别和筛选。此外，网络新闻媒体还应在操作规范及操作流程等方面，制定出有效的管理措施。比如，东方网开通伊始，就在稿件筛选方面制定了"十不可用"原则③，其中第一原则就是"假不可用"。

---

① 徐世平主编：《网络新闻实用技巧》，第 194～195 页。
② 徐世平：《旗帜鲜明地表明我们的价值观——对网络新闻传播的新思考》，载《新闻记者》，2001 年第 8 期。
③ "十不可用原则"是"假不可用"、"险不可用"、"长不可用"、"虚不可用"、"劣不可用"、"乱不可用"、"浅不可用"、"套不可用"、"涩不可用"，以及"恶不可用"。

（2）信息的权威性

从理论上讲，任何组织和个人都可以在网络上随心所欲地发布各类信息，因此，判别这些信息是否权威、可靠就显得非常必要。一般而言，来自新闻网站和政府网站的信息，权威性比较有保证，网络新闻媒体可以放心大胆地使用。例如，针对信息的权威性，东方网制定了信源安全等级制度，将常用的信源按照权威性的高低，依次划分成五个等级。

（3）信息的导向性

信息的导向性首先体现在政治导向方面。西方国家目前对网上新闻的发布毫无疑问地占据着优势，这种优势地位为它们左右舆论导向提供了便利。因此，有些人就会出于政治或其他企图，在网上发布新闻时，通过对新闻的选择来引导舆论，煽动不明真相的人们，借以达到其不可告人的目的①。

东方网制定的"十不可用"原则中有一条原则叫做"险不可用"，要求每个新闻板块均应提出各自的敏感问题列表，时时提醒编辑，还要求每个编辑应树立较强的风险意识、责任意识和政治意识。

此外，信息的导向性还体现在道德导向方面，某些网站充斥着暴力、恐怖、色情的内容，而这种令人忧心忡忡的现象同样出现在一些新闻网页上。

网络新闻媒体在上述的信息评估过程中，可以从稿件选择、稿件编辑、稿件格式、稿源安全及发稿权限等方面入手，制定出严格的操作流程，并实行编辑负责制度，稿件在流程中出了任何问题，都能进行有效的控制，从而确保信息的真实性、权威性、时效性、有效性和导向性。

二、网络媒体新闻信息内容的组织

信息的组织是指网络新闻媒体为了实现一定的传播目的，对信息进行有意识的选择、编辑和发布的活动。这是网络新闻信息管理的重要组成部分，也是体现网络新闻媒体政治主张和价值观念最直接、有效的手段。

内容的组织则包括网络新闻媒体的内容规划、新闻策划及新闻稿件的整合原创等内容。

1. 网络新闻的内容规划

网络新闻媒体的内容规划，"是对网站的受众资源、网站自身资源等综合认识后的产物，它包括网络新闻的读者定位、网络新闻的栏目规划、网站的特色制定等多个方面"②。

---

① 陈治焕、范干良：《网上新闻：陷阱与对策》，载中华传媒网（www. mediachina. net）。
② 彭兰：《从"粘贴新闻"到"解读新闻"——网络新闻处理的四个层次》，载中国新闻传播学评论（www. cjr. com. cn）。

从读者定位上看，网络新闻媒体要仔细分析其用户特征，明确自己的核心用户的地域特征、性别构成、年龄状况、职业特点以及阅读兴趣，进行有针对性的新闻报道，以充分满足网民的合理需要。

从栏目规划上看，大部分的网络媒体的栏目划分都基本相同，一般都遵循传统新闻划分的基本标准，即划分为国际新闻、国内新闻、体育新闻、财经新闻等。但网络媒体也开发出了一些与传统媒体不同的、基于网络特征的栏目，如新闻排行榜等。需要注意的是，在网络新闻媒体的总体内容规划上，应尽量避免出现"千网一面"的情况，不必一味贪多求全，各个网络媒体应把精力放在强化自身特点，打造名牌栏目上。东方网的《今日眉批》，每天三言两语，眉批当天时事，旗帜鲜明地表明媒体的立场，不少文章受到读者欢迎。该栏目因其及时性、战斗性、丰富性和贴近性已成为东方网在网络新闻评论方面的一块品牌。

从网站的特色制定上看，网络新闻媒体的栏目设置不但应该有鲜明的个性特点，而且报道角度、报道形式等方面也应有独到之处。

网络新闻内容规划，从微观的角度看，其实就是网络新闻内容的配置。即网络新闻编辑人员在充分理解新闻的基础上，通过对网络新闻内容的有效配置，表达出对新闻的理解和态度。在网络新闻内容配置上一般从以下三个角度切入[①]：

（1）配置延续性的新闻：这是配置相关新闻最基本的角度，它可以帮助读者相对全面地了解新闻发生、发展的过程。延续性新闻一般以时间为顺序进行相关新闻的配置，也可以从同一新闻的不同事实侧面配置相关新闻。

（2）配置同性质的新闻：从新闻事件自身看，有的缺乏连续性，这样的新闻可以配置性质相同的相关新闻。

（3）配置反差大的新闻：新闻的对比最能说明编辑意图，通过事实和观点形成的反差能深化读者对新闻的理解。

2．网络新闻的内容策划

网络新闻的策划。新闻策划是一项高级的新闻报道活动，是新闻竞争达到一定阶段的产物，也是媒体最直接、主动表达其报道意图的手段之一。

新闻策划，既包括新闻内容的策划，也包括表现形式的策划，这里主要谈内容方面的策划。对于网络新闻媒体而言，新闻策划最主要体现在新闻专题的制作上。

---

① 徐世平主编：《网络新闻实用技巧》，第115～116页。

　　网络新闻专题，是网络新闻策划的重要内容。新闻专题，通常围绕某个重大的新闻事件或社会上存在的某种现象和状态，在一定的时间跨度内，运用消息、特写、资料、评论、新闻调查等多种新闻体裁，调用文字、图片、音频、视频等多种表现形式，并结合电子公告版（BBS）等交互手段，通过特定的页面编排与栏目制作进行连续的、全方位的、深入的报道。新闻专题，既是各种新闻报道内容的组织，也是网络新闻媒体各种传播形式的组织。

　　（1）网络新闻专题的特点①

　　如同网络媒体自身所具备的特点，网络新闻专题也表现出有巨大的信息容量的特色，使传统大众传媒及单条的网络新闻相形见绌。1998年9月，美国独立检察官斯塔尔结束调查总统克林顿与白宫女实习生的绯闻后，长达400多页的调查报告以网络新闻专题的形式全文公布，在国际新闻学界引起震动。震动的原因不是其中有许多色情内容，而是网络新闻专题能报道如此长的报告。要完成同样的任务，报纸、广播、电视都难以胜任。

　　除了巨大的信息容量这个一般性的特点之外，网络新闻专题更在其内容制作、页面表现及团队管理上表现出有别于一般网络新闻的独特之处。

　　在内容制作上，滚动即时报道、背景资料与多媒体素材的混合运用，是网络新闻专题的主要特色。对于重大事件或特定话题，访问者往往不会满足于浏览单条孤立的新闻，而是需要不断的新闻更新来跟踪整个事件的走势，需要大量的背景材料证明事件的意义，需要直观生动的多媒体声像引发继续阅读的兴趣。网络新闻专题就是这样一个切合用户需求的产物，它的即时新闻更新量、独立设置背景资料栏目、专门设计制作多媒体内容，都是网络表现形式中独一无二的。

　　在页面表现上，频道式设计制作使得网络新闻专题区别于其他任何一种网络表现形式。其他多数表现形式往往只以一两个网页作为网络承载体，而一个完整的网络新闻专题则由专题首页、更多页、正文页及其他特型页面组成。在网页制作部门看来，其他网络表现形式只需使用发布系统已经对应的一两种固定页面模板即可，而每一新的专题则需要重新设计、重新制作，一个网络新闻专题的页面设计工作量并不亚于通常的一个网站频道。同时，网络新闻专题常使用的多媒体形式也对页面表现提出更高的要求。综合来看，往往会给网站访问者这样一个印象：网站中最具新鲜感和最有吸引力的地方正是网站所制作的网络新闻专题。

------

① 苏蓉娟、陈斌：《网络新闻专题的发展与制作》，见东方新闻（news. eastday. com）。

由于选材、制作上的复杂性，在团队管理上，网络新闻专题需要超过其他网络表现形式的资源调配能力。尽管很多网络媒体设置了专门的专题部用于运营网络新闻专题，但专题制作团队仍不可避免地常常需要跨部门运转。文字编辑、图片编辑不仅要满足自身分工的需求，更要配合该次专题的所涉领域。同样，网页设计、美术编辑和程序员也要专门调拨以配合专题制作的进度，至少要付出多出通常其他工作任务的工作量。这种跨部门的大规模资源调配，是网络新闻专题的需要，同时也帮助网络新闻专题打造成超越其他网络表现形式的精品①。

(2) 网络新闻专题的选题

我们可以按照网络新闻专题的来源和生存周期的不同，将新闻专题划分为事件类专题、主题类专题、挖掘类专题和栏目类专题。

事件类专题一般源自于突发事件，新闻性较强，在策划上是被动的，持续周期由新闻事件的历程决定。如"9·11事件"专题、抗击非典专题等等。

主题类专题一般源自于可预见的主题，宣传性、服务性较强，在策划上是主动的，持续周期由策划或者主题进程共同决定。如党的"十六大"专题、"十一黄金周"专题、世界杯足球赛专题等等。

挖掘类专题是含金量最高的网络新闻专题，也是未来网络新闻专题的一个走向。该类专题的代表品牌有千龙网的《每日主打》等。之所以称其为"含金量最高"，是因为该类专题从编辑思路、栏目构架等诸多因素考量，都是编辑根据整体内容，整合了所拥有的新闻资源后做出的。每个部分都是编辑对新闻资源再加工后的成果。该类专题能让人耳目一新，能让受众看到新闻背后的新闻，领悟到新闻事件的实质。对新闻资源的整合和再加工是该类专题制作的核心。如何从新闻中提炼观点并进行总结得出新的观点是该类专题的一个难点。

栏目类专题一般源自不特定的事件、人物，但围绕同一个主题，持续周期往往是长期的，基本等同于网站的固定栏目。如很多网站开设的《在线访谈》栏目。还有一些是某一事件进行时间相当之长或者某些特定报道适合于长期播出，最终演变为一个专栏。很多资讯性专题如《出国完全手册》、《自驾车指南》等属于此类②。

综合以上网络新闻专题的类别，我们可以发现，在实践中，网络新闻专题

---

① 周科进：《网络媒体表现形式的集大成者：网络专题》，《新闻战线》，2006 第 6 期，第 64～67 页。

② 同上。

的选题主要集中于以下几类重大新闻：①国际热点问题，②重大"天灾""人祸"，③国计民生热点，④重要纪念活动，⑤社会热点问题，⑥大众文化焦点。

（3）专题实施的步骤①

①选择构架

对于网络新闻专题的选题，一般新闻网站是很容易达成共识的。在这种情况下，专题的竞争，常常不是题材上的竞争，而是组织方式的竞争。组织方式的竞争，首先表现为专题构架的选择。

网络新闻专题需要综合利用空间的远近和时间的延续，使信息的群体优势得到有效的发挥。在内容上，专题应将有联系的信息放在一起，成为同题集中或形成栏目；采用连续报道，使对同一主题的事件报道通过时间的延续得以加强。在技术上，专题目前主要由网页组成，而网页主要采用超文本语言编写，不管有无文字，都可嵌入图片、声音、视频，含有指向内部特定位置或其他网页的超链接。鼠标点击超链接所在的区域，指向目标就会呈现在眼前。基于内容和技术两方面考虑，专题可形成不同的构架。

最简单的网络新闻专题当数单网页专题了。当相关报道不多时，往往制作单网页专题。新华网许多首页头条将数篇新闻组合于单个网页，虽无网络新闻专题之名，但有专题之实。2002年9月22日下午的头条《黑龙江：寻找恐龙灭绝时间点》中，有消息《科学家在中国寻找恐龙灭绝前后生物演替的"完整史书"》、《我国发现接近大灭绝时的恐龙群化石》、《我国大规模组织世界级科学家研究黑龙江流域古生物演化》、《科学家呼吁加强保护古生物化石》，记者专访《中国"侏罗纪公园"的守望者——访世界恐龙学家董枝明》，特写《走近6500万年前的"恐龙墓地"》，背景资料《中国嘉荫珍贵恐龙化石群发现始末》，还有事件梗概、图片等，可谓"麻雀虽小，五脏俱全"。这几篇新闻按重要程度从上至下依次排列，与报纸版面相似。

多网页网络新闻专题的构架则复杂得多，有线性、树形、混合结构等。所谓线性结构，即网页之间的关系是单线条的，访问时可以在这个线条上单向前进，或双向移动。如今，许多图片专题采用线性结构。雅虎英文网站的新闻图片专题就呈典型的线性结构，将几张乃至几十张图片及其文字说明按顺序联为一体。以《西尼罗病毒》专题为例，第一页图片显示美国卫生官员在新闻发布会上谈该国暴发西尼罗热的情况，上方含有指向下页的超链接，点击即可见到第二页。第二至第十页图片依次显示一位西尼罗热患者在家的情况、西尼罗热

---

① 苏蓉娟、陈斌：《网络新闻专题的发展与制作》，见东方新闻（news. eastday. com）。

流行区域图、医学专家介绍有关研究的最新进展、引发西尼罗热的罪魁祸首蚊子，上方都有指向上页、第一页和下页的超链接。浏览这样的专题，跟看连环画差不多。需要说明的是，第十页为该专题末页，下页显示科技类专题目录。点击目录可分别浏览 20 多个科技类专题，目录与各专题间形成了新的结构——树形结构。所谓树形结构，即网页之间的关系是分层次的，起到目录作用的网页称为主页。如果把主页喻为"树根"，树形结构小型专题的最末端就是一些"树干"网页。主页可以是标题列表，也可以是图片集锦、文章等，含有指向所有"树干"页面的超链接。网络新闻专题如果选题的新闻价值、审美价值高，相关信息多，就应采用树形结构。东方网《美记者在巴基斯坦遭杀害》、《中行纽约分行受查处》等专题的主页上方是要闻标题及其摘要，以下按发稿时间顺序依次罗列新闻标题。

重要的网络新闻专题还可以采用树形结构为主、网状结构为辅的混合结构。所谓网状结构，即网页之间无固定的结构模式，只是根据不同网页之间的逻辑联系建立链接。新浪网的专题中，"树叶"网页大多有相关新闻的链接，表现出混合结构的特征。各大新闻网站设立专题网站，均倾向于采用混合结构。

假如确定制作树形结构、混合结构大型专题，网络新闻编辑还须思考如何划分栏目、栏目名称叫什么等。无论从宏观上，还是从微观上，都体现出编辑的功力。有时，栏目一些细微的差别也可能决定竞争的胜负。例如，同是美国军事打击阿富汗的专题，面对其他网站的笼统的《各方反应》栏目，新华网推出了《经济冲击》，使栏目的指向性更强，更容易引起人们的关注，被人认为"棋高一着"。

②设计网页

中国人民大学新闻学院彭兰教授指出："报纸的版面编排，遵循的是'平面思维'，即将所有内容组织在一个一览无余的平面空间中。而网站的页面设计遵循的是'平面＋立体思维'，既要考虑一个平面中的内容的组织，又要考虑页面与页面之间的层次与递进关系。"同理，多网页专题设计遵循的也是"平面＋立体思维"。

"平面＋立体思维"中的"平面"表示网页设计可以借鉴传统的报纸版面方式，将实用性与审美性结合起来。实用性即网页不但能充分表达编辑意图，而且能帮助网民分清主次，以便尽快获得重要信息。审美性即网页运用文字、色彩、图像、动画等多种手段后产生的综合美感。

"平面＋立体思维"中的"立体思维"表示网页设计与报纸版面设计不同，

还需考虑超链接的设计。超链接给人们挖掘信息的深度提供了方便，但是，网民在超链接面前并不是理性的，在很短的时间内要判断哪个链接更有效，本身也是非常困难的。超链接的漫无边际与随意性，值得网络新闻编辑警惕。

③形成专题

由于网络新闻专题采、写、编的流程受到深度报道理念的统一指挥，所以网络新闻工作者要培养一种整合的意识，齐心协力制作专题。编辑应当像记者安排稿件各部分内容一样注意各种信息之间的内在联系，使专题更有深度。记者应该更具有编辑意识，报道选题、形式要具有一个资深编辑的眼光和全局意识。

网络新闻专题形成后，就能表现信息组合的效果。在报纸上，表现的元素是字体、色彩、字号、版式、尺幅和空间节奏；在电视新闻中，表现的是时段、场景、背景、光线、色彩、长度和栏目风格。在广播里，除视觉元素外和电视相当。然而到了网络新闻专题中，这一切竟然都被拼装在一起，形成一个更加繁杂的全景化表现。网民可以只看文字、只看画面、只听声音、只选择漫画表现，也可以把以上元素相互拼接，形成多感官的信息接触。

网络新闻专题往往是多媒体内容比拼的场合。专家认为，目前我国新闻网站的多媒体新闻开发并不好。人们对多媒体的理解，片面停留在音频、视频上，但这些素材本身的采集却是较为困难的，也就不容易形成自己的特色。事实上，图片、Flash 动画等更容易体现一个网站对新闻事件的理解，也更能发挥自己的创造性，强调自己的个性。

④监控维护

网络新闻专题的形成，并不意味着万事大吉。专题是否做了后续的新闻跟踪，是否有深度透析、新闻预测、阶段综述，反映了编辑对该专题的重视程度和对题材的把握能力。

专题要求编辑不把工作看成某一天某一时段的任务，而是看成 24 小时连续操作，继续监控新闻的发展，不断将后续报道等补充进专题。维护中的专题将常变常新，出现在当前对该专题有兴趣的网民面前。之所以要这么做，是因为有兴趣的网民也许处于世界的各个时区，并有着自己非常独特的生活习性，他们随时随地都可能浏览专题。

网络新闻专题还要求编辑能面向将来，把任何一则新闻都看成是对飞驰向前的事物的报道，以对历史负责的态度进行工作。这样，与其说是编辑新闻，不如说是编辑历史。编辑不是对眼前的信息作编辑，而是在为全球化的信息仓库提供未来的查询。

图 7-1　东方网新闻专题示例

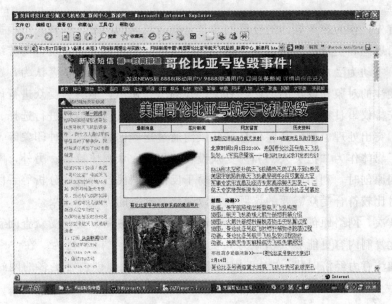

图 7-2　新浪网新闻专题示例

3. 网络媒体新闻的原创

（1）"推技术"与"拉技术"

"在网络信息平台中，我们同时具有两种手段来传送信息，即'推'（push）和'拉'（pull）。这使得网络新闻在那些只有推的能力的传统媒体前面具有了更大的优势"[①]。本来，"拉"技术的运用，能够使得网民根据自己的兴趣、爱好和习性进行主动、自在的选择。但是，长期以来我国网络新闻在运作中采用的手段是被戏称为"复制和粘贴"的方式，撇开版权之外，此方式导致网站相互之间新闻来源同构、内容同质、手法同样，使得"拉"技术使用前提和条件削弱，网民的厌烦心理显著上升。

"拉"技术需要有成熟的互联网环境。尽管开放和共享是互联网的主要精神，但是互联网还需要探索和创新。在互联网信息过剩、相互抄袭"蔚然成风"却提倡"注意力经济"的今天，"拉"技术已经暴露了自己的弱点，网络传播需要"推"技术的辅助，以不断开发新资源，提供新服务。

目前网络新闻的"拉"手段功能已经得到了淋漓尽致的发挥。而网络新闻原创作为网络新闻整体的一部分，同转载新闻一样，应用各种网络特征和表现手法，供网民选择浏览、交互，体现了"拉"功能；同时，网络原创新闻还综合了"推"和"拉"传播手段，尤其是更加贯穿了网络新闻传播"推"的理念和思维。

首先，作为第四媒体的互联网尤其是登载新闻的网站，编辑人员根据各自的编辑思想和受众需求，进行选题策划、组稿、编辑和页面表现，与传统媒体类似，主动为受众提供新闻信息，推送编辑经验。许多传播学者认为，媒体对人们关注的对象和议论的话题具有决定性的引导作用，能够为受众进行议程设置，安排议事日程。网站专业人员在新闻原创时，对新闻信息进行选择、决定取舍、突出处理、删除某些信息，并试图通过这些信息造成某种印象等，充分体现了媒体作为"把关人"和为受众设置议程的大众媒体特点。另外，网站进行新闻原创时，利用网络双向交互、易于反馈、网民行为特征分析等手段，设置相对比较符合受众需要的议题，可以强化"推"的力度和效果。

其次，网络原创新闻的独家性、深度化、及时更新，切合受众查阅新闻心理，比复制内容更能够吸引眼球，更能使网民产生"拉"行为。在"内容为王"和注意力经济时代，"对于用户来说，有特色、原创内容更多的网站更具

---

① 杜骏飞：《网络新闻学》，中国广播电视出版社 2001 年版，第 285 页。

有吸引力"。① 当然，上述的前提是题材、表现手法也要具备一定的吸引力。

再次，网络新闻原创是实现网络声音传递与受众接收的最佳纽带。受众只要接触一个媒体，都会形成对媒体的主观印象和评价。网络媒体想要生存和发展就必须让受众对自己的印象和评价与自己的编辑思想和理念相接近。对于网站而言，必须尽量通过新闻信息产品向网民"推"送网站的立足点、价值取向和传播观点。拷贝别人的内容是不能清晰表达自己的立场和态度的。粘贴"带来新闻的趋同倾向。当粘贴成风时，单一网站的新闻品牌的存在变得几乎不可能"②。网站通过新闻原创，尤其是深度报道，能够旗帜鲜明地体现网站作为媒体对新闻事件和视角的选择、诠释和思考。基于这样的目的，搜狐网将《搜狐视线》栏目"致力于将海量的、平面的新闻变成结构化、有针对性的新闻，在追求客观报道的同时，表达我们的观点和声音，从而改变网络新闻的纯报摘形象，增强网络媒体公信度"，体现"人文关怀，社会责任感，媒体公信度"的价值观。

（2）理念：立场和深度

网络新闻原创的角逐已经由追求报道的时效性转变为对报道角度、立场和深度的追求。

网民不记得哪一个网站第一个发出新闻消息，不是网民不要求互联网登载的新闻不注重时效性，而是每一家网站都重视新闻的时效性，相互之间的激烈竞争已经将各个网络新闻的发布时间差缩短到以秒计算。"网站第一家发布消息"式的时效性原创和以粘贴带来的速度和量的竞争相似，属于网络新闻基本层面的角斗，是保持网站品牌地位的基本动作。

作为媒体，新闻编辑方针和思想贯穿网络新闻运作始终，也是网站追求新闻个性和特色的支撑。由于互联网依靠复制、粘贴手段转载其他网站尤其是传统媒体的新闻资源，造成网站相互之间没有内容的差异化，网民也很难识别网站的新闻编辑方针。而网络新闻原创是网民感受网站立场和观点的主要途径。第一，网站日常原创新闻在对事实的选取、采集、加工和发布及页面表现等这些环节中，曲折地反映了网站的新闻思想。例如，人民网、新华网的《本网专稿》、《独家报道》等栏目，反映了网站是中央级传统媒体主办的新闻网站，体现了"党、政府和人民的喉舌"功能。另外，尽管人民网、新华网等网站的

① 雷跃捷、辛欣主编：《网络新闻传播概论》，北京广播学院出版社 2001 年版，第 164 页。

② 彭兰：《从"粘贴新闻"到"解读新闻"——网络新闻处理的四个层次》，见中国新闻学评论（www. cjr. com. cn）。

《网友观点》、《网友热评》等栏目在摘编网民的投稿和发帖中声称不代表编辑部的观点，但是这些原创性的稿件不能使网站纯粹地中立和置之度外，至少选择本身就是一种态度。第二，解释性报道、原创评论等不仅报道事实，而且报道观点，是网站提高在网民中的影响力、塑造网站形象的最有效手段。网站的原创评论已经突破了传统媒体的评论运作方式，不仅仅要报道媒体的观点，也要报道用户的观点。前者的表现形态和功能意义是传统新闻评论的延续；后者体现了网站对受众的态度和重视。人民网的"强国论坛"及其他一些传统媒体网站开设的对新闻进行发言跟帖的功能是否应该关闭曾经引起争论，后来基本被保留和优化，本身就反映了网站的新闻运作和处理思想的开放和包容，是受众本位回归的体现。

深度报道是网站原创新闻的另一个着力点。这不仅是网站之间竞争的需要，也是网站与传统媒体竞争的必然。

网络是一把"双刃剑"。它一方面为人们提供了丰富多彩的信息，另一方面也造成了大批的信息垃圾，看似数量多了，其实没有经过组织、控制和解释的信息不能算作资源。对受众来说，希望接受的信息也不再仅仅是单纯的对事实的报道。受众还希望从不同角度来了解、认识这起事件，了解各种不同的观念；希望从传媒中获得自己想不到或者比自己想得更深的信息。"信息时代的媒体竞争，在很大意义上不仅仅是新闻题材的竞争，而是新闻挖掘方式和深度的竞争。"①

互联网站在新闻原创的深度报道上将超越于传统媒体。作为一种以深刻和全面为传播旨趣的新闻报道，深度报道的特性主要为"深刻性、广泛性、整合性和递延性"，其发展趋势是"全景化、全程化、全知化"。传统媒体囿于媒介的报道形态，使得深度报道的深度有限，报道也有限。例如，由于线性传播、占用时间、形象表达等局限，广播电视较难抽象报道，缺少思想性、深刻性，较适合于消息类报道的传播。即使是面对广播电视冲击、追求深度的报纸，深度报道的版面和篇幅也很有限，仅能依靠文字和图片手段。相反，互联网的传播特性将使深度报道发挥得淋漓尽致。首先，互联网融合了传统媒体的优点，使得深度报道拥有文字、图片、声像等传播手段，文本既有深刻性，又有形象性；其次，互联网的超链接、海量存储特点突破了传统媒体版面、时间的限制，使得深度报道从稳定封闭文本成为开放运动的多媒体文本，形态更加全

---

① 彭兰：《从"粘贴新闻"到"解读新闻"——网络新闻处理的四个层次》，见：http：//www.chinabyte.com。

面、完整；再次，互联网的交互功能加强了深度报道的整合性和递延性。

（3）手段：整合式原创

探讨网站的新闻原创运作形态，我们不能不先提及台湾的《明日报》。《明日报》是一个"曾被寄予厚望的台湾第一家网络原生报"，所有登载的新闻来自于网站自采和原创，但是它在 2001 年 2 月宣布停刊，震撼了当时网络界和媒体界，人们对此众说纷纭，有的认为是败于经营上的不当，有的将之归于股市的低迷导致了失败。①

《明日报》的失败关键在于它的新闻理念和运作形态。《明日报》定位于"网络原生报"，类似于传统媒体，在新闻运作方式是建立自己的采编队伍，全部新闻强调原创。网站聘请 200 名记者编辑生产内容，强调整点发稿、新闻独家的作风，注重新闻原创的数量。记者被要求每日发稿量必须为平面媒体的一倍，对于重大活动，网站投入的记者数则超过了一些传统强势媒体。从 9：00～21：00，号称每天供应 1000 条新闻，超过岛内两大传媒《"中国"时报》和《联合报》网络版的 600 条。

市场条件下的传媒运作，除了要注重向受众提供的传媒产品，更要考虑传媒的特性和运作环境。实际上，《明日报》的内容也并不尽人如意，网站每日只能提供 450 条新闻左右。《明日报》存在的一年多时间里，能真正量化成数据库的资源也仍有限，共约 13 万笔。但是对《明日报》最致命的因素却是网站大肆扩充原创记者队伍，使得网站运营成本急剧上升，背负沉重的人事费用和运营开支。这一点不仅为《明日报》所证实，也是其他坚持原创、拒绝整合的相似网站陷入困境的主要因素。salon.com 是很有影响力的美国杂志型网络媒体大鳄，经常在美国政坛掀风鼓浪，在 2000 年 12 月获得美国哥伦比亚大学新闻学院和网络新闻协会颁布的"最佳新闻网站原创奖"。但是，不幸的是像 salon.com 这样的优秀网络媒体，都连连亏损。

显然，生存作为网站能够发展的前提和网络新闻传播的规律与特点，决定了整合式原创是网站进行新闻原创的成熟运作形态。首先，互联网具有系统的开放性与全球性特点。传统的大众传播，由于媒体的定位、地域及时间、空间、人力和传播手段的限制，职业新闻传播者对新闻事件具有事实上的垄断权。当传统媒体纷纷触网和商业性网站集纳式的整合，受众能够突破过去传统媒体的信息控制而进行主动而又全面的访问和查询，"地球村"真正成为现实。

---

① 方绣怡：《〈明日报〉：一场昂贵的"实验"》，见 http：//archive.cw.com.tw/ecw/e 天下 90 年 03 月第 3 期。

其次，信息不对称结构的逐步优化和渠道的通畅，使得互联网上新闻信息资源的共享性日趋明显。受众想要了解发生的新闻事实，通过搜索引擎输入关键词查询，可以得到很多条选择。也就是说，在互联网上，对新闻事件的垄断已经成为"明日黄花"。第三，互联网的海量发布和及时更新特点也使时效式独家新闻功能减弱。网络传播把新闻时效性推向了无以复加的地步。在网站都强调新闻更新及时化的竞争态势中，用户不会记得谁是网络上第一个发出消息的媒体，而且，网络传播信息的大容量和丰富性，也使新闻选择的余地增加了。因此，类似《明日报》式争抢发稿量、传统媒体运作方式的新闻原创形态不适合网络环境下的媒体运作特性。

整合不是相互拷贝，不应该具有抄袭的贬义色彩，它涉及资金、人力、技术平台、信息采集和加工等诸多方面。例如，千龙网、东方网的组建就是由多家传统媒体进行全方位整合的典型网站。网络新闻原创应该是多方面进行整合的原创，至少可以包含如下几个方面：

①人力资源的整合。目前新浪、搜狐等商业性网站由于受到政策的约束，不能拥有自己的采访队伍，因此，聘用传统媒体记者为网站服务成为新闻原创的主体。《新浪观察》、《搜狐视线》的大手笔运作如果没有其他媒体记者的合作就很难形成目前的态势。同时，即使像东方网、千龙网这样拥有自己的专职原创队伍的网站，背后也有一批传统媒体的记者为之服务。比如东方网本身的专职记者就是通过与传统媒体的换岗进行组合的，而且《今日眉批》的作者队伍主体还是仍在传统媒体工作的记者编辑。当然，人力资源的整合还包括对网民资源的利用，网站与网民的互动构成了原创的叠加。

②新闻采集加工的整合。随着网络经营理念的提升，类似于传统媒体向通讯社定制新闻的网络新闻原创模式将适合网络传播发展的需要。例如，中国日报网站组建的 photo. com 网站，除了中国日报记者的摄影队伍外，还包括了一批摄影爱好者组成的供稿队伍。新浪等商业性网站经常定购该网站的图片新闻。再如，由于网络的交互等特点，互动性内容也成为网站原创新闻独有的内容。所以，随着网站原创的发展，适应网络新闻原创需求的辛迪加运作模式会得到逐步被采纳和巩固。

③策划、表现手法的整合。目前激烈竞争的局面也使得网站在原创新闻的策划和表现方式上进行深度合作。例如，江、浙、沪三地重点新闻网站在2004 年的三四月份联合策划了"点击长三角"采访活动。这次活动的显著特点是三地针对长三角这一热点话题联合策划、制定选题，在页面表现形态上不是前方记者将稿件发回各自网站，而是重新建立了一个二级域名的网站

（jzh. eastday. com），三家共同拥有所有权。网站进行原创时，在策划、表现手法上进行整合尤其适合重大选题的深度报道，易于形成规模和声势。

④品牌资源的整合。品牌是网站的无形资产和影响力。进行品牌整合，一方面可以形成品牌叠加和聚合效应，如新浪网与中青网、搜狐网与新华网就全国"两会"进行的深度合作及前面提到的"点击长三角"联合采访，增强原创的权威性和公信力。另一方面，也能够拓宽新闻原创采编和发布的渠道。例如，新浪网与《舰船知识》、搜狐网与《青年时报》的深度合作，使得两家网站无论是哥伦比亚号航天飞机还是美国攻打伊拉克方面的原创新闻丰富、准确、独到、多样。

（4）突破：政策的变革

为了规范网络传播的秩序，营造良好的网络舆论环境，我国出台了《互联网站从事登载新闻业务管理暂行规定》等一系列关于互联网作为第四媒体方面的法规文件。当网民的数量迅速增加，网络新闻传播的影响力越来越大之际，政府从媒体管理的角度，制定与颁布"游戏规则"，在一定程度上加强了网络新闻和信息内容的管理，结束了我国网络新闻传播一度无序的局面，减少了网络传播的负面影响。但是，当网络新闻传播实践的迅速发展，这些由管理传统媒体思想延伸而颁布的法规政策已经远远落后于网络新闻的发展。

目前，我国的法规政策规定商业性网站只有转载权，也就是说商业性网站不拥有新闻采访权。许多人把这一思想归纳为目前"游戏规则"的核心思想，一些传统媒体网站人员也常常沾沾自喜。实际上，相关法规和有关部门的批文中也没有明确授权传统媒体网站拥有新闻采访权，这些网站的记者都是出身于传统媒体，合法采访身份仍然是传统媒体人员。其实，在网络传播中，网站是否拥有合法的采访权并不是关键因素。在互联网新闻活动中，采访、写作、编辑、制作是相互融合的，甚至是模糊的，没有传统媒体界定的那么清晰。网站可以通过嘉宾聊天、投稿、网友跟帖等手段，原创出比记者本身采写更有分量的新闻，这些方式就已经融合了采访、写作与发布的过程；网站贯彻深度报道的思想理念，进行新闻解读式的编辑，则是一个大采访与写作的概念。这时，传统媒体的稿件对网站编辑而言，只不过是大量的新闻素材而已。编辑人员通过稿件组合、页面编排等手段，往往产生出远远大于转载传统媒体单一稿件的影响力与效果。无论是新浪网的《天天观察》，还是搜狐网《搜狐视线》，都不是网站通过传统采访方式进行原创的。在网络时代，像《明日报》那样传统媒体运作方式的采访、写作与发布已不符合网络传播的要求了。

而且，尽管受到采访权的制约，新浪、搜狐等商业性网站还是可以采用

"借船出海"方式来规避有关法规的限制。在伊拉克战事等突发事件的报道中，新浪网通过与《舰船知识》、搜狐网与《航空知识》合作两者均以各自网站二级域名解析的子站方式，借用传统媒体的合法通道编译有关稿件，原创并发布海外采写的相关新闻，以丰富、深度、多维等优势在突发事件的报道中赢得头彩。例如，2004 年 3 月 20 日，伊拉克战事爆发，搜狐网以《航空知识》为来源，当日凌晨 05：54，最先播报了重大战争前奏动态《快讯：美英战斗机轰炸了伊拉克南部 7 处目标》。按照前面提及的时政、文化、社会新闻分类方法，无论是《新浪观察》还是《搜狐视线》，许多稿件归属此范围之内。《新浪观察》采用的方法是将栏目链接安排在文化频道内，而不属于新闻中心内容。也许这就是互联网链接不同于传统媒体版面限定的魅力。（更值得思考的是，在整理资料和写作本文过程中，笔者发现曾经运行一年时间并将许多文章积集成册《狂飙》的《搜狐视线》栏目不仅停止更新，而且在新闻中心首页上也看不到链接了。）

尽管在法规含义上，传统媒体网站的地位高于商业性网站，官方默许的采访权也曾经让这些传统媒体网站引以为豪。但是，在 2002 年 7 月，广西电视台《南丹 7·17 事故初探》电视专题和《人民日报》的《广西南丹矿区发生重大灌水事故》消息分获年第十二届中国新闻奖一等奖和二等奖，而对南丹事故揭露和事件解决起决定作用的人民网系列报道却未能榜上有名。此事无疑是对传统媒体网站优越感的当头一击。许多学者和网民为此打抱不平，认为十二届中国新闻奖最高奖项应该颁给人民网，并提出设立"中国网络新闻奖"。但是在目前以传统思路管理网络新闻的大环境下，网络新闻传播实际上并没有回归到第四媒体的本质和应有的地位，尽管人民网作为中央重点扶持的重点新闻网站也不例外。当前最重要的不是设立奖项，而是探索包括网络新闻原创在内的新型网络新闻传播的合理管理机制。如果不建立健全的、合乎网络传播特点的管理模式，无论是传统媒体网站还是商业性网站，将永远处于非主流、边缘化的地位，网站参评新闻奖项和网站员工的职称评审仍将是空中楼阁。

三、网络媒体新闻内容的经营要素

网络媒体生存与发展的基础在于其新闻内容的拓展与经营，新闻内容的经营开展成功，意味着网络媒体竞争优势的建立，新浪网在这方面已积累了相当丰富的经验，这也是新浪新闻为受众所接受和关注的主要原因。综合过去学者专家所研究出的网络媒体内容经营的成功要素，基本上可以分为以下几个方面[①]：

1. 数字权管理

控制信息内容版权拥有及购买，同时提升信息内容的品质来吸引网络媒体受众从中获取利益。

2. 信息实时性

传播讯息数字化，在网络中高速传输流动，从网络媒体新闻信息的制作到上线时间短暂，受众要求最快速的新闻消息，更新速度成为吸引读者的重要依据。

3. 信息丰富性

信息内容及呈现方式的多元化，可以满足不同受众阅读新闻的需求，建立数据库提供查询，使信息的使用者也可以成为信息的创造者。

4. 数据库功能

将网络媒体新闻信息内容累积后，建立一套完整的数据库结构，并具备良好的索引分类查询功能，方便受众搜寻所需要的新闻信息。

5. 操作接口简单

设计亲和性、方便性界面让受众能够在最短的时间内搜寻到自己所需要的新闻信息，并让使用者能快速的了解新闻网站所提供的所有服务及功能设施。

6. 持续发展创造内容的新技术

由于网络科技进展日新月异，内容和技术上所研发的独特服务，很容易被对手学习取代，因此必须持续发展创造内容的新技术，来维持自己的竞争优势。

7. 提高互动性

网络媒体应重视与受众之间的互动，设计各种能照顾深度或广度的互动机制。

第二节　网络媒体新闻流程管理

一、网络媒体新闻的采编管理模式[②]

从我国网络媒体的实际情况来看，目前的部门设置运作主要是以编辑为核

---

① 以下内容为作者根据以下资料汇集整理所得：蔡元隆：《网络媒体出版事业经营要素之研究》，台湾"国立"政治大学硕士学位论文（2000 年）；杨东典：《网络媒体经营策略之研究》，台湾"国立"政治大学硕士学位论文（2001 年）。

② 徐世平主编：《网络新闻实用技巧》，第 207 页。

心的。这是基于以下一些原因:

首先,这是由国家有关法规决定的。原则上,新闻网站目前只有新闻登载权,也就是说,新闻网站最主要的工作是选择传统媒体发布的新闻,进行编辑发布。

其次,这是由网络的特点决定的。要撑起一个新闻网站,必须有海量的新闻,人民网、新华网、东方网、千龙新闻网每天新闻的发布量都超过 1000 条,甚至达到了 2000 条。这么大的数量,单靠采访是无法达到的,要保量还是要以编辑为主。

第三,这是由新闻网站经济能力决定的。其实,大多数新闻网站都有传统媒体的背景,可以有一些采访的稿子,但都在"烧钱"的新闻网站不可能建立庞大的采访队伍,就算是建立了,有了 100 篇所谓的自采新闻,它们在 1000～2000 条发布的新闻中,也难以跳出来。这又决定了做好网络新闻还是要以编辑为主。

新闻网站的核心工作既然应该是编辑,那么其新闻采编管理模式,尤其是编辑管理模式是否合理,密切关系到新闻网站的新闻业务状况。

1. 当前网站常见的采编管理模式

从目前的情况看,网络新闻采编工作的管理模式基本上借鉴了平面媒体,特别是报社的做法。

首先,岗位设置的基本结构为"正三角形"。一般有主任(或主管)、责任编辑、普通编辑和助理编辑等岗位,而岗位数量是由小到多(助理编辑或许少一些)。这种"正三角形"的岗位设置和报社的几乎一样。

其次,岗位发稿量的基本结构为"倒三角形"。一般是主任(或主管)负责采编的整体工作,责任编辑负责栏目工作且处理稿件数量较多,各栏目普通编辑处理稿件数量较少,助理编辑处理的稿件数量更少。这种"倒三角形"的工作量要求和报社也几乎一样。

第三,高级和低级岗位的职能差异不大。除了部门主任(或主管),在其他采编岗位中,大家不论水平高低,都有选稿、编稿等职能,这和报社的岗位职能也很相似。

2. 当前采编管理模式存在的弊端

在实际工作中,这种岗位设置并不符合网络新闻工作的特点。

首先,高级采编岗位少、普通采编岗位多的状况为要闻的强化带来麻烦。目前的新闻网站大多以"信息量大"为荣,不论是责任编辑还是普通编辑,工作的首要任务就是保证发布量。这样做的结果就是，有"海量"的新闻网站制造了"信息沙漠"，网民要找到自己想看的新闻，有时真要"沥尽狂沙"了。既然如此，就要强化重要的新闻。由于高级采编岗位很少，少数人面对多数人发布的大量稿件，这就给及时准确地挑选出重要新闻并将之提升至重要的位置带来困难。

其次，高级采编岗位少、普通采编岗位多的状况为稿件的把关带来隐患。各新闻网站为保证较大的发稿量，已造成了网络新闻内容"泥沙俱下"的事实，网络已成为假新闻的泛滥之地，格调低下的新闻也屡现页面。随着新闻网站在网络上获取新闻资源的范围进一步扩大，这种现象会越来越明显，一个部门主任（或主管）面对"海量"的新闻，要进行有效的把关的确有很大的难度。

第三，依靠网络技术的优势，保证新闻网站的发稿量其实是很简单的事情。我们并不否认新闻网站应该有较大的新闻发布量，事实上，往网络中"灌水"是非常简单的事情，有的商业网站（如新浪网）依靠其先进的发布系统，一个编辑在 8 小时的工作时间内，可以发布 300 条新闻，要保证 24 小时发布 1000 条的工作量，有 3 个编辑就可以完成。既然保量不成问题，把关和强化是最大难题，那么新闻网站就有必要设立较多的高级采编岗位，并将他们从"灌水"中解放出来，负责策划采访、强化要闻、整合稿件。

3. 理想的网络新闻采编管理模式

从上面的论述中可以看出，网络采编工作实际上是一门选择和强化的艺术，面对"海量"的新闻，进行有效的策划、把关、选择、强化是网站胜出的关键，也是网络新闻工作的重点。

因此，新闻采编部门的管理也应该以"网络新闻的选择与强化"为工作的出发点，在内部机构的设置、岗位的分工等方面建立适合网络新闻媒体特点的运行机制。

具体的岗位职能应该如下：

首先，部门主任（或主管）负责宏观协调。

其次，责任编辑负责强化要闻、精编要闻、写作评论等，并协助部门主任（或主管）监控稿件的时效性，参与新闻的策划，进行稿件的把关等。他们没有具体的发稿量的要求，有稿件签发权。

第三，普通编辑负责维护几个必须由专人维护的栏目，发稿量要求不大，有部分签发权。

第四，助理编辑为大多数栏目大量"灌水"，"Ctrl＋C""Ctrl＋V"即可，不必编辑稿件、写作点评，不能签发，不能为主页面调整要闻。

需要强调指出的是，新闻网站在岗位设置上不宜过细、过于固定。由于经济条件的限制，新闻网站不可能有大量的采编人员，中央级重点新闻网站平均每个网站只有50多人。人手少不便于细致分工，而细致的分工也不利于业务的协作。那么，在日常采编工作中，采编人员负责固定的新闻栏目是可以的，但对多数重要的报道而言，这种分工是可以临时调整的。尤其是高级采编岗位的工作人员应该是多面手，不能拘泥于一个栏目，必须熟悉各个栏目的工作。

二、网络媒体新闻采编流程管理

1. 新闻信息源管理的基本原则

（1）遵循宣传方针政策、严守新闻宣传纪律，牢牢把好导向关。

①以正面宣传为主，趋利避害，在新闻宣传中主动配合党和政府的中心工作。

②主要从新华网、东方网、千龙新闻网、北方网、南方网等中央级或省级重点新闻网站、省内主要媒体网站、省内主要新闻单位提供的新闻稿源中编选新闻稿件，不在商业性网站中选取新闻。

③对任何来源的稿件都要重新编辑，假稿、险稿、空稿不用，低级庸俗的稿件不用。

（2）尊重新闻规律，做到"及时、准确、全面、权威"。

①发挥网络全天候发布新闻的优势，实行24小时新闻滚动值班，以最快的速度对突发性新闻做出反应与跟踪报道。

②相关编辑要随时监控有合作关系的相关网站，重大消息的发布不能比网络上的第一信源晚半小时。

③注重新闻内容的广泛性。

（3）满足市场需求，以喜闻乐见的内容和形式吸引网民。

①在追求内容权威性的基础上，大力强调社会性和服务性，多发与网民工作、生活密切相关的稿件。

②围绕每天可预知的报道重点，加强策划，确定基调，做出精品报道。

③充分利用网络媒体互动性强的特色，力求对热点事件做到网上网下互动，不同栏目之间互动。

④及时推出重大新闻事件的新型模板，搞活版面，力求编排更新颖，更具冲击力。

2. 新闻稿件审查制度

（1）所有稿件和其他发布内容（含广告文字和图片）均要实行审批制度，未经审核不得发布。

（2）新闻稿件实行三级审批制度

如同传统媒体新闻稿件的审批程序一样，在网络媒体新闻稿件一般也采用三级审批制度。即稿件首先由责任编辑（栏目编辑）初审，再由编辑部负责人二审，最后由新闻中心总监（负责人）三审（终审）。但在各网络媒体的具体操作中，会视各自的具体情况进行适当调整。如中国江苏网的新闻稿件审批制度是由以下几个部分组成的：

①一般新闻栏目由栏目编辑进行稿件的录入、编辑与合成（合成即视为初审），由编辑部负责人审定、签发。

②首页即"网站首页"、"新闻频道首页"的一般性栏目由组负责人编辑、合成，新闻中心总监或副总监或编辑部负责人审定、签发。

③重要新闻栏目由新闻中心总监或副总监或编辑部、综合部负责人和夜班责任编辑审定、签发。

④原创新闻由采访部负责人初审，新闻中心总监、副总监或编辑部负责人审定签发。

⑤视、音频新闻由频道编辑制作，其点播新闻的排序由编辑部负责人或责任编辑审定。

（3）对下列情况实行逐级请示报告制度，直至新闻中心总监。

①涉及突发性事件的稿件；

②涉及敏感性问题的稿件；

③批评性内容的稿件；

④其他"吃不准"问题的稿件。

三、网络新闻编辑部运转流程管理

编辑部内部的内容生产流程一般包含几个子系统：编辑部例会、日常内容生产流程和内容审发程序。其管理也即是针对这三个子系统的管理①。

---

① 邓炘炘：《网络新闻编辑》，中国广播电视出版社 2005 年版，第 348～350 页。

1. 编辑部例会管理机制

编辑部内部日常稿件的流传、修改和审阅工作全部通过内部的计算机网络来实现，网络编辑部每周至少需要由总编辑、副总编辑主持召开一次编辑会，由各部门主任和有关负责人员参加，讨论和落实一周的报道内容、商议重大报道主题、重大策划选题内容和其他重要问题。这种编辑会的主要议程是听取汇报、汇总情况、决策大事、落实执行、协调行动、奖惩通报等。

在每周主要编辑会确定的方案和原则的基础上，值班主编一般每天主持召开编辑碰头会，各部门值班编辑介绍和推荐重要新闻和稿件情况，经讨论确定当日新闻首页头条新闻和其他要闻的选题，以及必要的协调工作。

2. 日常内容生产流程管理

各栏目编辑负责日常栏目或稿件的收集、挑选、编辑、上传和发布工作，部门主管负责审读和批准内容。在日常情况下，重要内容经负责人审阅，一般性内容由编辑按照编辑规定和程序自行编发处理。由于网络新闻发稿量很大，大部分常规性内容一般经栏目编辑或责任编辑确定就能上传发布了。

栏目责任编辑通常负责提出本栏目内容结构或有关专题报道的设计或改动方案，并将内容策划方案报上级主管审核，在获得批准后执行。在执行中需要横向部门配合以及技术部门、设计部门支持的，在编辑部例会或专门会议上解决。

与文字内容一样，图片或音视频内容的一般编辑，由栏目编辑按照本网站的有关规定进行编选和处理，在经责任编辑或栏目主管的审定后即可发传。重要或者特殊的内容需要上报编辑部主任或总编室主任批准，或者根据他们的编辑指示进行工作；重要图片或其他发布内容必须经过高级编辑主管人员的审核。

网络新闻编辑部所有人员不但是内容生产者，也是传播质量的监管者。他们随时随刻担负着审读本网站发布内容的责任。一旦发现有错误和不妥之处，都需要及时报告，立即改正。一些网络编辑部也聘请部外专家和人员经常进行审看，尽可能减少各种差错的出现。

3. 内容审签程序管理

编辑部内是一个金字塔形的层级负责架构，下级对上级负责并请示报告工作，在正常情况下遇到授权以外的问题，须获得批准方能处理。不过，日常运转中相当部分的工作是交由具体编辑根据明文程序规定来自主操作的，所以，一线编辑人员既要清醒地把握权限界线，又要敏锐地发现问题，及时上报请示，切忌自以为是，草率处理。

四、应急报道管理①

网络新闻报道必须迅速。现在，当遇到重大突发事件时，人们已经习惯性地期待网络传媒做出即时性的反应，在第一时间就给出报道，并且连续不断地滚动报道下去。对于网络新闻媒体来说，编辑部必须有应对这种突发事件的应急机制。应急机制从编辑部运转的角度来看，包括几个方面：

1. 实时守望机制

所谓守望机制，就是媒体作为社会变动信息的最及时的报警守望者，要随时保证自己的信息触角处于高度敏感状态，在第一时间探知变动的发生。网络媒体必须 24 小时对全球重要新闻发布源进行监听、监看，对自己最主要的竞争对手的工作进行同步监看，最快地获知重要的突发事件信息。这是国内外现代化传媒编辑部最基本的工作运转状态，网络编辑部也需要达到这样的水平。当国际国内大通讯社或 CNN 等国际传媒机构播报最新突发新闻时，网络新闻值班编辑需要立刻做出判断和反应。

2. 值班编辑处于常备状态，一有情况立即采取行动

当重要突发事件出现时，当值编辑应该知道去做什么，以及先做什么，再做什么。一般情况下，值班新闻编辑首先要采取下列动作：

①即刻在滚动新闻栏中发布突发新闻标题快讯；

②核对和查看权威媒体和机构的报道，查看主要竞争对手的网站，同时迅速跟踪事态进展，不断发出和更新播报快讯；

③迅速进入首页管理系统，更换头条，加入热链接；

④进入短信发布系统，发布短信新闻消息；

⑤立即报告上级主管甚至新闻中心主任；

⑥有关主管立即通知相关负责人，并视情况调集各部门和各应急小组人员，包括技术支持、运营、市场等非编辑部门人员进入岗位；

⑦立即起动音视频报道程序，资料录存和编辑准备工作进入实战状态；

⑧着手准备建立专题，拟定专题栏题，考虑所需材料等；

---

① 邓炘炘：《网络新闻编辑》，第 352～353 页。

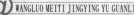

⑨在增援力量抵达之前，根据多方权威信息源的报道，尽可能多地发布标题快讯和所获得的新闻图片；尽量增加滚动播出的快讯，强化页面提示元素，使网站的报道重心逐步转向重大突发事件的报道。

当后续编辑人员到达后，人员分组分任务进入工作状态：

①监视并编辑国内重要媒体相关报道，充实本站新闻页面和新建专题的内容；

②实时监看和跟踪外国著名媒体、有关国家和机构的网站动向和内容发布，启动翻译、编译和整合中外电讯内容的信息处理机制；

③始终关注主要竞争对手和媒体同行的反应和动作；

④当需要处理的新闻内容量较多时，迅速把文本或图片（特别在事发最初阶段）发给其他编辑人员进行编辑处理；

⑤随时注意更新网站页面，确保相关报道与事态发展同步；

⑥迅速建立和完善专题架构，尽快按栏目充实内容；

⑦及时召开由编辑部负责人主持的紧急会议，确定报道基点，整理报道思路，交流对事件和报道的大体判断，决定专题报道方向角度，调配人力物力资源，评估报道周期长度等问题，必要时成立专门领导小组，建立必要的值班制度；

⑧按照紧急会议决议，具体落实各项工作；

⑨方位报道的准备工作逐渐铺开，联络专家访谈、本站专稿等事宜；

⑩迅速着手有关音视频和 Flash 报道的制作和发布。

国内新闻媒体网站在突发事件的报道上，相对比较谨慎，规定更为具体。有的网站规定，处理有关重大、突发事件的新闻稿件必须请示编辑部主任，并报总编、副总编批准后方可上网发布。有的网站规定了处理突发事件信息要遵循以下原则：

①境内突发事件的报道，根据需要可选用新华社、人民日报、中央电视台、中央人民广播电台、中新社等中央主要新闻单位和省级党委机关报、省级电台、电视台及其网站的原创新闻稿件；

②境外突发事件的报道，必须使用新华社通稿；在没有新华社通稿的情况下，必须要有两家以上国家重点传统新闻媒体的报道相印证，并注明消息来源；未经批准，不得直接摘引、编译境外媒体的新闻。

上述规定和报道程序安排都有各自的依据和道理，编辑人员需要根据情况既有原则又有灵活性地进行处理。应对重大突发报道的机制事实上并不是孤立存在、单独放在一边备用的，它与编辑部的常规报道运转和效率有内在的联系。重大突发报道不力或者不理想，往往和编辑部平时运转的种种问题联系在一起。只有平时报道运转有条不紊，既有原则又有热情有活力，一旦面对重大突发情况，整个编辑部的应对和报道才能显出较高的专业水平。

附:"中国××网"新闻中心编辑部采编考核细则

××新闻中心每月对编辑的采编工作从以下几个方面进行考核打分（满分120分）。

1. 日均更新新闻稿件是否达到80条。（25分）

2. 每篇新闻稿件是否做相关链接，且不低于5条。（15分）

3. 是否按照要求做到新闻稿件的及时更新。（20分）

4. 稿件的制作是否合乎编辑规范，修改情况。（20分）

5. 是否出现重大网络信息安全事故。（30分）

6. 是否按要求完成部门派发的临时任务。（10分）

具体扣分细则如下表所示：

项　目	扣　分　细　则	奖分细则
日均更新稿件是否达80条	日均稿件量每少5条扣1分。（依次类推，10条扣2分，直至扣完为止）	日均稿件量每多10条加1分。（依次类推，20条加2分，最多5分）
稿件是否做相关链接，并且不低于5条	每篇稿件要求做相关链接，相关时间范围为两个月内，不达5条1次，扣1分。	全部达标，1次加2分。
	发现没有相关稿件1次，扣2分。	
	相关稿件不匹配1次，扣1分。	
是否按照要求	上午半小时实现1次以上的稿件更新，每次不低于10条。更新不及时1次，扣2分。	全部达标，1次加2分。
做到新闻稿件的及时更新	下午1小时实现1次以上的稿件更新，每次不低于6条。更新不及时1次，扣1分。	.
稿件制作是否合乎编辑规范	标题的折行1次，扣2分。	全部达标，1次加2分。
	标题缺字1次，扣1分。	
	死链接1次，扣5分。	
	标题题意不明1次，扣1分。	
	使用非中文标点（如引号）1次，扣1分。	
	正文首行没有缩进1次，扣1分。	
	字间空行1次，扣1分。	
	段落没有分行1次，扣1分。	
	图片缺失1次，扣1分。	
	没有编辑名称1次，扣1分。	
	没有稿件来源1次，扣1分。	
	正文使用非中文标点1次，扣1分。	

项　目	扣　分　细　则		奖分细则
稿件制作是否合乎编辑规范	英文文章使用中文标点1次，扣1分。		全部达标，1次加2分。
	没有加"中国××网"讯或者消息1次，扣1分。		
	没有去除×××网讯或消息1次，扣1分。		
	地方新闻稿件含有"本市"等地域性特点的字眼1次，扣1分。		
	在正文重复出现稿件作者和来源1次，扣1分。		
	错别字每个扣半分。		
	重复签发雷同稿件1次，扣2分。		
	以上错误在页面上存在超过12小时以上1次，追加扣5分。		
是否出现重大网络信息安全事故	报道基本事实无差错，但内容、口径与当前宣传方会明显相抵触的，未造成严重后果的，扣20分并做出书面检查。	值班期间论坛管理出现问题，必须在帖子发出的30分钟内及时删除，超过半小时，扣2分。超过3小时扣10分，超过24小时，扣30分。接到相关部门的投诉，扣100分，并追究相关责任。	
	已造成一定社会影响的，扣30分，并做书面检查。		
	重大政治错误，不符合政府既定政策或采用戏谑姿态的文章，扣100分，并做出书面检查。如签发到外网已造成较大社会影响的，直接责任人除名。	编辑负责的栏目其中必须做到稿件无反动、色情、谩骂等方面的相关评论，如出现以上问题未处理，超过12小时，扣5分；超过24小时，扣10分；接到相关部门的投诉，扣100分，并追究相关责任。	
	领导同志的姓名、职务等方面出错1次，扣5分。（不设下限）		
是否达考勤	迟到、早退、擅离职守1次，扣1分。（迟到、早退、撤离职守累计3次以上者按旷工1次处理）旷工1次者，扣5分。（依次类推，2次扣10分，不设下限）		此项并行于行政中心的考勤考核，是编辑部追加考核。全部达标，1次加2分；不能当面写请假单者，必须在2小时内向主任联系，否则以旷工1次论处。

续表

项 目	扣 分 细 则	奖分细则
临时任务	没有完成新闻总监和编辑部主任安排的临时任务的，视情节大小，1 次扣 2 到 3 分处理，重大事件可以追加扣分。（不设下限）	完成重大任务，可以加 2~3 分。
中班夜班周末值班	稿件更新和制作规范要求同上（稿件更新的具体考核方案将根据新的人员分工和栏目属性详细制订）。	
日常管理	编辑缺席部门会议 1 次，扣 2 分。	
	在工作时间玩游戏 1 次，扣 4 分。	
	在工作时间看电影 1 次，扣 4 分。	
	个人卫生不到位 1 次，扣 5 分。	

本月得分最高者 1 次性奖励 20 分，半年累计最高分者 1 次性奖励 100 分，年终累计最高分者 1 次性奖励 300 分（另，要求以上各项每个月总分不低于 100 分，且没有任何一个项目出现 0 分）。

本章主要概念回顾

网络新闻信息的选择标准、网络新闻信息的评价标准、网络新闻媒体的内容规划、网络新闻专题、网络媒体新闻原创、整合式原创、网络新闻采编管理模式

思考题

1. 请简要叙述网络新闻信息的选择标准及评价标准。

2. 请简要阐述网络新闻内容的配置有哪些角度。

3. 请根据网络新闻专题的选题类型及实施步骤策划一个网络新闻专题。

4. 试结合一网络新闻媒体，论述一下网络媒体内容经营的成功要素有哪些。

5. 试结合我国网络媒体的具体情况，谈一谈我国目前网络新闻采编管理模式的基本情况，并提出自己认可的网络新闻采编管理模式。

第八章　网络媒体的服务管理

网络媒体的经营管理除了涉及网络媒体的战略管理之外，其中很重要的一个部分是对网络媒体提供的产品和服务进行的经营和管理。在上一章中，我们学习了网络媒体新闻产品的管理，在本章中，我们将继续学习除了新闻产品之外，网络媒体所提供的各种服务的管理。这些服务包括了电子公告板（BBS）和聊天室（CHAT），以及电子邮件，也包括了中国网络媒体的一个创新性的服务类型：短信服务管理。

第一节　BBS 与 CHAT 服务管理

为了聚集人气，网站一般会利用网络的交互性特点开展一些服务。最常见的形式是开设 BBS 与 CHAT。BBS 与 CHAT 中自由平等的空气为用户提供了互动机会，但正是这种言论自由的特点决定网站管理者必须对这两种服务项目的管理引起足够的重视。本节就将在介绍 BBS 与 CHAT 特点和组织形式的基础上，讨论对这两个项目的管理手段。

一、BBS 的管理

BBS（Bulletin Board System），翻译为中文就是"电子公告牌"，它是 Internet 上的一种电子信息服务系统。它提供一块公共电子白板，每个用户都可以在上面书写，发布信息或提出看法。从技术上讲，BBS 的本质是在分布式信息处理系统中，在网络中的某台计算机上设置的一个公用信息存储区，任何合法用户都可以通过通信网络在这个存储区存储信息。BBS 作为某个专业组群的信息源和信息交换服务机构的网络计算系统，起到了电子信息周转中的中心作用。大部分 BBS 由教育机构、研究机构或商业机构管理。像日常生活中的黑板报一样，电子公告板按不同的主题、分主题分成很多个布告栏，主题或分主题设立的依据是大多数 BBS 使用者的需求和喜好。使用者可以阅读他人关于某个主题的最新看法，也可以将自己的想法毫无保留地贴到布告栏中。同样的，别人对你的观点的回应也是很快的。如果需要私下的交流，也可以将想说的话直接发到某个人的电子信箱中（或版内信箱）。如果想与正在使用公告使用版服务的某个人聊天，可以启动聊天程序加入闲谈者的行列，虽然谈话的双方素不相识，却可以亲近地交谈。

在 BBS 里，人们之间的交流打破了时间、空间的限制，在与别人进行交往时，无须考虑自身的年龄、学历、知识、社会地位、财富、外貌和健康状况，而这些条件往往是人们在其他交流形式中不可回避的。同样的，也无从知道交谈的对方的真实社会身份。这样，参与 BBS 的人可以处于一个平等的位置与其他人进行任何问题的探讨。

1. BBS 的发展

1978 年在美国芝加哥开发出一套基于 8080 芯片的 CBBS/Chicago（Computerized Bulletin Board System/Chicago），这是最早的一套 BBS 系统。之后随着苹果机的问世，开发出基于苹果机的 BBS 和大众信息系统（People's Message System）两种 BBS 系统。1981 年 IBM 个人计算机诞生时，并没有自己的 BBS 系统。直到 1982 年，Buss Lane 才用 Basic 语言为 IBM 个人计算机编写了一个原型程序。其后经过几番增修，终于在 1983 年通过 Capital PC User Group（CPCUG）的 Communication Special Interest Group 会员的努力，改写出了个人计算机系统的 BBS。经 Thomas Mach 整理后，终于完成了个人计算机的第 1 版 BBS 系统——RBBS-PC。这套 BBS 系统的最大特色是其源程序全部公开，有利于日后的修改和维护。因此，后来在开发其他的 BBS 系统时都以此为框架，RBBS-PC 也赢得了"BBS 鼻祖"的美称①。之后 BBS 日益发展，1992 年以后，Internet 开始流行起来，因此 BBS 也开始和 Internet 连接。出现了以 Internet 为基础的 BBS，政府机构、商业公司、计算机公司也逐渐建立自己的 BBS，使 BBS 迅速成为全世界计算机用户交流信息的园地。在我国，第一个拨号 BBS 诞生是在 1991 年，它是由 Roy LuO 建立的北京长城 BBS 站。1995 年 8 月 8 日，建在中国教育和科研计算机网（CERNET）上的水木清华 BBS 正式开通，成为中国内地第一个 Internet 上的 BBS。（另有观点认为，国内的第一个 Internet BBS 诞生是 1995 年中科院智能机研究中心的曙光站）

2. BBS 的功能与特点

以 BBS 的不同性质，BBS 可以分为校园 BBS、商业 BBS、专业 BBS、业

---

① 《BBS（电子公告板）发展历史》，见 http：//www.icp123.com/123/info/2728-1.htm。

余 BBS 四种。以 BBS 基于的技术手段，可以分为拨号 BBS、基于 Internet 的 BBS、基于 web 的 BBS、基于 UNIX 下的 BBS 四种。

BBS 具有许多不同的功能，具体来说，一般具有发表和阅读文章的功能、通信的功能、设置个人信息的功能和实时交流的功能。另外还有一些特殊功能，如网络泥巴（MUD）游戏和留言板等。

这些功能使 BBS 具有了一些不同于其他网络互动项目的特点。

（1）个人化

BBS 上的每一个 ID 都代表着一个完整的人格。虽然在一个 BBS 中我们只能看到一些纯文本的字符，但每一个字符都是一个用户的表述，有着强烈的个人色彩，可以理解为内心世界的表白。这与 BBS 言论的自由平等及网络的匿名（化名）性是直接相关的。

（2）虚实交错

现实生活中的交流有着太多的环境因素，交流的主体无法摆脱这些因素，也因此造成现实生活中交流的一些障碍。在网络中，用户利用匿名（化名）这种身份虚假化的形式，以达到表达真实感受的效果。经常发生的"用户无法分清线上虚拟身份和线下真实身份"的情况，就是这种虚拟交错的后果。这一点是 BBS 上的交流与现实生活中的交流不一样的地方，即虚假与真实并存不悖。

（3）民主集中

用户在 BBS 中享有自由平等的发言权，但也有一些权限被限制。如 BBS 个讨论版版主就拥有一些普通用户不具有的权利，如删帖或封账号，这些权限为管理版务提供了方便。而版主本身的性质又是一个普通用户，只是在网友民主选举的情况下产生的，版主可以被取代。因此，版主的支持来自于广大用户。这便使 BBS 成为一个既民主又集中的公共领域。

事实上，大多数的 BBS 都呈现着一种沙龙似的氛围。在这个沙龙里，各种观点、各种人得以被 BBS 这一全新的媒介所整合。而 BBS 的最大贡献，便是提供了这样的整合机会。媒介不再只是被以往以作家、理论家及学者为代表的少数精英分子垄断的地方，BBS 以最大限度的包容性取代了传统媒介以写作技巧或文化涵养来构筑的城堡。包容性的益处是显而易见的，作者通过发帖，读者通过跟帖，使得多数人的意见、想法、观念得以碰撞，由此产生的辩论讨论或者其他的双向交流模式，都影响着这些人观点的形成。于是激进的民族情绪，极度的戏谑态度，保守的中立观点聚合在一起，仿佛一个大杂烩。但它所提供给我们的事实是，至少通过 BBS，相当一部分人可以获得以往没有获得的话语权。这些话语权的归还可能会产生出我们难以估计的深远影响，它的情形或许类似于 18 世纪英国的咖啡厅的功用，少数精英分子第一次得到机会与如此多的民众获得相当便利的交流，在这些交流中，他们检验自己的观点，并糅合了许多民众的有益想法，他们的观点变得更容易为民众所接受，更贴近民众的要求，这或许不是最重要的，重要的是民众在频繁的交流之中变得更容易形成一致的公众舆论。此外，很多时候，在这些讨论及促发自己思考的过程里，民众形成了可能不是最早但的确是逐步清晰和强烈的自主意识。当然实现这两点的前提是必须有相当的精英分子参与其中，目前也许没有，不过随着网络的发展，这似乎是不能阻挡的。①

3. BBS 的成功经营

（1）BBS 的版面特征②

我们可以借助一些现实性的可观测指标（如访问率、增贴率）来品评 BBS 论坛的生命力。

①点击数和增贴率。这是一个基础条件。不能指望每天只有一张帖子的 BBS 论坛能成为一个著名的论坛，也不能忍受只有极小的点击率就能增强论坛的知名度。

②论坛的精华量、精华率和精华质。不同的 BBS 版主出于不同的考虑可以有不同的精华观，但一些可能构成客观标准的内在尺度仍然是起作用的。我们可以在各大同类论坛中比较所选精华的数量、精华占总帖数中的比例，还可以通过一些可以观察的外在确认方式（如社区选稿）比较不同论坛的精华质量。谁被相关主页选调的精华帖越多，谁的精华帖的延伸发表（包括受到转贴）的机会越多，谁的精华质量就越高。

③原创度与转帖率。专门属于特定论坛的帖子越多，原创性越强；转帖越少，其成功感觉越足。考虑到有好多 BBS 写手会将自己的帖子发表在各论坛，我们可以将其主发的论坛、最容易获得较高点击数和回复率、最容易引来高质量读后感、最频繁地受到推荐和延伸发表的那个论坛近似地理解为原创发表处。BBS 论坛还没有发展成现实刊物的那种排他特性，但一稿多投仍然可能是值得商榷的。虽然很多的版主并不是特别计较。但转帖太多的论坛总是不受青睐的，因为这可能使论坛的主体文化特征受到干扰。

④帖源与论坛主题的吻合程度。综合性的、兼收并蓄的论坛可以获得大量的帖源，但其个性特征可能不足。从这个意义上讲，主题鲜明、符合主题的帖

---

① 见 http：//www.blogchina.com，2003 年 1 月 23 日。

② 《关于 BBS 的研究和实践心得》，见 http：//club.sohu.com/read_art_sub.php。

子相对比较集中的论坛更受可以从兴趣偏好方面明确界分的读者的喜欢。其主题通过各类帖子表现得越彻底，其成为不可替代性论坛的可能性就越大。

⑤丰富性指标。考虑到读者的不同情趣，也照顾到读者的阅读情绪的调整，一个各种帖源（如诗、文、论、图、转等等）百花齐放的所在可能会让人流连忘返。适度地给读者以人文关怀，仅从论坛的亲和度而言，也是值得提倡的。当然，非主题帖子的比重应该控制在不足以影响主流的范围之内。

⑥论坛的卫生状况和治安状况。版面清洁度和是否有序、有些无聊帖或杂帖是不是会被及时地删除、一些相互攻击的帖子是不是得到了有效的制止和调节，这都是检验特定论坛驾驭自身文化特征和发展流向的指标。对自己的论坛失去控制的版主不是有魄力的版主，乱帖迷漫的论坛不是像样的论坛。

（2）经营策略

总结 BBS 经营成功的经验，大致可以归纳出以下一些规律性的东西[①]。

①首先是 BBS 的定位。也就是在经营一个 BBS 之前，你应该对以下问题有足够的认识：想把 BBS 建设成什么样子？用户群在哪里？这些人喜欢什么？

②版主的个人魅力对于吸引人气有至关重要的作用。最基本的，版主的组织能力必须要比较出色。

③重视对版主队伍和基本写手的把握，强化版主之间、版主和论坛写手之间的亲和感觉。在 BBS 生活中，领跑效应极其明显。及时地将那些培养成熟的写手提升到版主队伍中会产生明显的示范作用，而强化彼此间的亲和感对于增强论坛的"热力"非常有效。原因很简单，只有默契的关系，才能酿造版面上大量的跟帖、互跟帖和衍生跟帖。再加上读后感、主帖点评等互动性的文字，在较融洽的版友关系下，一篇主帖可能创造出数以十计的乘数效应。

④建立起论坛内部的一种文化上的认同感，例如著名的天涯社区及万科的论坛，你会发现各有其领域内的名流领衔，在有意识地营造开放式的网络环境的同时，依靠这种文化上的认同与关联维持起来。

⑤隐形宣传。扩大自己论坛的影响，可以有好多策略。但一定要采用那些反感度较低的方式。隐形宣传可能是较为得体的一种。在送给特定论坛的帖下隐藏自己的论坛地址、有关篇章链接等。

⑥灌水的管理。水帖虽然缺乏足够的美学价值，但对于中下层网民而言在所难免，善加利用，有提升人气的作用。甚至某些热门的论坛就是靠足够的水

---

① 《关于 BBS 的研究和实践心得》见 http：//club. sohu. com/read _ art _ sub. php。

帖烘托而成的。

⑦鼓励跟帖。跟帖是一种文化，一种活跃 BBS 的文化，虽然其版面形象也不协调，但显得喜庆活泼。在著名的西陆论坛上，很多主帖和跟帖比例在 1：10 以上。

⑧论坛限制不能太多，但不合适的内容，一定要及时删除。不能容许任何明目张胆的胡说八道，特别是那些随意攻击其他人的造谣惑众者。

⑨加强策划活动的组织。做好固定的策划，如每周热门话题、征文、诗会、论战，这对于活跃论坛有奇效。对于突发性的各种事件，也可以精心策划，一旦做好较聪明的把握和引导，将大大提升论坛知名度。

⑩线上与线下相结合。版友之间的见面可能会强化业已存在的版友友谊。而以出书、组织双边或多边活动、与有关媒体沟通并适时推荐相关作品在传统媒体发表等形式，多方策划，往往也可以收到较好效果，最终有利于论坛的发展。

4. BBS 的管理

（1）管理方式

在网站的互动性栏目中，最受管理部门关注的就是 BBS。BBS 开设后，作为 BBS 管理者，有一系列问题必须考虑。如 BBS 中用户的言论自由的程度，BBS 中出现不良信息的责任在用户还是在 ISP，管理者对不良信息的删除是否损害言论自由等。这些问题都涉及法律、道德、政策等方面，也是 BBS 管理者和用户面对的问题。而且，网络媒体中对信息的控制较传统媒体要来得微妙而复杂。

一般说来，国内的 BBS 管理通常有六种手法[1]：

①要求用户做出承诺，保证不在论坛中进行违反国家法律和法规的活动，用户对本人的网络行为所产生的后果自负责任，与 ISP 及 BBS 管理者无关。

②BBS 管理者对内容进行检查，有权删除任何内容，尤其对反动或色情的信息格杀勿论，对某些内容尚可、表达欠缺的帖子进行整理，原则是不影响提供者的本意。

③二次提交，也就是说，网友文章上贴和最后发布之间会有一定时间上的滞后，这段间隔里，版主对网友的发言进行检查，检查后再发布。

④不设立任何涉及政治及敏感话题的主题。

⑤对用户进行注册登记。

⑥必要时暂时或永久关闭论坛。

---

① 何苏六等：《网络媒体的策划与编辑》，北京广播学院出版社 2001 年版，第 207 页。

（2）版主的管理

选择什么样的 ID 做版主及如何选择版主是 BBS 管理者（或站长）自我管理的延伸，也是体现论坛倾向性的重要方面。版主筛选、聘用、试用、使用的制度（有形或无形的）是论坛规范化的基本内容。

在版主管理上也要讲求能级原则。一个不希望论坛迷失方向的管理者应该考虑将版主的数目控制在 6～12 人之间。6 人以下不能确保足够的繁荣度，12 人以上则会造成版主的失控和由此造成的论坛文化环境的不稳定。相对而言可以强化责任的值班制度是一个不错的想法。值班版主在特定的时候可以把自己当成真正的主人行事，像一定程度上的承包制一样无疑会使论坛更利于搞活。

（3）版面管理规范化

在现实中，有一些写手特别关注论坛的版面形象。一个有过多泡沫帖子的论坛总是让人觉得不舒服。由此，基于论坛版面的卫生清理、治安保障、精华入选、灌水条规等需要特别列明。

对广告帖、脏帖、零正文帖等的清理对一般的论坛是不言而喻的。一些奉行主帖精品策略的论坛（如大漠论坛）甚至不会留下任何一篇非文章的主帖。一些强调认真回复的论坛（如森林论坛）甚至规定跟帖不得少于 100 字。

入选精华是论坛的垄断权利，但不讲求一定的平衡也势必影响写手热情。

灌水量的多少在一些热门 BBS 论坛都有说明。一般限制在一天 5 个主帖之内可能更适合一些。

（4）输入管理规范化

通过征文、招聘等有效方式加强对写手、读者的有效吸引将确保为论坛获得源源不断的帖源。

（5）输出管理规范化

让写手们的帖子得到延伸发表的机会，这是提高网民写作和访问热情的重要手段。在这一基点上，精华帖推荐机制尤其需要建立起来。

（6）其他各个需要规范的方面

经验告诉我们，特定论坛对任何一项规范化措施的实施，都可能造就一个新的论坛受注目点（或眼球增长点）。如大漠的版主日志制度、阳光的值班制度、文海的精华推荐战略等。

二、CHAT 的管理

CHAT 基于互联网所依存的计算机技术和通信技术，而其匿名（化名）性、平等性等特点为人们释放工作和生活压力提供了场所，也为现代沟通提供了新渠道。

CHAT 服务是网络用户在 Internet 上使用最多的服务之一。据 CNNIC 2004 年 1 月 15 日发布的《中国互联网络发展状况报告》的统计数据，排在前几位的互联网服务使用情况如下：

电子邮件	88.4%
搜索引擎	61.6%
看新闻	59.2%
浏览网站	47.2%
聊天	39.1%
软件上传下载	38.7%
BBS 论坛	18.8%
同学录	15.7%

从报告数据可以看到，有近 40% 的网络用户会使用 CHAT 服务，CHAT 成为互联网络用户使用最广泛的服务之一。

在这里我们必须说明，40% 的网络用户使用 CHAT 服务这一数字包括使用浏览器形式聊天室和使用 ICQ/OICQ 等实时通信聊天工具两种。由于本章着眼于网络媒体的服务，而 ICQ/OICQ 等实时通信聊天工具一般由专业网络公司经营，国内媒体网站和门户网站一般不推出即时聊天服务（除网易有"网易泡泡"聊天工具，但与 ICQ/OICQ 相比，影响力较弱），只提供基于浏览器形式的聊天室。因此，在本章中所讨论的网络媒体 CHAT 服务将不涉及 QQ 等即时通信聊天服务，仅限于对浏览器形式的 CHAT 服务的讨论。

同样在这里需要指出的是，随着这两年各种网络服务方式的出现和完善（如博客的出现），网络聊天，特别是网络的聊天服务的用户数量呈日益递减的趋势。据 2006 年 7 月 CNNIC 公布的最新统计报告显示，虽然网络聊天室的用户使用比例只有 19.9%，但如果我们仔细分析，可以发现，这一比例是指使用网站聊天室的用户，不包括 QQ、MSN 等这样的即时通讯聊天（这一比例为 42.7%）。因此，与 2004 年的数据相比，使用网站聊天室的用户比例理论上而言并没有多少降低。这也从一定程度上说明了网民对网站聊天室的喜爱，也说明了网站对聊天室管理的必要。

链接 1

关于即时聊天

说到网络聊天，特别是中文网络聊天，腾讯 QQ 是目前当之无愧的霸主，占据着大部分的江山。在很长的时间里，人们一提到聊天就自然而然地想到腾讯QQ。但是最近似乎有了变化，网易泡泡正逐步虏获网民们的心。

如今的即时通信软件，主流产品的性能没有什么太大的差别，虽然新版本在不断地推出，但在功能上已经没有太多突破性的进展。而一些收费政策的推出，也在一定程度上限制了新用户的加入。因此，即时通信软件的行业以及用户数量开始进入缓慢增长的阶段，此时的市场从表面上看已经显得有些潜力不足。但是，即时通讯软件新军——网易泡泡却在这样一个阶段中以惊人的速度爆发，在推出产品短短的10个月多时间来，截至目前的注册用户已经突破500万人，到今年年底，将有望突破800万。当然，与腾讯QQ的用户相比，这个数目仍嫌不足，但这种上升势头确实不容忽视。

增值服务引发注册热

网易泡泡的崛起在于其在功能强大的产品基础上，不断地为用户提供丰富的增值服务，引发用户的浓厚兴趣。产品推出后的用户反馈显示，其功能非常符合国内广大用户需求，界面也相当友好。但是相信这些并不是泡泡能够取得成功的主要原因，也不足以使泡泡与腾讯QQ展开竞争。

网易的决策者们对此显然非常清楚，因此网易泡泡必须走差异化道路，同时更多地在增值服务方面增加对用户的吸引力。从产品推出伊始，网易泡泡就坚定不移地走免费路线，同时给每个用户赠送一个25M的超级免费邮箱。我们知道，主流的电子邮箱都已经或多或少实行了收费政策，容量达到25M的免费邮箱更是绝无仅有。据悉，网易近期更会将免费邮箱容量提升至50M，并增加杀毒、手机收发邮件等功能。网易如此逆道而行，慷慨赠送消费者，显示出他们对即时通信市场的雄心。

毋庸讳言，网易泡泡现在的免费政策确实也是吸引用户注册的主因之一。但是，网易泡泡的免费政策究竟能够持续多长时间呢？现在的免费是不是也为了将来的收费做准备呢？这些都是疑问。

另据了解，即日起用户只要注册手机号码，成功激活后就可以免费发短信，发送条数不受限制。

资料来源：叶辉：《关于即时聊天》，见 http://www.blogchina.com 2003-9-4 13：22：35。

1. CHAT 的传播形态和特点

早期的传播都是面对面的传播，随着技术的发展，传播形式也变得日益丰富。在人际传播领域，早期的口耳相传已在技术支持下进入了书信、电报、电

话等时代。网络技术出现，网络传播中的人际传播成为人际传播的新形态，电子邮件和网上聊天提供了新的人与人的沟通手段。

与传统人际传播方式相比较，CHAT在时间维度上更接近于早期的口耳相传，因为CHAT没有时间间隔，几乎是即时的。虽然CHAT目前还是以文字交流而不是以话语交流为主，但其穿越时空的即时性和便捷性仍是最大的卖点。而且，CHAT中身份被隐匿，这使CHAT中的交流变得微妙。交流变得具有偶然性和自由平等性。这是CHAT的另一个卖点。

具体地说，CHAT的传播特点分为两大类。

（1）随意性和不确定性

在一个多人参加的聊天室中，加入聊天的人数时可以动态变化的，用户之间的相互关系、用户谈话的主题时常会发生变化，用户的结盟关系也往往摇摆不定。此外，参加聊天的用户一般对交流对象缺乏必要了解，传播的目的也因此不是十分明确，通常也无法选择合适的交流内容及说服对方的手段。不过，这可能也正是用户进行聊天的兴趣所在，换句话说，正是这种不确定性吸引了人们。

（2）隐蔽性与匿名（化名）性

在使用CHAT服务时，用户无需表露身份，也造就了CHAT中的偶然性和自由平等性。人们往往在这样的环境中展露真实心迹，达到了现实生活中无法轻易达到的交流效果。用户无需隐藏什么，也无需对自己说的话负责。这种交流过程本身就具一种吸引力。①

2. CHAT的管理

CHAT的管理从根本上来说是一个传播过程中的控制问题。因为CHAT依存于网络技术，其控制和管理从技术层面而言完全可行。同时，对CHAT的管理和控制是完全必要的。这一点，我们在前面对BBS的论述中已有较完整的论述。

每个聊天室都有管理员，可以随时监控聊天内容。但许多网站为聚集人气，对CHAT的管理一般比较宽松。但必须注意的是，CHAT虽然提供了一个自由交谈的空间，但如果定位过于低俗，则势必影响网站的声誉。而且，言论如果过于开放以至涉及敏感话题，那么，对于网站而言，问题严重性也是不用多说的。

此外，对于CHAT的具体管理方式，可参考前面对BBS管理的论述。

---

① 何苏六：《网络媒体的策划与编辑》，第210页。

第二节　邮件服务管理

电子邮件是现在世界上最便捷、最先进、最廉价的通讯工具。电子邮件相对于传统通讯工具，其优势在于价格低廉、不受时空限制、速度快，这使得电子邮件成为最为流行的网络服务。

一、网络媒体电子邮件的应用

对于网络媒体而言，电子邮件服务是一项必不可少的服务项目。其在网络媒体中的应用主要有两项，分别是体现为编读往来的传统信箱方式和邮件列表。

1. 体现为编读往来的传统信箱方式

对于大众传媒而言，最缺乏的就是受众的反馈。因此传统媒体往往想方设法采取一些措施为受众提供交流平台，一方面根据受众反馈改进工作，另一方面也是为了吸引受众，培养忠诚的受众群。如报纸经常采取一种类似于"读者来信"的形式给读者提供交流平台，而现在某些电视节目也采用短信平台的方式与受众进行互动。对于网络媒体而言，最直接的就是在网上与受众进行交流，而其中最重要的方式就是体现为编读往来的电子邮件服务。

在许多网络媒体的网站上，我们都可以看到《网友信箱》这样的栏目，《网友信箱》就是为受众提供了一个反馈的渠道。一般来说，根据网站整体设计中不同的规划与要求，这种栏目只是设计为一个只可发信给 webmaster 的简单的信箱空间。当然也有例外，如央视国际网站或人民网中，这个信箱空间就被设计为一个独立的项目，其中包括：来稿选登、公开回函、贵宾图录、疑难解答、来函统计等子项目。

由于提供信箱空间这一服务其初衷就是为了与受众更好地沟通，因此仅提供一个信箱空间是完全不够的。如果不对读者的来信予以足够重视，没有用这些反馈去指导和改进传播和服务工作，并通过这些编读来往形成传受互动，就不仅没有发挥网络媒体的优势，而且也是对反馈资源的极大浪费和对受众的不尊重，反而会对网络媒体的发展不利。网络媒体的编辑和管理者在这方面的工作，就是对所有来信做出及时的回应，并将反馈信息分类，在适当的时候以适当形式进行公布，需要注意的是，在对受众反馈的处理过程中，一定要让受众感觉到网络媒体是十分注重这些信息的。对这些反馈分类进行整理，并做出必要的整体或单个解答，这不仅是一种尊重，也是一种利益和非利益层面上的双

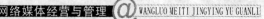

赢。而其中获益更大的无疑是网络媒体本身。

链接2

CCTV 网站来信统计分析报告

1. 数据分析

信件总数：2902 封

关于网站有效信件：548 封

关于电视类有效信件：615 封

来自海外的有效信件：47 封

关于网站的来信情况如下：

建议信件：84 封，占 15%

意见批评信件：36 封，占 7%

寻求合作信件：45 封，占 8%

寻求帮助信件：70 封，占 12.7%

表扬感谢信件：21 封，占 3%

节目列表服务信件：152 封，占 27.7%

请求技术支持信件：11 封，占 5.6%

关于网站其他信件：109 封，占 19.8%

2. 信件内容分析

（1）此次对网友来信的整理，其中建议着重于希望网站的内容应再丰富一些的来信，占总来信的 15%，具体情况如下：

网友建议在《主持人》栏目里登出《现在播报》的海霞、《综艺大观》的周涛、《环球》的王雪纯、《影视同期声》的蒋梅等主持人的资料。

建议在生活频道中有主持人的小档案和相片以及介绍主持人生活情况的花絮，这样会吸引一些人关心网站的生活栏目。

网友急切希望上网的栏目比较集中的有《东方时空》和《经济半小时》，还有《供求热线》等，此类节目上网的意义在于可供网友们查询在电视节目中没有及时记录下的资讯。

（2）网友来信所提的问题主要意见是网速问题的，共有 23 封，占意见信的 56%，这个问题在本月下旬带宽扩展后得到解决；关于 REAL 播放技术咨询问题的来信有 31 封。

（3）此次统计网友的建议来信越来越倾向于服务方面的内容，有 23 封来信是关于信息、意见反馈的设置。

因网站改版后版面的变化，有些常来网站看动画的小网友们纷纷来信询问动画城到哪里去了。还有些网友来信说："找《东方时空》、《焦点访谈》等专题栏目比较困难，希望把节目预报放到一个好找的地方。"

（4）本期关于合作、链接的信件较多，共有 45 封。其中来自商业网站的来信占 33％。

（5）有关向电视节目提意见、咨询的信件占总的有效信件的 51％，提供新闻线索和咨询如何购买节目影带、光盘等信件占总的有效来信的 15％。

注：收信时间为 2000 年 7 月 4 日～7 月 24 日。

资料来源：何苏六等：《网络媒体的策划与编辑》，第 222 页。

2. 邮件列表

与电子邮件不同，邮件列表是一个明显的网站互动项目。它是一种依靠电子邮件进行传播的集体通信方式。集体成员之间进行的通信由一个软件和相应的服务器支持。凡是统一邮件列表的成员发往一个特定电子信箱的信件，通过服务器网站的转发，所有的成员都能收到。

邮件列表的特点决定了它的用途。对于媒体而言，编辑可以通过它来发送精华电子版；对于公司而言，销售人员可以通过它向客户介绍新产品、开展售后服务；对于个人网站而言，站长可以向网站的站友提供站上内容的更新；对于特定的团体，如一群老同学，可以通过订阅同一个邮件列表来加强联系和交换信息。

邮件列表可以分为多个主题，如计算机、美食、教育、旅游等，凡是有电子邮箱的网络受众都可以加入一个或多个邮件列表，因此，可以根据个人的文化背景、职业、爱好等定制自己需要的信息，这使邮件列表有了极大的发展空间。

邮件列表这种多用途的互动性栏目在网络媒体上也有极大的重要性，是一种极有宣传效用和服务效用的项目。接下来我们就论述一下邮件列表在网络媒体中的应用。

（1）邮件列表的用途

①创办、发送电子杂志。网络媒体可以将网站上的精华内容制成类似于精华版的电子杂志，将网站内容的概要发送给用户，吸引受众来网站浏览。

②方便、及时、安全地进行集体内部联系。网络媒体的受众可以根据自己的爱好，形成一个受众群，这个群体可以利用邮件列表进行资料共享。

③进行关系性营销。通过邮件列表，网络媒体可以迅速方便地巩固与发展新的受众群，进行高度准确的关系经营。如对特定受众准确发送该受众所需的信息。

（2）邮件列表的种类

一般而言，常见的邮件列表有以下三类：

①站点更新通知。常见的做法是在网站的首页设置一个可以让用户提交自己电子邮件地址的表单，但一定注意发送给受众的更新通知的内容选择，一定要是精辟且更新频率稳定的内容，不然就会成为另一种形式的垃圾邮件，对于媒体网站而言，这种做法会招来受众的厌恶心理，效果当然适得其反。

②讨论组列表。这种列表在 LINUX 系统开发过程中所形成的论坛中极为常见，一些专业性很强的 LINUX 讨论组，虽然没有定期的刊物，但其列表有自己的管理员。在这样的列表中，成员可以给所有的其他成员发信，而且一般无需通过管理员的批准，所有成员都可以自由地参与讨论。但如果邮件列表的用户数量很大，管理不当的情况就难以避免，从而形成极为混乱的情况。反过来讲，如果任何用户都要经过管理员审查，会严重挫伤用户积极性，对网络媒体也不利。因此，这种方式对于一个适当大小的群体而言是十分不错的。

③电子邮件列表。以目前最受欢迎的电子刊物的邮件列表为例。一个受欢迎的电子期刊是基础，刊物的内容充实，但量要有所控制，量太大了受众只看自己的邮件就足够了，影响刊物本身的点击率；量太少了就会被认为是不负责任的垃圾邮件。而且要注意，邮件的界面一定要友好，并具有吸引力。如果一旦这些方面没有引起足够的重视，用户就会认为是垃圾邮件，直接影响该网站在受众心目中的形象。

二、网络媒体电子邮件的营销管理

电子邮件营销是一个广义的概念，既包括网络媒体自行开展的电子邮件营销活动，也包括通过专业服务商投放电子邮件广告。为了进一步说明不同情况下开展电子邮件营销的差别，可按照 E-mail 地址的所有权划分为内部电子邮件营销和外部电子邮件营销。内部电子邮件营销是一个网站（网络媒体）利用注册用户的资料开展的电子邮件营销，而外部电子邮件营销是指利用专业服务商或者其他可以提供专业服务的机构提供的电子邮件营销服务，投放电子邮件的企业本身并不拥有用户的 E-mail 地址资料，也无需管理维护这些用户资料。内部电子邮件营销和外部电子邮件营销在操作方法上有一定的区别，但都必须满足电子邮件营销三个基本因素：基于用户许可、通过电子邮件传递信息、信息对用户是有价值的。

利用内部电子邮件列表开展电子邮件营销是网络媒体经营中经常使用的方式。很多网站都非常重视内部列表的建立。但是，建立并经营好一个邮件列表并不是一件简单的事情，涉及多方面的问题。

首先，邮件列表的建立通常要与网站的其他功能相结合，并不是一个人或者一个部门就可以独立完成的，将涉及技术开发、网页设计、内容编辑等内容，也可能涉及市场、销售、技术等部门的职责。如果是外包服务，还需要与专业服务商进行功能需求沟通。

其次，邮件列表必须是用户自愿加入的，是否能获得用户的认可，本身就是很复杂的事情，要能够长期保持用户的稳定增加，邮件列表的内容必须对用户有价值，邮件内容也需要专业的制作。

第三，邮件列表的用户数量需要较长时期的积累，为了获得更多的用户，还需要对邮件列表本身进行必要的推广，同样需要投入相当的营销资源。①

1. 电子邮件营销的技巧

除了网络媒体外，E-mail 营销模式也正得到越来越多的希望借助电子商务拓展自己经营范畴的企业的关注，因为电子邮件营销可以带来许多看得见的好处——因特网使营销人员可以立即与成千上万的潜在的和现有的顾客取得联系。研究表明，80％的因特网用户在 36 小时内会对收到的电子邮件做出答复，而在直接邮寄（简称直邮）活动中，平均答复率仅为 2％。

然而，发送电子邮件需要注意一些技巧，这样才能达到一个较高的接受率。

（1）在电子邮件中设计一些小游戏和瞬间就知道输赢的活动来吸引顾客，提供一定的报偿，消费者是需要有充分的响应理由的。

（2）设计一个有趣的主题。人们通常都会收到大量的电子邮件，当他们查阅这些邮件时，一个非常有趣的主题会促使人们打开邮件，而通常所见的"优惠打折"等主题在一定程度上是有效的，不过需要有针对性的发出这样的电子邮件，对那些从不浏览体育新闻的人发出体育用品打折销售的电子邮件，显然是无效的。

（3）保证邮件内容信息短小而切题。千万不要使你的电子邮件的主题与内容毫不相干，虽然你能以过分夸大的主题吸引用户打开电子邮件，但当他们发现主题与内容完全不符之后，他们可能再也没有兴致继续接受你的电子邮件服务了。

---

① 冯英健：《Email 营销》，机械工业出版社 2003 年版。

（4）避免发送附件。一般的用户都不太愿意接受电子邮件营销中的附件。[1]

2. 邮件列表营销的内容策略

当电子邮件营销的技术基础得以保证，并且拥有一定数量用户资源的时候，就需要向用户发送邮件内容了（如果采用外部列表电子邮件营销方式，邮件内容设计的任务更直接）。对于已经加入列表的用户来说，电子邮件营销是否对他产生影响是从接收邮件开始的，用户并不需要了解邮件列表采用什么技术平台，也不关心列表中有多少数量的用户，这些是营销人员自己的事情，用户最关注的是邮件内容是否有价值。如果内容和自己无关，即使加入了邮件列表，迟早也会退出，或者根本不会阅读邮件的内容，这种状况显然不是营销人员所希望看到的结果。

除了不需要印刷、运输之外，一份邮件列表的内容编辑与纸质杂志没有实质性的差别，都需要经过选题、内容编辑、版式设计、配图（如果需要的话）、样刊校对等环节，然后才能向订户发行。但是电子刊物（特别是免费电子刊物）与纸质刊物还有一个重大区别，那就是电子刊物不仅仅是为了向读者传达刊物本身的内容，同时还是一项营销工具，肩负着网络营销的使命，这些都需要通过内容策略体现出来。在电子邮件营销的三大基础中，邮件内容与电子邮件营销最终效果的关系更为直接，影响也更明显，邮件的内容策略所涉及的范围最广，灵活性最大，邮件内容设计是营销人员要经常面对的问题。

以下是邮件列表内容策略的一般原则，这也能为营销人员提供更多的思路[2]。

（1）内容系统性。如果对我们订阅的电子刊物和会员通讯内容进行仔细分析，不难发现，有的邮件广告内容过多，有些网络媒体的邮件内容匮乏，有些则过于随意，没有一个特定的主题，或者方向性很不明确，让读者感觉和自己的期望有很大差距，如果将一段时期的邮件内容放在一起，则很难看出这些邮件之间有什么系统性，这样，用户对邮件列表很难产生整体印象，这样的邮件列表内容策略将很难培养起用户的忠诚性，因而会削弱电子邮件营销对于品牌形象提升的功能，并且影响电子邮件营销的整体效果。

（2）内容来源稳定性。我们可能会遇到订阅了某个网络媒体的邮件列表却

---

① Robbin ziff & Brael Asouson 著，北京华中兴业科技有限公司译：《Internet 广告实战策略》，人民邮电出版社 2001 年版，第 67 页。

② 冯英健：《Email 营销》。

很久收不到邮件的情形，有些可能在读者早已忘记的时候，才忽然接收到一封邮件。如果不是用户邮箱被屏蔽而无法接收邮件，则很可能是因为邮件列表内容不稳定所造成。在邮件列表经营过程中，由于内容来源不稳定使得邮件发行时断时续，有时中断几个星期到几个月，甚至因此而半途而废的情况并不少见。内部列表营销是一项长期任务，必须有稳定的内容来源，才能确保按照一定的周期发送邮件，邮件内容可以自行撰写、编辑或者转载，无论哪种来源，都需要保持相对稳定性。不过应注意的是，邮件列表是一个营销工具，并不仅仅是一些文章或新闻的简单汇集，应将营销信息合理地安排在邮件内容中。

（3）内容精简性。尽管增加邮件内容不需要增加信息传输的直接成本，但应从用户的角度考虑，邮件列表的内容不应过分庞大，过大的邮件不会受到欢迎。首先，用户邮箱空间有限，字节数太大的邮件会成为用户删除的首选对象；其次，由于网络速度的原因，接收、打开越大的邮件耗费时间也越多；第三，太多的信息量让读者很难一下子接受，反而降低了电子邮件营销的有效性。因此，应该注意控制邮件内容数量，不要有过多的栏目和话题，如果确实有大量的信息，可充分利用链接的功能，在内容摘要后面给出一个 URL，如果用户有兴趣，可以通过点击链接到网页浏览。

（4）最佳邮件格式。邮件内容需要设计为一定的格式来发行，常用的邮件格式包括纯文本格式、HTML 格式和 Rich Media 格式，或者是这些格式的组合，如纯文本、HTML 混合格式。一般来说，HTML 格式和 Rich Media 格式的电子邮件比纯文本格式具有更好的视觉效果，从广告的角度来看，效果会更好；但同时也存在一定的问题，如文件字节数大，以及用户在客户端无法正常显示邮件内容等。哪种邮件格式更好，目前并没有绝对的结论，与邮件的内容和用户的阅读特点等因素有关，如果可能，最好给用户提供不同内容格式的选择。

3. 邮件列表内容的一般要素

尽管每封邮件的内容结构各不相同，但邮件列表的内容有一定的规律可循，设计完善的邮件内容一般应具有下列基本要素：

（1）邮件主题。即本期邮件最重要内容的主题，或者是通用的邮件列表名称加上发行的期号。

（2）邮件列表名称。一个网站可能有若干个邮件列表，一个用户也可能订阅多个邮件列表，仅从邮件主题中不一定能完全反映出所有信息，需要在邮件内容中表现出列表的名称。

（3）目录或内容提要。如果邮件信息较多，给出当期目录或者内容提要是很有必要的。

（4）邮件内容 Web 阅读方式说明（URL）。如果提供网站阅读方式，应在邮件内容中给予说明。

（5）邮件正文。本期邮件的核心内容，一般安排在邮件的中心位置。

（6）退出列表方法。这是正规邮件列表内容中必不可少的内容，退出列表的方式应该出现在每一封邮件内容中。纯文本格式的邮件通常用文字说明退订方式，HTML 格式的邮件除了说明之外，还可以直接设计退订框，用户直接输入邮件地址进行退订。

（7）其他信息和声明。如果有必要对邮件列表做进一步的说明，可将有关信息安排在邮件结尾处，如版权声明和页脚广告等。

4. 垃圾邮件问题

在网络媒体邮件管理中还需要引起重视的一个问题是垃圾邮件的管理，这也正在成为网络媒体经营管理中比较严重问题之一，如果不好好处理这一问题，会对网络媒体的声誉和品牌造成很大影响。一般而言，网络媒体不会恶意发送垃圾邮件，但也不排除因广告行为或系统错误而造成的另一类型垃圾邮件的情形。

系统错误造成的问题属于技术范畴，我们在此不予讨论。网络媒体在进行邮件营销时有可能造成的垃圾邮件问题主要有两种：一类是将发送广告垃圾邮件给其邮箱用户，即作为"赢利模式"，代为其他厂商发送广告垃圾邮件；第二类是网络媒体有可能出售邮件地址给专业性的邮件营销商，而由这些邮件营销商因此进行了邮件营销。

链接 3

联合国报告显示垃圾邮件来源：美国第一，中国第二

周二，联合国贸易与发展大会（UNCTAD）在《2003 电子商务与发展》报告中指出，美国是全球最大的垃圾邮件制造者，该国产生的垃圾邮件数量占到全球所有垃圾邮件总量的一半以上。

报告同时称，美国同时也是受垃圾邮件影响最大的国家。Jupiter 研究公司的高级副总裁大卫·沙特斯基指出："这都是金钱惹的祸，美国拥有全球最大的市场，因此也就成为了垃圾邮件制造者们最有吸引力的目标。"

沙特斯基指出，根据 Jupiter 公司的预测，到 2003 年年底西欧地区的家庭上网用户将达到 6760 万，占当地家庭总数的 42％。而在美国上网家庭的数量为 7150 万，占家庭总数的 66％。此外在网上消费方面双方差距更大，今年欧洲用户的网上消费总额将达到 194 亿欧元，美国则为 517 亿美元。

UNCTAD 在报告中指出，除了给上网用户增添麻烦之外，垃圾邮件还消耗了企业大量资金，全球企业用于处理垃圾邮件的费用大约为 205 亿美元。在美国，平均每个电子邮箱收到的垃圾邮件数量达到了 226 封，绝大多数美国人都注册了"不要发垃圾邮件给我"功能，但只有 19％的用户认为这一功能非常有效，而 46％的用户认为有一定效果。目前垃圾邮件的数量已经占到了全球邮件总量的一半，而 Corvigo 公司预测这一数字将在 2003 年增加到 64％。

UNCTAD 对 2003 年发生的恶意攻击事件进行了分析，发现在 2002 年受到了最多数字攻击的美国在今年仍在这一领域排名榜首。在 2002 年美国受到的攻击是排在第二位巴西的 4.5 倍。

下面是垃圾邮件来源国家的排名：

美国：58.4％

中国：5.6％

英国：5.2％

巴西：4.9％

加拿大：4.1％

其他：21.8％

资料来源：http：//www.tom.com

第三节　短信的经营与服务管理

一、短信业务的兴起与现状

在某种程度上说，短信业务似乎可以被认为是拯救中国网络媒体蜕变的一个核心因素。在经历了初期疯狂的泡沫之后，中国的网络媒体曾经一度陷入了难以自拔的困境，支撑传统媒体发展的广告业务似乎无法帮助网络媒体走出泥沼。而正是在这样的困难时期，中国移动（联通）推出的短信业务如火如荼地发展了起来，这也成为了中国互联网业的一个重要转折点。

链接 4

中国三大门户何以成为纳斯达克的亮点

在亏损几年之后，中国三大门户网站目前都在扭亏为盈，不仅首次一起实现季度赢利，而且还成为不太景气的纳斯达克股市上为数不多的亮点。美联社 1 月 16 日的报道分析认为，这其中起到很大作用的就是手机在中国的日益普及，手机应用刺激了中国互联网企业的发展。

尽管中国消费者普遍收入不高，以及电子商务普及速度较慢从某种程度上限制了网络企业的发展。但是在去年，这一不利情况终于迎来了一个转折点，那就是中国最大移动通信运营商——中国移动引入了一个名为"micropayment"的系统，使得门户网站可以与电信运营商一起分享无线网络接入服务的收入。

中国互联网企业 2000 年年中开始在纳斯达克上市，当时正值互联网业最红火的时期，因此它们的上市筹集了不少的资金。但是随着企业的亏损不断增加，它们的股价也开始大幅下跌，网易一度还因为错过财报最后期限而面临被摘牌的威胁。

现在，新浪、网易及搜狐三个网站均可以向那些通过短信息服务，即 SMS 登录其网页浏览新闻的手机用户收取费用。每次一位手机用户下载信息或是游戏，网站可以收取 1.5 元（合 20 美分）的费用。

美联社报道称，业界专家 Steven Schwankert 表示："由于中国手机用户日益增加，这些网站都因此获利不少。"分析人士还表示，与已经饱和的西方市场不同的是，中国的手机市场还有很大的增长空间。作为回应，投资者将开始吸纳三家网站的股票，促使这些股票的股价开始攀升。

官方数字显示，截至去年 12 月底，中国手机用户已经达到了两亿人，而且这一数字还在以每月 400 万人的速度增加。中国移动透露 2002 年手机用户发送了 800 亿条 SMS 短信，大大高于 2001 年的 159 亿条。现在，中国移动的手机用户可以通过上述任何一家网站享受短信服务，每天可以接收 15 条最新的新闻信息。另外这些用户还可以下载名人图片、漫画及一系列图标等。美联社报道称，中国投资基金的主管 Hu Xiaodong 表示，他从去年韩日世界杯时就开始注意到了中国网络企业扭亏为盈的趋势，当时中国的球迷蜂拥而至上述网站上浏览中国队的新闻。

资料来源：博客中国（www. Blogchina.com），2003 年 1 月 17 日。

艾瑞市场咨询有限公司发布的《2003 年中国网络短信研究报告》中指出：2002 年中国网站短信收入为 9.2 亿元人民币，2003 年短信收入中网站的收入将达到 27.7 亿元人民币，增长率达 201.1％。随着彩信的加入及网络短信用户的增加，到 2006 年网站的短信收入将达到 106 亿人民币。

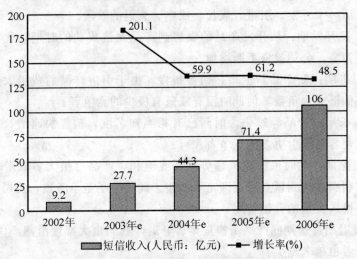

图 8-1　中国网络短信市场规模及预测

注：网络短信指主要以互联网为工具为用户提供短信的服务。

资料来源：www.iresearch.com.cn。

在网络短信市场中，以新浪、搜狐等为代表的商业网络媒体的表现尤为突出，根据新浪 2004 年第四季度财务报告，新浪的移动增值业务继续得益于其多样化的产品策略。该季度，来自 2.5G（彩信和 WAP）产品及其他新业务的营收从第三季度的 520 万美元增长至 670 万美元，增幅约为 28％。其中彩信业务营收从第三季度的 290 万美元增长至 450 万美元，增幅达 55％。第四季度短信业务营收为 2880 万美元，较第三季度的 2430 万美元增长了 19％。更值得注意的是，新浪特别提到，通过广播和电视进行的直接广告宣传是根据使用量计费的短信业务取得季度营收增长的主要原因。也由此可以看出，对于网络媒体的短信业务来说，广告宣传是一个重要的促进增长的要素。

二、商业网络媒体短信业务经营

正如在上文中看到的，以新浪、搜狐、网易为代表的中国商业网络媒体在短信业务的经营上有着非常成功的表现。因此我们有必要以此为代表进行分析，以揭示我国网络媒体短信经营的发展历程、特点及未来发展方向。为了有效分析对这些商业网络媒体短信发展的历程，我们可以采用经济学中的产品生命周期理论，简称 PLC，来加以阐释。这一理论是把一个产品的历史比作人的生命周期，要经历出生、成长、成熟、老化、死亡等阶段。就产品而言，也就是要经历一个开发、引进、成长、成熟、衰退的阶段。

1. 产品开发期：从开发产品的设想到产品制造成功的时期。此期间该产品销售额为零，公司投资不断增加。

2. 引进期：新产品新上市，销售缓慢。由于引进产品的费用太高，初期通常利润偏低或为负数，但此时没有或只有极少的竞争者。

3. 成长期：产品经过一段时间已有相当知名度，销售快速增长，利润也显著增加，容易吸引更多的竞争者。

4. 成熟期：此时市场成长趋势减缓或饱和，产品已被大多数潜在购买者所接受，利润在达到顶点后逐渐走下坡路。此时市场竞争激烈，公司为保持产品地位需投入大量的营销费用。

5. 衰退期：这期间产品销售量显著衰退，利润也大幅度滑落。优胜劣汰，市场竞争者也越来越少。①

1. 1999～2000 年底：开发、引进期

首先，我们有必要明确"网站的短信业务"究竟是什么。网站短信业务是用户通过网站提供的软件，从网络向手机发送短信，虽然占用了移动通讯线路的宽带，但不收费，同时，从手机向网站发送短信，将收取费用，如网易泡泡。商业网络媒体都有自己的特殊软件支持，还有手机从网站下载各种业务。所以短信业务的客户潜伏在手机用户当中，确定 0.1 元每条的手机短信费用如何在网站及电信运营商之间分成比例也成了众矢之的。

如果把短信业务想象成一棵树，姑且叫做"短信树"。树的根基在 2004 年是有 2.5 亿手机用户的中国移动通信市场，树的底层是手机用户，第二层是手机用户中使用短信服务的手机用户，即短信用户，第三层是通过内容服务提供商（SP）的短信发送量。

（1）手机用户——使用短信的手机用户——发向 SP 的短信量

根据中国移动的有关资料，大约 80%～90% 左右的短信业务为手机对手机的发送，因此只有大约 10%～20% 的短信业务是通过嫁接在短信分枝上的

---

① 菲利普·科特勒，《营销学原理》（第五版），机械工业出版社 1991 年版，第 358 页。

内容服务提供商（SP）发送的，它们以三大商业网络媒体新浪、搜狐、网易为代表，总数已经超过 600 家。[①]

但是在 1999 年，短信业务开始进入网站，移动梦网还没有开展，手机在中国还是新鲜产品。据统计，1999 年底中国手机用户只有 4330 万人，网民数量只有 890 万人，这两者的切合处大概只有不足 100 万。[②] 当时短信业务为何没有突出表现，原因如下：

①当时，网络在中国，还是发展阶段，没有如今的铺天盖地，而且大多数人对网站的业务了解几乎为零，更谈不上将网络和手机相结合。可以说，2 年将近 3 年时间主要是在积累手机用户，积累网站在民众中的普及度，积累网站和移动通信的沟通。

②网站和移动运营商之间还没有意识到短信通过网站后带来多大的变化。主要是当时关于网站与运营商分成比例的确定，大家都没有明确的说法。运营商认为不应分成，理由是网站已经收取上网费用，发送短信占用的资源是运营商的宽带，与网站没有关系。而网站则认为运营商培养了网民收发短信，而且也激增了短信的发送量，网站理应取得收费。

不过，这段孕育期，也没有变成短信的绝唱，主要在于，这种业务有其存在的合理性。用户在上网的同时，可以不用拿出手机，即可收发短信，这是实际功能，这从根本上决定了这项业务存在合理性和可行性。同时，娱乐功能也被大量开发，基于网民的层次主要是青少年，下载大量的网站产品，也扩充了短信业务的分枝。

2. 2001～2004 年：发展期

经过将近三年的孕育期，短信业务在商业网络媒体凸现出来。2003 年底，中国互联网人口约 8000 万，但据了解，当期三大商业网络媒体拥有的活跃短信用户（通过三大商业网络媒体每月至少发送一条短信的用户）合计仅 1500 万，与它们每月的访问用户数相比，还是一个小数，短信增长的空间还是很大。图 8-2 展示了短信在商业网络媒体的发展过程：

从图中，依稀可见短信业务在商业网络媒体发展过程中的身影。从开始爆发式的增长（每季度增长率都在 20％以上），到 2004 年增长逐渐趋稳。

---

① 数据来源：中国移动网（www.chinamobill.com）。

② 数据来源：中国信息产业部网（www.mii.gov.cn）。

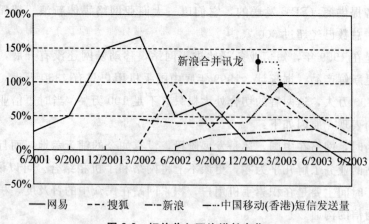

图 8-2　短信收入环比增长变化

三大商业网络媒体的短信业务自 2002 年、2003 年步入疯狂增长阶段，2004 年潜在消费容量释放完后进入短信成熟阶段，从依赖发展数量到依赖内容开发转变，短信市场进入平稳增长阶段。那么，这一期间商业网络媒体到底从短信市场上面攫取了多少"银子"呢？从 2002 年到 2004 年，短信究竟给商业网络媒体带来了什么？从表 8-1 可略知一二。

表 8-1　三大网站短信收入

	2001 年非广告收入在总收入中的比重	2003 年非广告收入在总收入中的比重
新　浪	16％	64％
网　易	50％	87％
搜　狐	29％	63％

注：非广告收入主要为短信业务收入。

由表可见，短信业务实际上从某种意义上说是开启了商业网络媒体理性赢利结构。

从 2002 年第二季度开始，搜狐率先宣布赢利，宣布互联网的二次繁荣已经来临，并乘胜追击，逐渐形成了比较固定的短信、游戏、新闻广告三驾马车拉动的综合商业网络媒体赢利模式。在商业网络媒体的复兴中，短信业务发挥了支柱作用。

进入 2004 年，短信业务在经过潜在释放后进入稳定阶段，但从整个短信产品的发展过程来看，其实短信业务现在还是处于发展期。

首先，短信虽然经过了爆发增长阶段，但目前还保有约 10％的增长率，这个比例使我们不能再将它放在推动商业网络媒体业务成长的最显著位置，但市场的空间还是很大，这个增长空间主要考虑的是深度产品的开发，这个空间主要涉及应用层面，可以说是稳定的增长，量的释放是暂时、瞬间的。其次，目前围绕短信延展产品的开发还是纷繁复杂，市场的饱和还没有显现。

3. 商业网络媒体短信业务模式分析

（1）运营模式＋人头经济

短信的成功最根本的一点就是其运营模式的成功选择，而在国内最早推出短信业务的中国移动的移动梦网模式几乎可以说是无懈可击。虽然最开始，在中国移动梦网刚推出的时候，市场出现了很多质疑，一方面是质疑市场——在网络经济出现了如此大规模泡沫的时候，短信有多大的生存空间。另一方面质疑则是直接针对模式本身，中国移动推出的与 SP 的 15：85 分利能不能激起新浪、搜狐等大 SP 的广泛热情。如果没有丰富的内容，移动梦网就只是一个空架子而已。

短信成功的实质是一个运营模式的胜利。在学习日本 i-mode 的成功经验之上，中国移动通过利益分成紧紧地将 SP 团结在一起，形成了一个完整的包括电信运营商、内容提供商、系统和终端设备提供商、用户在内的产业链，并担负着联系各方、协调整个链条正常运转的最关键责任。中国移动通过这个由运营商主导施行的一种公平的互惠互利商业模式，让各个环节的参与者都真切地感觉到了可企及的利益，而通过榜样的力量更是吸引到了越来越多的公司和个人参与，目前与中国移动签约合作的内容提供商超过 400 家，实现了真正各方共赢。

随后短信的发展完全打消了市场的疑虑。虽然早在 1994 年，短信功能就已经存在于中国移动的 GSM 网络中，但直到 2000 年人们开始注意短信业务前，短信业务几乎无人使用，中国移动也没有进行任何短信服务的规划和业务开发。在中国移动 2000 年 11 月推出移动梦网之后，市场开始爆发，2001 年，中国移动短信共发送 159 亿条，联通短信 30 亿条，而在 2002 年此数字更是连翻了五个跟斗，中国移动短信发送量达到 800 亿条，联通 160 亿条，如果简单地以移动运营商的直接收入 0.1 元～0.15 元/条计算，960 亿条短信的收入就超过了 100 亿元人民币。[①]

这还不是市场从短短的只能包含 70 个字的短信所得到的全部，SP 更是借

---

① 数据来源：中国信息产业部网（www.miligov.cn）。

助短信服务取得了前所未有的赢利。2002 年三大商业网络媒体第三季度财报，网易收入总额较上一季度增长了 93％，其中非广告收入占了 85％，比上季度增长 111％。新浪净营收额为 1030 万美元，净亏损额较上一季度减少了 70％，历史上首次实现赢利。搜狐更以 11.2 万美元的赢利宣布公司已经步入全面赢利阶段。各网站财报共同显示，以短信为主的非广告业务收入在这些网站总收入中的份额不断增加，非广告业务收入分别已经占到新浪、搜狐、网易总收入30％、40％和 50％①。

商业网络媒体的短信赢利模式，归根结底是交互式平台赢利模式，其主要利润来自用户的娱乐诉求，而非用户的商务诉求。

为何针对用户娱乐诉求的交互式平台赢利模式受到追捧？网民的年龄层次和职业特点决定了他们上网的需求特点。据 CNNIC 在网民特征方面的调查数据显示，我国网民还是以 30 岁以下的年轻人为主体，学生、白领、专业技术人群还是比其他职业的人要多。受众群恰恰就是以学生和白领为主的年轻群体，这一部分人群对网络的娱乐需求远大于商务需求。

此时，中国网民加上手机用户是全球第一，交互平台的应用呈现出"人头经济"的特征，只要能从每一个网民身上赚取一元，就是一个上亿元的产业。主要的问题是如何设计出这样的商业模式，同时又设计出这样的收费通道。收费通道电信运营商已经提前解决了，商业模式的规划和设计就成了关键，短信日渐形成气候。

以上讨论显示商业网站短信大模式的背景，这些准则决定了商业网络媒体短信模式的基本特点，但是各商业网络媒体在聚集"短信网民"时又呈现各自不同的特点。

（2）新浪短信业务模式——新闻引领

新浪在国内最受人关注的是新闻业务，信息的及时提供，聚集了大量的网民。在中国社科院历次网民调查中，网民首选网站都是新浪，比例都在 30％左右。但是从图 8-2 中我们看到，新浪短信真正有起色是在 2002 年 3 月，这是因为此前新浪对这项业务的关注不够，成功之本的新闻反而绊住了新浪前进的步伐，对短信的复苏估计时间偏晚。但网民数量在三大商业网络媒体中的突出使得新浪只要起步，就不会丢失市场。这也决定了网民的短信内容，主要集中在聊天、新闻信息的交流。

---

① 数据来源：三大商业媒体网站的当年财务报表，分别见 http：// www. sina. com. cn，http：// www. sohu. com，http：// www. 163. com。

（3）网易短信业务模式——网游

从图 8-2 可见，网易的短信业务在商业网络媒体中是起步最早的，2001 初就开始体现出来。这些短信内容多是网游信息，这和网易注重网游市场是有关的。2001 年，网易自主开发的《大话西游》受到网民的欢迎，大量游戏用户激发了网易的短信业务。

（4）搜狐短信业务模式——下载业务

搜狐，在短信上面，起步也很晚，而且最没有特点。没有新浪的网民数量，没有网游的独特性，最后找到了短信下载业务。通过铃声、彩信的下载来追赶市场。

4. 商业网络媒体短信业务成长原因分析

（1）有需求就有市场

为什么网民会舍得为互联网短信服务掏腰包？为什么各个商业网络媒体如此看重短信业务？这些都来源于用户的需求。这是最根本的。

网站成为短信内容的主要提供者首先是由"网络＋短信"强强联合的先天优势决定的。互联网可谓当今信息传播速度最快、传播范围最广的新传媒，网站上则具有丰富的短信内容，从幽默短语到情人私语到节日祝福到天气预报、股票评述等等，几乎无所不包。应该说网络同手机两者是互补的关系，网络加快了短信息的传播速度，丰富了短信息的应用内容，推动了手机短信业务的发展；由手机运营商提供平台的短信息业务则吸引了更多的用户，提高了互联网站的浏览人数，给互联网站带来更多的收入。

其次，从消费者的角度来看，网站推出的短信业务极大地方便了广大消费者，节省了许多网下网上搜索信息的时间，如新闻报道、彩票信息等，消费者只需花一分钟时间注册手机号码，鼠标一点便可随时随地收到相关信息，方便快捷。此外，许多人平日工作繁忙以至于没有更多的时间来上网、看电视等，就可以在网上订阅短信息或者发给自己或者送给他人，可以为自己节省时间也可以作为联络感情的小礼物。当然，互联网站推出的短信发送业务也颇受消费者欢迎，其价格同手机发送相当，也是 70 字以内每条 0.1 元，而且内容风趣、搞笑、关怀、真诚，各色短信五味杂陈，这对于喜欢新鲜事物、紧跟时尚的年轻人来说无疑是个诱惑。

（2）短信如何击败邮箱、搜索引擎、网游

其实短信起步早在 1999 年，但直到 2001 年的时候短信模式开始爆发式的赢利，商业网络媒体终于开始大踏步赢利。在商业网络媒体寄予的杀手级产品，当时大家看好的不仅有短信，还有收费邮箱、搜索引擎、网络游戏，但最终短信成就了自己的杀手本色。

①收费邮箱。收费邮箱新浪曾经面向用户开通，但市场的反应马上击沉了他们向前漫步的信心。这一方式并不为用户认同："这么多开通了免费邮箱网站的存在，你一两个网站开始收费，凭什么？"其最直接的反馈是用户的急剧萎缩。但它主要这是一个实际应用，并非只是娱乐功能，商业网络媒体马上细分市场，针对部分用户开通 VIP 收费邮箱，但这部分用户毕竟有限，而更多的还是普通邮箱。VIP 邮箱与普通邮箱在使用上并没有多大的本质区别，更多的用户认同邮箱只需具备收发信件功能即可。网络本身具有人头经济的特征，这点在 VIP 邮箱上面没有得到体现，因此，收费所占比重也没有得到很大提高。

②搜索引擎市场。搜索引擎市场，商业网络媒体面对的竞争对手比较多。来自互联网实验室的搜索评测报告如表 8-2～表 8-5 所示：

表 8-2　搜索引擎总评测结果

名称	Google	一搜	Yahoo	百度	3721	中搜	TOM	新浪	搜狐	网易
分数	91.43	90.29	87.81	83.12	81.85	77.84	71.00	70.36	65.23	57.70

表 8-3　搜索引擎功能性评测结果

名称	Google	百度	Yahoo	一搜	新浪	搜狐	中搜	3721	网易	TOM
分数	100	87.63	85.46	85.46	83.24	80.6	77.9	73.09	70.87	70.87

表 8-4　搜索结果评测

名称	一搜	Yahoo	Google	3721	百度	中搜	TOM	新浪	搜狐	网易
分数	91.87	91.87	90.26	87.27	81.84	77.23	74.29	68.86	62.59	56.13

表 8-5　搜索过程评测

名称	Google	百度	新浪	中搜	一搜	3721	搜狐	网易	TOM
分数	95.10	87.34	82.38	81.33	79.08	75.80	74.09	69.13	69.13

上面几个表显示，占搜索引擎主要份额市场的是 Google、百度、Yahoo。在搜索引擎市场，大者恒大的铁律注定利润只会流向前三位的口袋。虽然商业网络媒体在这个市场上不止一次表示了关注，但是在技术决定面前，他们的利润来源有限。

③网游市场。在网络游戏方面，直到陈天桥的横空出世，还没有人真正找

到成功的赢利模式，商业网络媒体中只有网易尝到了一点甜头。网易在 2001 年自主开发的《大话西游》在赢利模式的探索上取得了巨大成功，这也是他的赢利报表中，非网络广告的收益比重比较高的原因。那么是什么原因阻碍了三大商业网络媒体在网游市场方面的发展呢？

网游作为其游戏的特性，游戏本身的性能就决定了赢利的前景，这在起步之初也许没有决定性，但是随着韩国游戏厂商进军中国市场，游戏的赢利模式和游戏本身突然被消费者所接受了，现在看来好像有些不可思议。其实，早在他们以前，张朝阳、丁磊都先后表示看好这个市场，并且投入人力、物力等资源进行开发。关键是他们的游戏并没有突破性，没有让网民彻底诚服，没有创造出《传奇》的传奇文本、传奇经历。

起步晚、资金少这是制约中国本土网游厂商的重要原因，而陈天桥看到这一点，他嫁接韩国的技术，加上本土赢利模式，创造了如今中国首富的现实。商业网络媒体错失这个机遇，其实是一个矛盾的结果。既看到了这个市场的潜力，又想独吞这个市场，同时自己又没有打动网民的拳头产品，结果反被盛大以分享的方式霸占了整个市场，成为网游业界无疑的领导者。

网易是比较幸运的，因为从建立网易的丁磊开始，就以技术主导，一直是技术主义者，在三大商业网络媒体也是技术领先者。在 2001 年推出《大话西游》给网易带来了丰厚的利润。2003 年底，网易自己开发的《大话西游》2.0 版本大获成功，该款游戏牢牢占据市场份额的前四列，根据网易公司的财务报告，2003 年第三季度在线游戏服务收入的 680 万美元主要来自于《大话西游》2.0。10 月 16 日胡润推出了 2003 年中国内地百名富翁排行榜，网易公司的首席架构执行官丁磊以 75 亿元人民币身价列第一位①。

5. 商业网络媒体后短信时代的来到

根据艾瑞市场咨询公司 2004 年 7 月推出的《2004 年中国无线增值市场研究报告》中的数据显示，进入 2004 年，随着中国移动、信息产业部的一系列 SP 短信市场整顿、规范政策的出台，短信市场增长幅度开始放缓。2004 年上半年，SP 短信市场规模增长速度为 18％左右，远远低于年初 30％增长率的预期，② 宣告进入"后短信时代"。原因如下：

①大量的短信潜在用户已经被释放殆尽，初级用户的开发已经结束。

②短信在中国的发展后来主要集中在娱乐阶层，还没有务实运用，这种底

---

① 数据来源：《网易当年季度财务报表》，2003 年。

② 数据来源：艾瑞市场咨询公司：《2004 年中国无线增值市场研究报告》。

层次的业务很快会失去增长力。

本书这里所定义的后短信时代主要指进入深度运用阶段。那么短信业务将来将走向何方？

（1）要与应用结合

只有贴近生活、满足需求并能够刺激需求的业务才能真正获得消费者青睐。在这方面新浪、搜狐、网易等商业网络媒体就做得比较好，浏览他们的短信频道，类目繁多却一目了然且颇有创意，如搜狐的《脑筋急转弯》、《焦点新闻》、《新股信息》等短信订阅栏目小而全，新浪的《疯狂铃声》、《鸟啼铃语》则引领都市年轻人另类时尚，网易的《非常男女》、《暗恋表白》也算是经典案例。在"非常男女之浪漫校园"活动中，网易在全国高校中掀起了大规模的征集情景短剧剧本和成型的情景短剧活动，既满足了高校学生自我实现的愿望，又符合网易非常男女的频道特色，更为重要的是，将能吸引更多的高校学生加入到非常男女中来。实际上网上短信业务的应用天地十分广阔，几乎可以无所不包，像网上购物、天气预报、邮件收发、网上聊天、歌曲点播等。只要用户需要的，甚至用户没想到的，都可以细化为短信业务，通过用户同网站之间的短信沟通实现。短信业务"应用为王"的时代已经到来，短信与应用的完美结合有利于将手机用户转化为网站短信用户，从而进一步扩大市场范围。

（2）内容至上

和短信同属一个业务领域内的彩信业务目前虽然尚未形成规模，但各家网络公司在这块市场上的争夺已经开始。文本短信、彩信各有市场，但文本短信仍占主导地位。尽管大家都认为 MMS 将是移动业务下一个新的增长点，但不可否认文本短信的消费仍然是主流。首先，彩信手机型号太少，价格偏高，普及率低；其次，彩信 0.5 元/条的发送价格偏贵；再者，文本短信简洁、便宜、方便、保密性好、传播范围更广；最后，要知道消费者长期形成的消费习惯在短期内是难以改变的。所以尽管各大网站都正在或打算为彩信普及作不遗余力的推广，尽管互联网上各类彩信"有声有色"、内容丰富，但是还没有进入规模化发展阶段。因此，可能在相当长一段时间内，文本短信业务收入依然占据网站短信业务收入的大部分。

（3）不断深化市场

目前各网站推出的短信服务包括以下几种：

SMS（Short Messaging Service） 短消息服务。是目前普及率和使用率最高的一种短消息业务。它是在手机内建立一段文字信息后再发送给朋友，简单方便易用，而每个 SMS 容量平均有 140 字节，即 70 个汉字。

EMS（Enhanced Message Service） 增强型短消息服务。与 SMS 相比，EMS 的优势是除了可以像 SMS 那样发送文本短消息之外，还可以发送简单的图像、声音和动画等信息。但作为一项过渡技术，并没有得到广泛的应用。

MMS（Multimedia Messaging Services） 多媒体信息服务。以 GPRS 为载体传送视频、图片、声音和文字。目前世界各地的运营陆续推出这项业务。能够自动快速传送用户创建的内容。它主要以接收者的电话号码进行寻址定位，这样 MMS 通信可以在终端之间进行。同时 MMS 也支持 E-mail 寻址，因此信息可以在终端和 E-mail 之间传递。不仅可以发送文本内容，MMS 信息可以传送包含图片、声音、视频剪辑等多媒体信息①。

中国现今的短信业务形式主要集中在 SMS 阶段，三大商业网络媒体之所以能够成为中移动最大的三家 SP 合作伙伴，是因为它们占有着庞大的互联网用户群。这些用户被它们海量的和包罗万象的内容吸引并粘住的，因而商业网络媒体的用户群特征具备我国总人口的全部特征要素，复杂、丰富、宽广、深厚。而我国目前以 SMS 为主体的移动增值业务，由于技术本身的单薄，事实上远未把我国互联网用户的各种特征用户所具备的各种层次的需求开发出来。

和建立在移动互联基础上的日本 i-mode 的商务模式相比较，中国移动梦网还基本停留在人际沟通效用的通信（Communication）范畴，而对人民经济、生活、服务的信息（Information）领域介入还很浅，娱乐（Entertainment）功能也仍处在初级阶段。移动数据通信事业下一个阶段——3G，正是要向 Information、Communication 和 Entertainment 这一个连贯的产业簇的纵深发展。在这个进程中，移动运营商和 SP 是唇齿相依的关系。3G 的用户将来自于互联网、IT、文化娱乐业的 SP 们。而商业网络媒体无疑又占据了先机。

互联网同短信的"亲密接触"使各网站经营模式大为改观，为商业网络媒体创汇立下了不小功劳，也使移动运营商的腰包渐渐鼓了起来，商业网络媒体的短信赢利之路将越走越远。这条路将通向深度的开发，同时随着搜索引擎、付费邮箱、网络游戏不断成熟，短信将不可避免地让出赢利增长的舵手位置，逐渐成为稳定增长产品。

三、网络媒体短信服务管理

对于网络媒体的短信管理来说，值得探讨的是其短信服务的整体环境问

---

① 本分类来源于：信息产业部对短信产品的分类。

题。短信业务的兴起及高收益吸引了众多进入者，这对短信业务的发展起到了重要的推进作用，但在这个过程中，短信业务的整体运营环境也出现了诸如短信创作的知识产权、服务质量低下等许多问题，如果不能有效解决这些相关问题，那么整个短信行业都会受到很大的影响。

想比较而言，不管是对网络媒体、还是其他专业性的网络短信服务商，短信平台的后台技术管理反而显得比较简单一些。图 8-3 是一个一般性的短信系统后台管理平台的页面，本章的最后也附录了一个短信发送管理系统的功能说明；有关这方面的详细内容一般都会在短信管理系统的用户手册中有介绍，本书在此不再赘述。

系统信息			短语铃声图片管理		
访问量统计	详情浏览	计费统计	短语数据维护	图片铃声数据维护	自写短信
排行榜					
通用信息管理			短语图片铃声管理		
多条点播数据维护		单条点播数据维护	图片铃声管理	短语数据管理	
			图片类型维护	铃声类别维护	
订阅管理			答题积分		
定制配置管理	定制用户管理	定制发送浏览	数据维护	积分管理	答题记录
群发管理			其他		
群发	群发用户管理	查看群发结果	设置业务信息	菜单设置	注册用户管理
			修改密码	权限信息管理	管理员用户管理

图 8-3 短信系统后台管理平台

资料来源：http://www.pudn.com/sell/smseasy_samples/admin/。

1. 网络媒体短信服务目前存在的问题

在短信创造了巨大的财富的同时，也给社会带来了一些新的思索和问题。这里我们仅针对与网络媒体有关的短信服务问题进行讨论。事实上，除了这些问题外，短信还存在着诸如通过短信息传播含有法律、行政法规禁止的内容，通过发送短信息对他人进行骚扰、干扰他人的正常生活等很多方面的问题。

（1）短信服务与知识产权[①]

短信其表现形式除了文本之外，还有图片信息、语音信息、视频及动画信息等。目前从网上下载图片和铃声等非常普遍，但这些信息多由网络媒体自行创作或从著作权人处获得使用权。自行创作和由著作权人创作的短信如何保护

---

① 赵占领：《短信服务中需要注意的法律问题》，见博客中国（www.Blogchina.com），2003 年 8 月 17 日。

知识产权？

首先，网络媒体自行创作的短信。这需要看短信本身是否有独创性，是否构成作品，只有具备了作品的法定要件，才能纳入版权保护的范畴。但如何认定短信图片或铃声的独创性尚是一道法律难题。因为短信图片或铃声内容雷同化比较严重，而且相对而言整体结构简单，大众性居多。在曾经出现的新浪与搜狐互诉一案中，新浪方面的侵权诉求主要集中于手机短信图片方面，其认为搜狐抄袭了其短信，而搜狐认为是自己独立创作。前者最终因举证的困难和法律的欠缺而败诉，这一案件再次表明了把短信明确纳入版权法保护的迫切性。

其次，网络媒体可以从他方获取图片或铃声的使用权。一般通过两个渠道：其一，由网络写手尤其是短信写手提供；其二，从作品集体管理机构获得作品使用权。

对于短信，版权法并没有给予明确保护，也没有相应的救济措施，因此对短信的保护很不力。在这方面可以考虑采取集体管理的办法，成立专门集体管理机构，统一维权。

（2）短信服务与消费者权益①

一个具有持久发展动力的行业，应该是一个消费者权益得到充分保护的行业。短信这一行业若想避免昙花一现的悲剧，就必须制止各种侵犯消费者权益的现象发生。

①诱导用户订阅收费短信，但订阅容易退信却很难。有些网络媒体会采取种种方式，甚至欺诈或故意把短信收费等字眼放在格式合同中不起眼的地方，致使用户以为免费而订阅。但一旦订阅之后就很难退订，且手续繁琐。

②滥发短信。一些网络媒体及短信服务提供商以垃圾短信作为营销方式，利用自身掌握用户资料的优势，未经用户许可滥发商业广告。

对于上述这些情况，目前还没有全国性的专门法律予以规范，只能以《电信条例》，《互联网信息服务管理办法》和《中国互联网行业自律公约》为参考。不过国外已有相关立法值得借鉴，澳大利亚颁布法规，规定营销商必须遵循"决定参加"的原则。如果用户不请求或在没有获得用户许可的情况下，营销商不得向用户发短信。营销商必须向用户提供易用、方便、低成本的放弃程序，而且必须在48小时内使用户的放弃请求生效。上海近年来也加大了对短

---

① 赵占领：《短信服务中需要注意的法律问题》。

信的治理，出台了《上海市信息服务（通信短信息）业务管理暂行规定》，其中明确规定了服务商不得强制推销收费短信，短信服务"订制容易退订难"的现象必须改变。凡未经用户订制、申请，不得误导用户消费，SP 应设置统一的短信息退订代码，并在网站显著位置标明具体退订办法便于用户退订。SP 要开通本地化的客户服务电话并保持畅通。

（3）内容繁杂，真假难辨。短信服务是网络媒体经营的重要支柱。有的网络媒体为获得更多的收益，会在推出短信内容板块时增加诸如成人话题、情趣段子等此类消息，并形成了大量用户群体。此外，短信内容还大量充斥有关新闻、出版、教育、医疗保健、药品、网络游戏等涉及法规规定需要前置审批的内容，让人目不暇接，真假难辨。

2. 短信服务管理的措施[①]

（1）技术管理，有效过滤不良短信

统一通信短信息业务中心的技术规范和广播短信的发布标准，限制广播信息和有害信息的发送。在拥有短信经营许可的网络媒体及其他短信服务商的网站上落实版主责任制和先审后发制度时，采取有效的技术处理措施，过滤明显有害的短信息。同时电信运营企业应采取必要的技术手段，一方面，保证对短信息完整的传输，保存必要的信息参数，如被叫号码、发送时间、内容及是否群发等；另一方面，在提供短信息广播时，要防止有害短信息的扩散，实施必要的对有害短信息的过滤、封堵和实时阻断的功能，防止广播手段被不法人员利用。

（2）加强短信息服务管理

2004 年 4 月 19 日，信息产业部发布了《关于规范短信息服务有关问题的通知》，针对短信息服务的提供流程，提出具体要求，进行严格规范。对短信的收费方式和标准、提供信息服务的提示和引导、信息服务的申请和取消等做出具体规定。例如，《关于规范短信息服务有关问题的通知》中专门指出当移动通信企业及信息服务业务经营者为提供短信服务进行各种形式的业务宣传时，应突出提醒用户收费标准、方式和退订方法。在提供短信息服务时，包月类、订阅类短信服务，必须事先向用户请求确认，且请求确认消息中必须包括

---

① 汪永东、许明峰：《强通信短信息管理 范短信市场发展》，《通信管理与技术》，2004 年第 1 期。

收费标准。若用户未进行确认反馈，视为用户撤销服务要求。《关于规范短信息服务有关问题的通知》还要求移动通信企业及信息服务业务经营者严格按照用户要求的服务内容向用户提供短信息服务，不得擅自改变发送短信的数量和频次，不得擅自改变收费方式和降低服务质量。对用户要求的单条即时短信息服务，如因传输容量等原因需要回送多条短信内容的，只能收取一条相应信息的信息费，等等。由此可见，短信业务的规范管理目前已逐步走向正轨。另外，对于电信运营商及拥有短信经营许可的网络媒体来说，提高自律意识，以诚实守信的经营模式向消费者提供优质的短信服务，只有通过全行业的共同努力，才能推动短信服务市场的良好发展。

附1：互联网电子公告服务管理规定①

第一条　为了加强对互联网电子公告服务（以下简称电子公告服务）的管理，规范电子公告信息发布行为，维护国家安全和社会稳定，保障公民、法人和其他组织的合法权益，根据《互联网信息服务管理办法》的规定，制定本规定。

第二条　在中华人民共和国境内开展电子公告服务和利用电子公告发布信息，适用本规定。

本规定所称电子公告服务，是指在互联网上以电子布告牌、电子白板、电子论坛、网络聊天室、留言板等交互形式为上网用户提供信息发布条件的行为。

第三条　电子公告服务提供者开展服务活动，应当遵守法律、法规，加强行业自律，接受信息产业部及省、自治区、直辖市电信管理机构和其他有关主管部门依法实施的监督检查。

第四条　上网用户使用电子公告服务系统，应当遵守法律、法规，并对所发布的信息负责。

第五条　从事互联网信息服务，拟开展电子公告服务的，应当在向省、自治区、直辖市电信管理机构或者信息产业部申请经营性互联网信息服务许可或者办理非经营性互联网信息服务备案时，提出专项申请或者专项备案。

省、自治区、直辖市电信管理机构或者信息产业部经审查符合条件的，应当在规定时间内连同互联网信息服务一并予以批准或者备案，并在经营许可证或备案文件中专项注明；不符合条件的，不予批准或者不予备案，书面通知申请人并说明理由。

第六条　开展电子公告服务，除应当符合《互联网信息服务管理办法》规定的条件外，还应当具备下列条件：

（一）有确定的电子公告服务类别和栏目；

（二）有完善的电子公告服务规则；

（三）有电子公告服务安全保障措施，包括上网用户登记程序、上网用户信息安全管理制度、技术保障设施；

（四）有相应的专业管理人员和技术人员，能够对电子公告服务实施有效管理。

---

①　信息产业部 2000 年 10 月 8 日第 4 次部务会议通过。

第七条　已取得经营许可或者已履行备案手续的互联网信息服务提供者，拟开展电子公告服务的，应当向原许可或者备案机关提出专项申请或者专项备案。

省、自治区、直辖市电信管理机构或者信息产业部，应当自收到专项申请或者专项备案材料之日起60日内进行审查完毕。经审查符合条件的，予以批准或者备案，并在经营许可证或备案文件中专项注明；不符合条件的，不予批准或者不予备案，书面通知申请人并说明理由。

第八条　未经专项批准或者专项备案手续，任何单位或者个人不得擅自开展电子公告服务。

第九条　任何人不得在电子公告服务系统中发布含有下列内容之一的信息：

（一）反对宪法所确定的基本原则的；

（二）危害国家安全，泄露国家秘密，颠覆国家政权，破坏国家统一的；

（三）损害国家荣誉和利益的；

（四）煽动民族仇恨、民族歧视，破坏民族团结的；

（五）破坏国家宗教政策，宣扬邪教和封建迷信的；

（六）散布谣言，扰乱社会秩序，破坏社会稳定的；

（七）散布淫秽、色情、赌博、暴力、凶杀、恐怖或者教唆犯罪的；

（八）侮辱或者诽谤他人，侵害他人合法权益的；

（九）含有法律、行政法规禁止的其他内容的。

第十条　电子公告服务提供者应当在电子公告服务系统的显著位置刊载经营许可证编号或者备案编号、电子公告服务规则，并提示上网用户发布信息需要承担的法律责任。

第十一条　电子公告服务提供者应当按照经批准或者备案的类别和栏目提供服务，不得超出类别或者另设栏目提供服务。

第十二条　电子公告服务提供者应当对上网用户的个人信息保密，未经上网用户同意不得向他人泄露，但法律另有规定的除外。

第十三条　电子公告服务提供者发现其电子公告服务系统中出现明显属于本办法第九条所列的信息内容之一的，应当立即删除，保存有关记录，并向国家有关机关报告。

第十四条　电子公告服务提供者应当记录在电子公告服务系统中发布的信息内容及其发布时间、互联网地址或者域名。记录备份应当保存60日，并在国家有关机关依法查询时，予以提供。

第十五条　互联网接入服务提供者应当记录上网用户的上网时间、用户账号、互联网地址或者域名、主叫电话号码等信息，记录备份应保存60日，并在国家有关机关依法查询时，予以提供。

第十六条　违反本规定第八条、第十一条的规定，擅自开展电子公告服务或者超出经批准或者备案的类别、栏目提供电子公告服务的，依据《互联网信息服务管理办法》第十九条的规定处罚。

第十七条　在电子公告服务系统中发布本规定第九条规定的信息内容之一的，依据《互联网信息服务管理办法》第二十条的规定处罚。

第十八条　违反本规定第十条的规定，未刊载经营许可证编号或者备案编号、未刊载电子公告服务规则或者未向上网用户作发布信息需要承担法律责任提示的，依据《互联网信息服务管理办法》第二十二条的规定处罚。

第十九条　违反本规定第十二条的规定，未经上网用户同意，向他人非法泄露上网用户个人信息的，由省、自治区、直辖市电信管理机构责令改正；给上网用户造成损害或者损失的，依法承担法律责任。

第二十条　未履行本规定第十三条、第十四条、第十五条规定的义务的，依据《互联网信息服务管理办法》第二十一条、第二十三条的规定处罚。

第二十一条　在本规定施行以前已开展电子公告服务的，应当自本规定施行之日起 60 日内，按照本规定办理专项申请或者专项备案手续。

第二十二条　本规定自发布之日起施行。

附 2：关于规范短信息服务有关问题的通知①

各省、自治区、直辖市通信管理局，中国电信集团公司、中国网络通信集团公司、中国移动通信集团公司、中国联合通信有限公司、中国铁通集团有限公司、各相关信息服务提供单位：

近年来，移动短信息业务因其方便快捷、形式新颖，得到了广大用户的认可。但在其蓬勃发展的同时，少数信息服务业务经营者在经营中存在不规范的行为，加之目前移动通信企业短信业务管理不够完善，导致移动短信业务逐渐成为社会关注的焦点和用户投诉的热点，特别是对资费不透明、未订制短信息却被收费、退订难和投诉得不到及时有效解决等问题，用户反映尤为强烈。

为维护广大电信用户的合法权益，保障短信息服务业务的健康有序发展，现就有关问题通知如下：

一、各移动通信企业应当与已取得相应经营许可的信息服务业务经营者合

---

①　信息产业部 2004 年 4 月 19 日发布。

作提供移动短信服务，不得为未取得相应经营许可的信息服务业务提供者提供相关接入服务。

本通知发出之日起30日内，未取得相应经营许可的信息服务业务提供者应至电信监管部门办理相应经营许可手续；逾期未办理经营许可手续的，各移动通信企业应当立即停止为其提供相关接入服务。

二、各移动通信企业及信息服务业务经营者应立即采取有效措施，完善移动短信服务流程，明确各方的权利、义务及责任，同时建立双方约束机制，规范相应的服务提供和收费行为。

三、移动通信企业及信息服务业务经营者在为提供短信服务进行各种形式的业务宣传时，应突出提醒用户收费标准、方式和退订方法。特别是为用户通过短信参与电视、广播等媒体举办的节目提供服务时，在告知用户使用方式的同时，必须明示相应收费标准和收费方式，且包月服务必须经用户确认。

四、在提供短信息服务时，包月类、订阅类短信服务，必须事先向用户请求确认，且请求确认消息中必须包括收费标准。若用户未进行确认反馈，视为用户撤销服务要求。

五、严格按照用户要求的服务内容向用户提供短信息服务，不得擅自改变发送短信的数量和频次，不得擅自改变收费方式和降低服务质量。对用户要求的单条即时短信息服务，如因传输容量等原因需要回送多条短信内容的，只能收取一条相应信息的信息费。

六、信息服务业务经营者在采集、开发、处理、发布短信息时，应对短信息的内容进行审查，短信息中不得含有国家明令禁止的内容。

七、各移动通信企业及信息服务业务经营者的服务系统应当自动记录短信息的发送与接收时间、发送端和接收端的电话号码或者代码并保存5个月。

各移动通信企业及信息服务业务经营者的服务系统在发送短信息时，应当将发送端电话号码或者代码一并传送，使接收端能够显示发送端相关信息。不得发送缺少发送端电话号码或者代码的短信息。

八、用户要求退订所定制的短信息服务的，信息服务业务经营者应当按照约定停止收费。未就收费停止时间作出约定的，信息服务业务经营者应立即停止收费。

九、5月15日前，在全国范围内实现方便用户退订短信的以下措施：

（一）用户通过手机终端编辑"0000"发送到信息服务业务经营者的服务代码，可查询到由该信息服务业务经营者提供的所有短信息服务订制情况及相应资费标准，并可以根据返回菜单进行选择退订；

（二）用户编辑"00000"发送到信息服务业务经营者的服务代码，可一次性退订由该信息服务业务经营者提供的所有短信息服务业务；

（三）各移动通信企业客服中心在进行用户鉴权的前提下，应能够提供代查询、代退订短信服务；

（四）鼓励移动通信企业采取措施，方便用户通过编辑短信发送到指定接入号码，实现对该移动通信企业代收费的所有短信息服务业务的退订。

十、自6月1日起，移动通信企业在向用户提供电话业务收费单据时，若存在为信息服务业务经营者代收的信息费，应同时向用户提供信息服务业务经营者的名称、代码和代收金额，并注明"代收费"字样。

用户要求提供信息服务收费清单的，移动通信企业和信息服务业务经营者应免费提供。

十一、用户对移动短信息费产生异议或对服务质量不满意时，移动通信企业与信息服务业务经营者均应遵循"首问负责"的原则，共同协商处理，不得互相推诿。受理用户投诉后，在15日内无法确定责任时，移动通信企业应先行向用户做暂退费处理。

十二、通过固定电话及其他电话终端向用户提供的短信服务，比照上述规定进行规范。

十三、各省、自治区、直辖市通信管理局应加强对在当地开办短信业务的电信运营企业和信息服务业务经营者的管理，加大对侵害用户合法权益事件的查处力度。对违犯上述规定，或存在拒绝提供收费清单、恶意误导用户、欺诈经营、传播国家明令禁止信息等行为的电信运营企业和信息服务业务经营者，通信管理局应根据《中华人民共和国电信条例》及我部相关规定，从严处理。

附3：××短信发送管理系统功能说明

一、短信息管理

1. 短信发送工作安排

［功能说明］

该功能用于制定短信发送的计划，以及短信发送计划的查询。

［操作说明］

（1）增加一条计划，分别输入短信类别发送有效开始时间和发送有效结束时间，在窗口下部填入发送的信息内容。

（2）您也可以点击发送内容后的小按钮，从定义好的短信内容中选择发送内容。

（3）当您一切确定好以后，选择菜单上的保存按钮，上部的窗口会出现你新添入的数据内容。

（4）短信发送计划的查询可以按照短信制定时间、制定人员和发送内容条件来进行组合查询。

（5）如果上面显示的多个条件不能满足需要，还可以用菜单中筛选功能任意定义条件进行查询。

2. 短信发送工作审核

［功能说明］

该功能用于对制定了的短信发送计划进行审核和审核结果的查询。［操作说明］

（1）首先检索出窗口中的为审核项目。

（2）直接在窗口里，选择对应的短信计划，在审核结果里选择"同意"还是"不同意"，然后按保存，审核工作就完成了。

（3）审核结果查询只对审核过的结果进行查询，检索出来的数据的审核结果可以修改，修改完成，按保存退出。

（4）短信发送计划审核可以按照短信审核时间、审核人员和发送内容条件来进行组合查询。

（5）如果上面显示的多个条件不能满足需要，还可以用菜单中筛选功能任意定义条件进行查询。

3. 客户短信即时发送

［功能说明］

该功能用于立即向客户发送短信息，其中包括生日短信、节假日短信、保险提示短信、年审提示短信及一般短信。

［操作说明］

在所有的短信发送之前，请在短信账户管理中，维护用于发送短信的账号及密码等信息，并保证该账户中的余额足以发送所有的短信息。

（1）生日短信：

● 该功能用于向即将过生日的客户发送短信息。

● 窗口的上半部分用于查询即将过生日的客户信息，可根据指定的生日期限进行查询。

● 对查询到的客户信息，使用"手机号长度检测"的功能键客户手机号是否长度正确（根据输入的标准长度判断），如果手机号长度有错误的会在窗口中显示出来，操作人员对错误的手机号要纠正后再发送短信息，否则会发送不成功。

● 输入要发送的信息。

● 按"立即发送"功能键，电脑会自动发送所有的短信息，如果发送出去的短信息在存盘时失败，可以使用"存盘"的功能键进行存盘。

● 发送完毕后，上面窗口中显示未发送出去的客户信息，下面窗口中显示已发送出去的客户信息，并在下面的提示框中显示，总的发送成功数和失败数。

（2）节假日短信：

● 该功能用于在节假日到来之前向客户发送节假日短信息。

● 可发送任何一个节假日的祝贺信息，节假日记录可以在《汽车销售系统》的系统维护中进行添加和删除。

● 可以根据车辆销售日期等条件找到相应的客户信息。

● 在发短信之前要选择节日卡。

● 其他的操作方式与生日短信的方式相同。

（3）保险短信：

● 该功能用于向保险即将过期的用户发送提醒信息。

● 根据客户保险单的有效期，查找保险即将过期的客户信息。

● 其他发送的方式与前面相似。

（4）年审短信：

● 该功能用于向即将需要车辆年审的客户发送提醒信息。

● 根据客户车辆要进行年审的月份，查找到符合条件的客户资料，其中年审的月份是根据车牌号的尾数进行确认的。

● 其他发送的方式与前面相似。

（5）一般短信：

● 对以上范围之外的短信，可以在该窗口中进行发送。

● 操作人员可以根据客户的爱好、客户分组等各种条件进行组合，查询到所需要发送短信息的客户资料，该窗口可以用于发送客户通知等各种短信息。

● 其他的发送方式与前面相似。

4. 客户短信定时发送

[功能说明]

该功能用于向客户发送定时短信息，其中包括生日短信、节假日短信及一般短信，该功能一般是针对有规律的，可以定时定量发送的短信息的客户。

[操作说明]

在所有的短信发送之前，请在短信账户管理中，维护用于发送短信的账号及密码等信息，并保证该账户中的余额足以发送所有的短信息。

（1）生日短信：

● 查找与确定客户资料的方式与即时发送的方式一样。

● 在发送短信息之前，首先要选择定时类型，定时类型的选择决定星期序号、定时日期、定时时间参数的选择，它们的对应关系如表附-1：

定时类型	星期序号	定时日期	定时时间
只发一次	No	Yes	Yes
每天一次	No	No	Yes
每周一次	Yes	No	Yes
每周一到周五	No	No	Yes
每周一到周六	No	No	Yes
每月一次	No	Yes（选择范围在 1 到 31 之间）	Yes

● 其他的发送方式与即时发送的方式相似。

● 发送成功后，系统返回该定时短信息的定时编号，以后操作人员可以根据该定时编号取消该定时短信息（在已发短信查询中取消）。

（2）节假日短信：

● 窗口的操作除了要选择节日卡及确定客户资料的查询条件不一样外，其他的操作方式与生日短信定时发送的一样。

● 节假日的内容可以在销售系统的维护中任意设定。

（3）一般短信：

● 窗口的操作除了确定客户资料的查询条件不一样外，其他的操作方式与生日短信定时发送的一样，该窗口可以用于发送客户通知等各种短信息。

5. 客户定时短信取消

［功能说明］

该功能用于取消已制定的定时短信息。

［操作说明］

（1）如果确认原来制定的定时短信息不再需要了，可利用该功能进行取消。

（2）如果要取消原来发送的所有定时短信息，只要按"全部取消"的功能键即可，取消完毕后，电脑会自动显示取消成功的数量。

（3）如果只要取消一部分定时短信息，可以先根据制定日期、定时类型、短信种类、节假日、发信内容等条件任意组合查询到所要取消的定时短信息记录。

（4）然后按"取消下列指定短信"，系统会将窗口中显示的定时短信进行取消，取消后自动显示，取消成功的数量和取消失败的数量。

（5）定时短信息一旦取消，就不在定时发送了。

6. 临时短信发送

［功能说明］

该功能用于查询已向客户发送的即时短信息和定时短信息的情况。

［操作说明］

对于不与系统中的客户资料相关联，需要临时发送的短信息，可用此功能实现。

（1）相同短信发送：

● 如果要对不同的手机客户发送相同的信息可用该功能实现。

● 在左上的客户手机输入窗口中，用以登记要发送短信息的客户手机及名称（名称可以不录入）。

● 在发送内容框中输入要发送的短信息的内容。

● 按"立即发送"后，电脑会根据手机标准长度自动检测客户的手机号长度是否正确，如果正确，则将成功发送的客户记录自动显示在下面的窗口中，并显示此次发送成功数量和失败数量，对于发送失败的客户可以重发。

（2）不同短信发送：

● 如果要对不同的手机客户发送各不相同的信息可用该功能实现。

● 在左上的输入窗口中，用以登记要发送短信息的客户手机、发送内容及客户名称（客户名称可以不录入）。

● 按'立即发送'后，电脑会根据手机标准长度自动检测客户的手机号长度是否正确，如果正确，则将成功发送的客户记录自动显示在下面的窗口中，并显示此次发送成功数量和失败数量，对于发送失败的客户可以重发。

7. 客户回访计划设定

［功能说明］

该功能用于制定向客户发送的短信息的计划，在计划制定之后，电脑会自动根据计划内容向指定范围内的客户发送短信息，不需要人工干预。

［操作说明］

（1）对于销售商来说，可以在此指定销售客户回访计划。

（2）可以指定在与客户签订销售合同的多少天后回访客户，也可以指定在客户提车以后的多少天以后回访客户。

（3）在窗口中要设定天数（指定日期后的天数，如提车后的天数），输入发送给客户的短信息内容、发送该短信息的起始和结束时间（在该时间段中发送），然后确定该计划是否执行。

（4）一旦确定计划执行，电脑系统在启动之后会自动判断，如果有符合条件的客户，则会自动发送指定的短信息。

8. 已发短信查询

［功能说明］

该功能用于查询已向客户发送的即时短信息和定时短信息的情况。

［操作说明］

（1）可以根据发送日期、发送类型、短信种类、节假日、发信内容等任何条件进行组合查询。

（2）如果上面显示的六个条件不能满足需要，还可以用菜单中筛选功能任意定义条件进行查询。

9. 短信账户余额查询

［功能说明］

该功能用于查询短信账户中的余额情况，余额是指该账户还可以发短信息的数量。

［操作说明］

（1）上面的窗口中显示所有的发送短信息的账号记录。

（2）双击要查询余额的短信息账户，系统会自动连接短信服务器，并将当前的余额在下面显示出来。当中可能回弹出一个信息窗口，只要按"OK"键就可以了。

10. 短信账户充值

［功能说明］

如果短信账户的余额不足，可以使用该功能向短信账户中充值。

［操作说明］

（1）上面的窗口中显示所有的发送短信息的账号记录。

（2）双击要充值的短信息账户，输入充值卡号和充值卡密码，系统会自动连接短信服务器，如果充值卡号、充值卡密码正确，系统会自动将短信账号中的余额增加。

11. 短信账户管理

［功能说明］

该功能用于维护发送短信息的账户及密码，一个公司如果需要允许维护多个账号。

［操作说明］

（1）上面的窗口用于维护发送短信息的账号记录，系统在启用之前一定要维护相应的账号信息，并指定唯一的启用账户，以后系统在发送短信息时会自动使用启用的账户发送短信息。

（2）下面的窗口用于修改短信账户的密码，双击要修改密码的短信息账户，输入新密码和新密码确认，其中新密码和新密码确认内容要一致，系统会自动连接短信服务器，修改短信账户的密码。

（3）请注意修改密码的方式一定要按照"b"的方式去做，如果直接在短信账户上修改密码是没有用的。

二、系统维护

1. 公司及流程设定

［功能说明］

该功能用于维护本公司的信息及对短信息是否按照流程来发送。

［操作说明］

如果选择按流程发送短信，那么在短信即时发送和定时发送就只能选择那些已经审核通过了的短信内容。反之，可以任意添写短信内容。

2. 人员及权限设定

［功能说明］

该功能用于维护操作人员的信息及对操作人员进行发送短信息的授权。

3. 口令修改

［功能说明］

该功能提供给操作人员用于修改自己登录管理系统的密码，建议操作人员定期修改自己的密码。

4. 基本信息维护

［功能说明］

该功能用于维护短信系统中使用到的基本信息，如客户组别、短信发送内容等。

［操作说明］

首先在信息种类的窗口中选择某类要维护的信息，然后在左边的信息项目中进行添加、删除的操作。

5. 客户资料维护

［功能说明］

该功能用于维护客户基本资料，如客户名称、手机号、爱好等。

［操作说明］

（1）在窗口的左上部为查询条件，用于定位客户记录，窗口右上部用于设置客户的组别，窗口中为客户的基本资料。

（2）首先用查询条件定位到要维护的客户资料，在下面窗口中进行维护；也可以直接用添加的功能增加新的客户资料。

（3）如果要对客户设置组别，可以先查询出要设置组别的客户信息，然后在客户组别设置中选择组别，按设置功能键即可。

本章主要概念回顾

BBS、网上聊天（CHAT）、电子邮件、邮件列表、垃圾邮件、短信服务

思考题

1. 设想自己是一个 BBS 讨论版的版主，你能通过哪些有效的方法提升你的 BBS 版的人气？

2. 请简要阐述一下 CHAT 的传播特点，并设想一下 CHAT 未来有可能的发展趋势。

3. 对于网络媒体来说，其电子邮件的应用有哪些？

4. 试简要阐述一下电子邮件营销的技巧及内容策略。

5. 请任选 2～3 个网络媒体，对其短信服务服务功能、短信业务的经营措施及效果进行评价。

第九章　网络媒体的广告经营

　　按照传统的理解，广告、发行收入以及其他多元经营构成了媒体收入的来源，而在这其中，广告，毋庸置疑显然是最为主要的。相比较而言，网络媒体的收益构成与传统媒体有所不同，网络广告、短信、技术增值业务收入及其他收益构成了网络媒体的收入，而网络广告在这其中所占据的比例却要少于传统媒体。以新浪为例，2004 年其全年净营收为 2 亿美元，其中网络广告营收较 2003 年增长 59%，达 6540 万美元。2005 年其收入为 1 亿 9360 万美元，较上年度下降 3%，但网络广告营收达到 8500 万美元，较上年度增长 30%；与 2004 年相比，新浪广告业务对新浪营收的贡献就从 36% 上升到 48%。① 由此可见，网络广告作为网络媒体收入来源之一，正体现出越来越重要的作用，在本章中，我们在简要领略一下网络广告的发展现状之后，将从网络媒体的角度出发，对网络媒体如何经营网络广告进行全面的阐述。

第一节　网络广告现状

一、网络广告市场现状

　　按照美国传播学者的定义，一种媒体使用的人数达到全国人口的五分之一，才能被称为大众传媒。在美国，达到这一标准，广播用了 38 年，电视用了 13 年，有线电视用了 10 年，而因特网只用了 5 年。到 1998 年底，美国的网络用户已达 6200 万。因特网继报刊、广播、电视之后，成为又一具备大众传媒特性和功能的新媒体。联合国新闻委员会 1998 年 5 月举行的年会正式提出第四媒体的概念。

　　广告是传统大众传媒的主要赢利方式，而当互联网成为影响巨大的"第四

---

　　① 《新浪公司 2005 年财务报表》，见 http：// www. sina. com. cn。

媒体"，其同时也为众多迫切需要争取消费者认知和接纳的广告主提供了新的媒介选择。在美国，据美国互联网广告局（IAB）网络广告局公布的调查结果，美国网络广告市场 1997 年营业额为 9.06 亿美元，1998 年为 20 亿美元，2004 年美国网络广告市场的总销售额达到创记录的 96 亿美元，2005 年上半年则达到了约 58 亿美元（见图 9-1）。①

图 9-1　1999～2005 年美国广告市场营业额

在欧洲的网络广告市场上，iResearch 的数据整理发现，2005 年欧洲（包括英国、德国、法国、意大利以及西班牙五国）网络广告市场规模达到了18.63 亿欧元（如图 9-2 所示），比 2004 年的 13.48 亿欧元快速增长了38.2%；2006 年欧洲网络广告市场预计将达到 21.96 亿欧元，市场增长率为 17.9%②。

在日本，根据日本最大的广告公司日本电通的调查，日本网络广告营业额在 1996 年为 16 亿日元，1997 年为 60.4 亿日元，到了 2005 年，iResearch 根据来自日本电通广告公司的数据整理发现，日本的网络广告费则高达 2808 亿日元，比 2004 年增加 54.8%。而且预计 2006 年网络广告收入还将保持 30%的高增长率③。

---

①　数据来源：http://www.iab.org

②　《2005 年欧洲网络广告市场规模达到 18.63 亿欧元》，见 http://www.iresearch.com.cn，2006/03/13

③　《2005 年日本网络广告收入达到 2808 亿日元》，见 http://www.iresearch.com.cn，2006/03/15

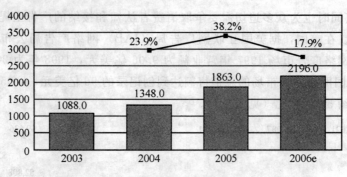

网络广告市场规模(百万欧元) ——— 增长率

图 9-2　2003～2006 年欧洲网络广告市场规模

注：仅包含英国、德国、法国、意大利及西班牙欧洲五国。

中国的第一个商业性的网络广告出现在 1997 年 3 月。Chinabyte.com 获得了中国网络发展史上第一个商业性广告，其表现形式为 468×60 像素的动画旗帜广告。和世界网络广告发展史相同，中国最早的网络广告主也来自于 IT 业——IBM 为其 AS400 的宣传付出了 3000 美元①。而短短 8 年来，中国网络广告的发展速度同样也是令人瞩目的。根据 iResearch 的调查显示（如图 9-3）：2005 年网络广告市场规模（不包含渠道代理商收入）为 31.3 亿元人民币，超过杂志广告收入 18 亿元，接近广播广告收入 34 亿元。比 2004 年增长了 77.1%。②

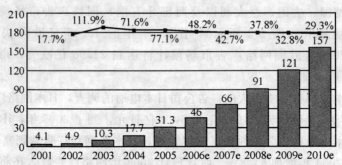

市场规模(亿元) ——— 增长率

图 9-3　2001～2010 年中国网络广告市场规模及增长率

注：①中国网络广告市场规模包含网络媒体及电子邮件、网络软件、网络游戏、数字杂志等其他类型媒体广告收入。②中国网络广告市场只包含网络运营商收入，不包含渠道代理商收入。

资料来源：http：// www. iresearch. com. cn

① 巢乃鹏、杜骏飞主编：《网络广告原理与实务》，福建人民出版社，2005 年版，第 34 页。

② 数据来源：http：// www. iresearch. com. cn

二、网络技术新进展推动网络广告的发展

网络技术的快速发展，更是推动了网络广告的进一步发展。这种推动不仅表现在使网络广告具有了更为丰富多样的表现形式，更重要的是，整个网络环境的改善，有可能在较大程度上，甚至在根本上改变网民的网络运用习惯和行为方式，从而改变他们对网络广告的总体认知和态度。

宽带的普及是网络环境的一个重要改变。根据 CNNIC2003 年 10 月的调查：随着互联网上各种内容、服务的增加，宽带接入服务进入高速发展阶段。截至 2003 年 6 月，我国的宽带上网用户数已经达到了 980 万，占 6800 万网民的 14.4％，比半年前增加 48.5％，和上年同期相比增长了 390％。"速度快"是家庭宽带用户接入宽带最主要的原因；在用户可以选择的条件下，"技术水平"、"速度"和"服务"是家庭宽带用户在选择宽带接入服务商时相对比较看重的因素。有一半的非宽带服务用户未来一年内可能会使用宽带服务，因此我国宽带服务的前景比较乐观。

宽带的逐渐普及，使得网民们上网冲浪时能够享受到更快的速度和更加低廉的费用，他们在网上停留的时间必然会有所提高，从而就更有可能关注网络上的广告信息。同时，宽带的普及也支持着网络广告在创意、制作时能有更为广阔的发挥空间。全球最大的媒体收购企业 Starcom Mediavest 公司的首席执行官杰克－克鲁斯就认为，宽带将为在线广告提供发展的机会，克鲁斯表示 Starcom Mediavest 公司将在电视广告销售最红火的时候加大在线广告宣传力度，他在 500 家在线广告销售商和购买商参加的电子媒体峰会上说："现在是我们利用互联网为客户提供电视商业广告的时候了。宽带开始为在线广告提供更多的商机，现在宽带已经进入了 20％的美国家庭当中，随着宽带的发展，我们必须抓住在线广告机会，尤其是那些在电视广告业非常投入的企业更不能忽视在线广告的影响力。"因为广告费用低廉而且还带有视频图像，这是在线广告最初吸引传统媒体和电视广告商的两大法宝，而宽带的日益普及也使得广告商可以简单地将电视广告搬到网络上去。在中国，这样的多媒体视频广告已经初露端倪。宽带的发展使得更多的图片、动画出现在网络广告中，网络广告更加具有真正意义上的多媒体性质，更能抓人眼球了。同时，日新月异的互联网新技术，也为网络广告的发布、监测提供了更多的平台。如网络与移动通信技术的联姻催生了具有无限商机的网络短信业务，这甚至成了一些网站"起死回生"的契机，而手机短信中，广告始终是一项重要的内容。又例如，网站可以利用各种软件来追踪网民的网上行为。有些网民为了保护自己的隐私，在向

网络提交个人信息时往往提供的是虚假信息，但他们没有想到的是实际上真正暴露网民隐私的往往不是他们填写的信息，而是他们冲浪时所去的那些网址以及在网页上的种种操作。如他们在不同类型的网站花费多少时间，他们对哪些内容感兴趣，他们是否在网上购物、订机票，等等。一些网站和广告公司利用"cookie"来追踪网民的行为，从而建立详细的资料，大的网络广告公司估计每天能累计近一亿个档案。

三、网络广告的集中与分化

1. 网络广告形式更趋分化

在 IAB 的统计报告中所列出的网络广告形式中，主要有 Banner 广告、赞助式广告、分类广告、推荐式广告、插播式广告、E-mail 广告、Rich Media（富媒体）广告、关键词搜索等几种，其中 Banner 广告是最重要的一种形式。但近来的一些调查显示，Banner 广告在整个网络广告中所占的比例有逐年下降的趋势。分析家认为，Banner 广告形式比较单调，随着更多、更新的网络广告形式的出现，Banner 广告的点击率将会逐渐下降。现在已经没有哪种网络广告形式占据主要优势，网络广告表现出比较明显的多样性。无论什么规格的网络广告，都可以采用多种技术手段，从静态图片、一般动画，到 Rich Media 等格式。

在各种网络广告的形式中，Rich Media（富媒体）及搜索引擎广告正受到广告主及消费者广泛的关注。早在 2002 年 12 月 5 日，专业网络广告公司 Double Click 发布的 2002 年第三季度的网络广告调查结果就表明，Rich Media 广告效果的点击率和浏览效果都要比一般广告要好，平均点击率可达到 2.7%，而不使用 Rich Media 的广告的点击率仅为 0.27%。[①] 到了 2004 年，美国 Rich Media 广告收入已达 9.63 亿，比 2003 年的 7.27 亿增长了 2.36 亿，增长了 32.5%。[②] 而根据 eMarket 预测，2004 年至 2010 年间，美国 Rich Media 网络广告将保持高速增长，2006 年的增长率预计将达到 46%，其后增长速度稍有放缓，但增长速度依然保持在 25%。[③] 而 iResearch 对中国网络广告表现形式的调研数据同样显示了 Rich Media 广告在中国发展的强劲势头，

---

① 冯英健：《综述：网络广告的 2002》，见 http：//www. marketingman. net。

② 《美国 IAB 互联网广告收入报告》，见 http：//www. sina. com. cn，2005/11/08。

③ 《2004～2010 年美国富媒体网络广告增长率》，见 http：//www. iresearch. com. cn，2006/03/16。

2005 年中国 31.3 亿元网络广告市场规模中，Rich Media 广告份额达到 33.6％，比 2004 年的 1.7％翻了一番。[①]

关键词搜索广告的增长更是十分显著。IAB 的统计结果显示，美国网络广告市场中，关键词搜索收入 2003 年达到 25 亿美元，而 2004 年飞速增长到 39 亿美元，增长了 50％。而且关键词搜索广告在 2003、2004 年第四季度都占总的网络广告收入的 40％。在 2004 年中国网络营销细分市场中，网络广告占 31.3 亿元，搜索引擎（关键词搜索广告）占 10.4 亿元。网络广告收入占 75.1％，搜索引擎占 24.9％。随着中国网络营销市场的发展，网络广告份额有所下降。搜索引擎市场份额还将持续提高。[②] 在关键词检索被迅速发展的同时，大部分用户对于网站付费排名也可以接受，这是关键词检索形式的搜索引擎营销快速发展的基础。根据调查公司 Princeton 的一份研究报告认为，共有 66％的用户对于付费登录的网站并没有感觉不好，其中甚至有 10％的用户对付费网站更为重视，不过也有 30％的用户表示不喜欢付费登录的网站。[③]

除了尺寸等外在形式的变化之外，网络广告最重要的革新在于，通过网络广告本身可以展示更多的信息。与早期的网络广告只能链接到广告主的网站不同，一些交互式广告本身已经成为一个迷你网站，可以完整地展示产品信息，并且用户可以对广告进行操作，根据自己的需要改变广告的显示方式和显示内容，甚至有的广告本身就是一种游戏，用户可以直接参与其中。网络广告形式的创新还在不断地进行中。

2. 网络广告市场集中趋势明显

虽然网络广告投入增长迅速，但是完全凭借网络广告赢利的网站少之又少。不仅因为网上站点数量太多，僧多粥少，而且分配也相当不均衡。

根据 iResearch 的调研数据显示（如图 9-4 所示），2005 年新浪以 6.8 亿网络广告收入占中国网络广告市场比重为 21.7％，搜狐以 4.7 亿以占 15.0％，网易以 2.5 亿占 8.0％，QQ. com 以 1.2 亿占 3.8％，TOM. com 以 0.7 亿占 2.2％。中国主要门户网站累计占网络广告市场比重超过 50％。[④]

---

① 《品牌图形类广告下降 富媒体广告市场份额翻番》见 http：//www. mediaok. net，2006/02/09。

② 《品牌图形类广告占 48.9％，搜索引擎广告占 24.9％》，见 http：//www. mediaok. net/2006/02/09。

③ 冯英健：《综述：网络广告的 2002》，见 http：//www. marketingman. net。

④ 《2005 年中国主要门户网站占网络广告比重超过 50％》，见 http：//www. mediaok. net，2006/02/09。

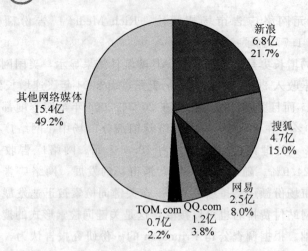

图 9-4 2005 年主要门户网站占网络广告市场比重

注：①2005 年中国网络广告市场规模为 31.3 亿。②中国网络广告市场规模只包含媒体运营商收入，不包含搜索引擎收入，不包含渠道代理商收入

资料来源：www.iresearch.com.cn

3. 网络广告市场向纵深发展

业界对网络广告的发展前景是充满信心的，IAB 主席 Rich LeFurgy 这样展望网络广告的前景："很显然，网上广告并未达到成熟期。随着广告主在网上广告预算上的增加，大量的传统媒体广告主会将广告开支转投网上，我们预期在未来几年可以达到这个有强劲的实质支撑的时期。"

市场分析表明，无论是广告客户还是网上经营者，都从网上广告中得到了较好的回报。美国著名调查研究公司 Forrester 公司媒体与技术策略服务部主任 BillBass 说："互联网正在成为一种被广为接受的广告媒体，这从今后 5 年网络广告的巨额预算及蜂拥而至的广告客户就可以看出来。"而事实上，网络广告的表现也确实没有让人失望。普华永道公司的分析师 Peter Petrusky 表示："在线广告业现在称得上是半杯水，虽然不是满杯，但毕竟也不是空杯，而且最糟糕的时候已经过去。"① 与广告收入增长相应的，网络广告的广告主也出现了大幅度的增长，越来越多的企业将目光投注到互联网这一新媒体身上。

根据 iAdTracker 的监测数据显示，2001 年，中国网络广告主的数量为 721

---

① 陈立荣：《福布斯：宽带提供机会在线广告前景乐观 [J/OL]》，见 http：//www.onimc.com，2003/05/28。

家，2002 年为 688 家，2003 年随着全球网络经济的复苏，网络广告数也激增至 1767 家，2004 年和 2005 年更分别达到了 3205 家和 3418 家（如图 9-5 所示）。

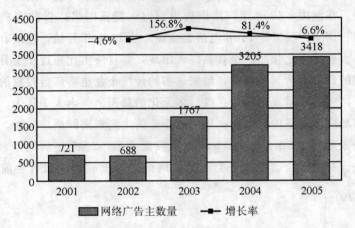

图 9-5　2001～2005 年中国网络广告主数量

资料来源：www. iresearch. com. cn，根据 iAdTracker 监测中国内地超过 100 家主流网络媒体获得。

而且 iAdTracker 的监测数据（图 9-6）还充分显示出，广告主对网络广告的关注度有着明显的提升，这不仅体现在网络广告主数量的增加，还体现在投放广告额度超过 100 万元以上的大额客户数量的明显增加上。2005 年投放金额在 100 万元以上的广告主数量为 474 家，比 2004 年的 301 家增加 173 家，增长 57.5%。2005 年，在中国网络广告主数量增长趋缓的情况下，

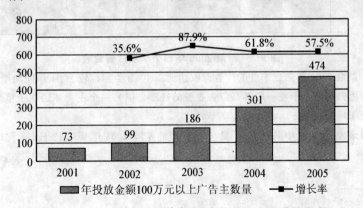

图 9-6　2001～2005 年投放金额 100 万元以上广告主数量

资料来源：IAdTracker 2006.1，根据 IAdTracker 监测中国内地超过 100 家主流网络媒体获得。

广告主预算增长明显。①

此外，网络广告客户的行业来源也充分体现了网络广告市场向纵深发展的明显趋势。在国内，1998 年网络广告出现时，搜狐网络广告的客户是集中在摩托罗拉、IBM、联想等 IT 和电信类企业。从 2000 年开始，逐渐有越来越多的日用品、药品、化妆品甚至食品广告出现，并且所占比重逐步上升。由于网络离人们的日常生活越来越近，越来越多的传统企业也将广告投放的视线转向了网站，广告客户呈现出百业在线、多元化的局面。业内人士认为，网络广告真正的市场应该还是传统企业，当传统企业的主流走向网络广告时，这个市场才会完全成熟。② 根据 iResearch 的调研数据显示，2005 年房地产、IT 产品、网络服务、交通以及通讯服务类产品的网络广告投放量位居行业前五位。其

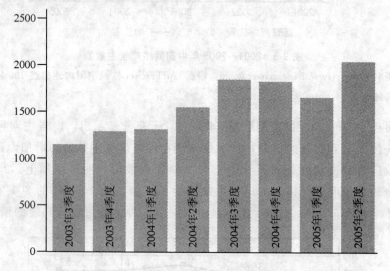

图 9-7　新浪 2005 年四个季度广告营收

注：新浪 2005 年第二季度的广告营收达到 2040 万美元；较 2004 年同期增长 31％。这部分原因归结于二季度一般都是广告业务的旺季，但另一个主要原因在于整个网络广告市场处于增长态势。

资料来源：《夹缝中的新浪》，见《IT 经理世界》，2005 年 9 月 12 日。

---

① 《2005 年中国网络广告主数量为 3418 家稳定增长》，见 http：// www. mediaok. net/2006/02/09。

② 鲁修稳：《网络广告：抓紧传统企业的手》，见 http：//shenzhen. ccw. com. cn/report/200107/0702. asp。

中，房地产类网络广告支出比例排名第一，其支出比例自 2002 年以来的 522 万元直线上升至 2005 年的 60,906 万元；2005 年 IT 产品类与网络服务类网络广告支出比例分别为 59293 万元和 57101 万元，位列第二、三位；交通类和通讯服务类的网络广告支出比例分别达 25957 万元和 20913 万元[①]。

第二节　网络媒体广告定位

　　长期以来，网络媒体一直梦想能够在合适的时间，将恰当的广告发送给需要它的人。在网络广告的早期阶段，网络媒体就把实现这个梦想作为该行业的目标。曾几何时目标变成了现实。现在人们可以很轻易地通过各种方式来获取有关用户的统计资料、品位及偏好等方面的信息，这样就可以更好地定位内容和广告。网络广告不仅为广告客户提供其他媒体所具备的全部定位功能，同时还具有很多附加功能。

　　这种定位功能能够向广告客户保证广告的有效性。现在网络媒体有了一系列的定位方法供广告客户使用（参见图 9-8）。实际上，在线定位的方式是逐步发展的，其中包括影响客户的最基本的方式，也包括技术相当复杂的了解客户的方式。最初使用的定位形式是按照内容和环境来放置广告。随着技术的发展，人们又使用通过站点注册系统来收集用户信息，再利用这些信息进行定位的这种方法。这时的定位是以网络计量和广告服务工具收到的信息为基础的。定位也可以通过数据库挖掘、协作过滤、行为分析和个性化工具等方式实现。

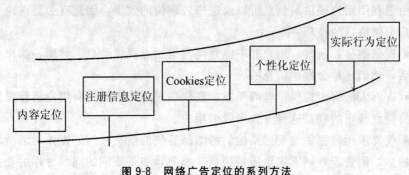

图 9-8　网络广告定位的系列方法

---

① 《房产、IT 产品、网络服务居网络广告投放三甲》，见 http://www.mediaok.net，2006/02/09。

现在，这些高级工具很容易获得，并且相当准确。

一、内容定位

定位最基本的形式是通过内容进行定位。这是传统媒体进行定位所采取的常见方法。以杂志为例，广告客户可以通过在 ELLE、时尚等杂志上作广告来吸引特定性别或年龄组的受众或者合适的市场。利用内容进行定位可以更进一步，例如，可以在报纸的体育版作体育用品商店的广告①。

这种以内容为基础的定位方式适宜于收音机、电视、有线电视甚至广告牌。当然，它也是网络媒体进行广告定位时可以选择的一种方式。每个网络媒体上可供广告客户选择的、符合要求的内容有成千上万，这些内容可为广告客户提供各种各样的定位机会。我们可以在新浪、搜狐等网站的各种频道中看到适合在此频道中发布的网络广告，例如汽车频道中的各种汽车广告。

二、注册信息定位

直接向用户提问是了解用户的最简单的方法，也是相当准确的办法。其中关键在于用户能否提供信息。通过为用户提供各种机会，如参加某一竞赛、得到折扣等活动，各种网络媒体都鼓励用户提供某些个人资料。最基本的，网络媒体只有提供了充分的理由，用户才可能提供个人信息。如果网络浏览者提供了所需的信息，那么网络媒体广告服务部门就可以通过存储了用户简况的数据库给不同的用户发送不同的广告。

由于利用用户提供的信息可以改进广告定位的效果，因此有必要讨论一些使用户提供信息的技巧②：

● 提供赠品：通常，用户并不愿意向网络站点提供信息。然而，如果有赠品的话，他们还是会提供信息的。

● 告诉人们将因提供信息而受益：我们还可以考虑通过向用户解释提供信息后将得到特定的利益这种方式来吸引用户。

● 仅要求用户提供与发送给他们的赠品等值的信息：网络媒体对消费者的要求越多，消费者就越不愿意提供信息。因此，如果要问的问题对你的业务不

---

① Robbin Zeff & Brad Aronson 著，北京华中兴业科技发展有限公司译：《Internet 广告实战策略》，第 118 页。

② 同上书，第 120 页。

是至关重要的，或与消费者的赠品不等值的话，那么就不要问这个问题。

● 保密声明：消费者非常关心在他们提供信息后会有什么样的后果，如果你在要求用户输入信息的页面上声明为用户保密，那么响应率将会提高。

三、Cookies 定位

在浏览器与服务器的会话过程中，可以交换 cookies，这有助于定位的实现。所谓 cookies 就是一种在网络站点上识别浏览器的方法。服务器把 cookies 写入硬盘；而 cookies 通常包含一组唯一的字符串，当用户再次访问该网络站点时，通过它，服务器可识别出该用户的浏览器。cookies 可以跟踪用户在站点上的行为，并以此为基础进行定位。例如，多次进入新浪体育频道的浏览者可能会被"标记"为体育爱好者，新浪就可以通过邮件发送相应的体育广告。

四、个性化定位

个性化可以帮助网络媒体给正在访问其网络站点的、不同的目标受众发送符合他们各自需要的信息。例如，对年龄敏感的广告可以将广告动态地发送给符合年龄条件的消费者，有些网络广告软件可以实现这一点，通过 Broadvision 公司的 Dynamic Command Center、American Airlines 就能够做到这一点。个性化的另一应用是可以通过以行为为基础的定位进行促销。例如，如果一位在线购物者将一件商品放在购物小车中，随后又取出了这件商品，那么可以在他再次接触这件物品时，提供一些折扣作为刺激以促成交易。这样，通过了解消费者的活动记录，可以将浏览者变成为购买者。总的说来，个性化定位具有的优势如下：

● 用户划分：可以把用户划分成若干组，每一组都具有相同的属性，这样就可以更有效地定位促销活动。

● 适应用户的促销：可以在合适时间开展适合用户的、具有特定主题的促销活动。

● 将系统与当前用户数据库结合在一起：你可以定制用户与网络媒体之间的每一次联系。

● 设计个性化的网络媒体站点：可以针对每个用户的兴趣和品味定制其所需要的网络媒体站点。

在定位的一系列方法中，最后一种方法是基于个人实际行为的定位。用户行为定向广告的思路实际上就是将广告接收者进行细分，根据不同的需求发送相应广告的营销思想。Aptex 是提供这种服务的公司之一，它拥有 AdServers

的 Select Cast 软件。Select Cast 可恰当地概述所有用户活动，了解每个用户的兴趣，并利用这些信息有选择地发送广告。特定的广告被发送给特定的用户，同时，它还可自动标识新用户。通过比较用户简况文件和广告清单，相应地更新用户名单，不断地调整广告的发送。

基于这种定位技术的有效性，美国华尔街在线（Wall Street Journal On-line）也使用了用户定位技术，以跟踪用户在网上的广告浏览情况，统计某用户经常点击哪类广告，从而有针对性地向该用户发送他感兴趣的广告。而之前，这种依据用户爱好进行的广告发送需要让用户在网站注册，提供其感兴趣的广告主题。而 Select Cast 这样的软件像一个"智能型的观察员"，它跟踪所有活动——包括点击、查询、页面查看和广告印次的环境及内容。它不需要明确的用户反馈，也无需判断用户的"品味"；不需要使用 cookies，也不需用户注册，当然也就无需进行信息获取或存储。它只需监测用户的广告点击情况即可了解该用户的兴趣范围。[①] Nielsen 调查机构的在线行为研究人员认为，有了这种技术，网络媒体及网络广告商只需要关心如何更加准确地获知用户的兴趣，而不用担心某种形式的广告对用户造成了多大侵扰。

第三节　网络媒体广告的销售

对于任何网络媒体来说，如同传统媒体一样，广告是其最主要的收益之一。但必须认识到的是，如同传统媒体销售广告一样，网络媒体广告的销售中，有计划、持之以恒及努力工作都是非常重要的；而且即使已经具备了这些条件，也不能保证你能从销售广告中获利。当前的网络媒体广告倾向于买方市场，要想获得成功，不仅需要运气，还需要有这方面的头脑。这意味着作为网络媒体，必须努力做到：

● 提供能够符合广告客户需要及利益的库存空间，不管它是 Banner 还是大屏幕，不管是静态、动画还是富媒体，广告；

● 与广告客户建立长期的关系；

● 灵活掌握价格及创意。

掌握了以上这些基本的技能和知识之后，就可以按照以下步骤（如图 9-9

---

①　《网络广告定位新方式——用户行为定向》，见 http：//www.36.net/ec/ShowArti-cle.asp? ArticleID＝221。

所示）来进行网络广告的销售了。

图 9-9　网络广告销售的步骤

一、网络广告定价方式

1. CPM（Cost Per Thousand Impression，每千人印象成本）

网上广告收费最科学的办法是按照有多少人看到你的广告来收费。按访问人次收费已经成为网络广告的惯例。CPM 指的是广告投放过程中，听到或者看到某广告的每一千人平均分担到多少广告成本。传统媒介多采用这种计价方式。在网上广告，CPM 取决于"印象"尺度，通常理解为一个人的眼睛在一段固定的时间内注视一个广告的次数。比如说一个 Banner 广告的单价是 1 元/CPM 的话，意味着每一千个人次看到这个 Banner 的话就收 1 元，如此类推，10000 人次访问的主页就是 10 元。至于 CPM 的收费究竟是多少，要根据主页的热门程度（即浏览人数）划分价格等级，采取固定费率。国际惯例是 CPM 收费从 5 美元至 200 美元不等。

CPM 一直是网络广告计价的一种主流方式，但是现在却遭到了一些质疑。这种质疑一方面来自对这一衡量指标本身的质疑，因为在现有网络广告形式表现力不强的情况下，受众的网络浏览行为又具有充分的自主性，所谓的"注视"到底还具有多大的价值？另一方面，由于国内互联网广告还缺乏权威有效的监督机制，一些客户对网站的流量统计缺乏信心。

2. CPC（Cost Per Click, Cost Per Thousand Click – Through，每千人点击成本）

以每点击一次计费。这样的方法加上点击率限制可以增加作弊的难度，而且是宣传网站站点的最优方式。但是，不少经营广告的网站觉得此类方法不公平，比如，虽然浏览者没有点击，但是他已经看到了广告，并有可能已经形成印象。

3. CPA（Cost Per Thousand Action，每千人行动成本）

CPA 计价方式是指按广告投放实际效果，即按回应的有效问卷或订单来计费，而不限广告投放量。CPA 的计价方式对于网站而言有一定的风险，但若广告投放成功，其收益也比 CPM 的计价方式要大得多。

4. CPR（Cost Per Thousand Response，每千人回应成本）

以浏览者的每一个回应计费。这种广告计费充分体现了网络广告"及时反

应、直接互动、准确记录"的特点，但是，这显然是属于辅助销售的广告模式，对于那些实际只要亮出名字就已经有一半满足的品牌广告要求，大概所有的网站都会给予拒绝，因为得到广告费的机会比 CPC 还要渺茫。

5. 包月方式

很多国内的网站是按照"一个月多少钱"这种固定收费模式来收费的，不管效果好坏，不管访问量有多少，一律一个价。尽管现在很多大的站点多已采用 CPM 和 CPC 计费，但很多中小站点依然使用包月制。

6. PFP（Pay For Performance，按业绩付费）

著名市场研究机构福莱斯特（Forrerster）研究公司最近公布的一项研究报告称，在今后 4 年之内，万维网将从目前的广告收费模式 CPM 模式变为 PFP 的模式。福莱斯特公司高级分析师尼尔说："互联网广告的一大特点是，它是以业绩为基础的。对发布商来说，如果浏览者不采取任何实质性的购买行动，就不可能获利。"丘比特公司分析师格拉克说，基于业绩的定价计费基准有点击次数、销售业绩、导航情况等，不管是哪种，可以肯定的是这种计价模式将得到广泛的采用。

二、确认销售的产品

网络媒体进行广告销售的第一步是确认自己要销售什么。如同其他任何销售体系一样，需要定义自己的产品。在销售网络广告时，广告就是产品，需要被定义、分类及编制目录。这就需要对整个媒体站点进行重新审查，弄清可接受的广告格式及广告布局的可能性，以便可以确定站点的以下特性：

- 广告格式：条幅、按钮、游动、大屏幕、E-mail 等；
- 技术说明：文件大小、广告尺寸；
- 广告空间定位：在站点中的哪些页面、哪些特定区域；
- 布局：每一页面上广告的位置（虽然我们建议将所有的广告放置在页面上部和中部位置内，但理论上可以在页面的任何位置）。

类型：静态的、动画的、Rich Media（富媒体）。

三、了解媒体网站的流量结构

接受广告之前，必须设置媒体站点的基础结构。这意味着要保证站点拥有符合专业广告要求的技术应用程序，包括监控和计量站点的访问量、决定采用何种广告模式以及广告管理。首先，需要清楚的是大多数广告客户首先关心的都是网站的流量，所以网络广告销售内容的一部分就是去要确保能提供准确的站点的访问流量，能够监测和计量访问站点的用户数、用户的位置及用户一旦到达后的所作所为，所有这一切将提供一幅确定放置付费广告最佳页面的蓝图①。

还需要注意的一点是，如果你希望赢得一流的广告客户，就必须给他们提供类似传统广告业中所期望的审计服务；也就是说你必须能向你的广告客户证明你网站的访问流量是可信的。审计报表最好是以独立第三方分析的形式证明结果的可信性。不过令人奇怪的是，当前仍有不少的站点发布商不提供经过审计后的流量，但毫无疑问在不久的将来这将成为标准的做法。

四、了解自己网站的受众

1. 提高受众数量

站点的真正价值在于它的受众。提高访问量能给广告客户传递两条信息：第一，这说明该站点是流行的并能满足受众的需要及利益；第二，提高访问量能够向媒体购买者保证他们可以通过放置在网络站点上的广告不断拓展他们的影响范围。

广告客户需要了解（事实上也必须了解）通过在某个媒体站点上作广告他们可以影响到哪些人。因此，网络媒体需要提供关于受众的简介。该简介可通过交互式的策略如注册、调查甚或游戏或竞赛来编写，还可以利用许多新的可行技术提高广告的定位及个性化展示。在受众简介中包含的细节越多，广告的实际价值就越高。如果你的站点面对一个准确的消费市场，那么你的站点就比其他站点泛泛的"市场目标"具有更高的价值。②

2. 吸引忠诚客户

一个拥有忠诚跟随者的媒体站点对广告客户是相当有吸引力的。广告客户都希望能在拥有一定数量忠诚客户的站点上发布广告。

由于受众的忠诚是至关重要的，因此网络媒体必须确信他们所采用的广告不会使他们的受众反感。因此，审阅广告是很重要的，不仅要看是否符合规格，还要看环境的适当性。我们可以发现，有的时候，某些网络广告被认为是不可接受的，或者是过于招摇，或者是对站点特定受众含有攻击性的内容，或者是广告形式本身就令人反感。

适合于某一受众的内容可能并不适合另一受众，尤其是网络媒体的儿童频

① Robbin Zeff & Brad Aronson 著，北京华中兴业科技发展有限公司译：《Internet 广告实战策略》，第 200 页。

② 同上书，第 201 页。

道。当在这一频道上提供广告服务时，就默认了其公司、产品及其附带的问题。不能仅仅因为有人愿意付钱而接受每一个广告，信誉易失不易得，而且在受众面前失去了信誉，就会失去访问量，进而失去销售订单。

五、媒体软件包/产品说明书

当网络媒体在销售自己的广告空间时，都需要有"媒体软件包"或者说是"网络广告的产品说明书"来清楚地说明你的广告条件。应该考虑在广告服务频道中有一个有效子目录，标题为"媒体软件包"、"广告机会"、"怎样在我们这里刊登广告"。

那么一个好的媒体软件包的标准是什么？能够工作的就是好的媒体软件包。一般而言，有 9 个主要的组件需要包含在网络广告程序的媒体软件包中。这些组件可分别以单独的部分出现，也可合并到一个独立页面中[①]：

- 站点概述以及特征；
- 联系信息；
- 广告方案；
- 广告定价；
- 站点访问量；
- 受众人口统计；
- 产品说明；
- 提交说明；
- 报告。

1. 站点概述及特征

媒体软件包需要一个引导页面作为通向所有组件的跳板。该页面不需要太长，其目的是设定基调并提供媒体软件包中各部分的文本概述及每个组件的链接清单。最重要的是，该页面就是介绍站点最优秀特征的页面。简而言之，此处就是进行强力推销的地方，而其他页面只是作为支持文档。

2. 联系信息

这既可以是单独的页面也可以和带有其他信息的页面合在一起。不管这个信息放在什么地方，在其中应该很容易找出站点广告管理或营销人员的完整联系信息。其中包括姓名、职位、地址、电话、传真及电子邮件（在网络页面上

---

① Robbin Zeff & Brad Aronson 著，北京华中兴业科技发展有限公司译：《Internet 广告实战策略》，第 205 页。

电子邮件应是 mailto：链接格式）。

3. 广告计划

这里是要对潜在广告客户详细说明广告计划选项的位置。可以采用任何设计格式（表格或文字），但一定要简单，并提供所有可预见到的问题答案。

你也可能想列出一些当前的广告客户，尤其是如果客户很多并且有说服力的话。没有什么比竞争更能吸引广告客户的了——它可说明你的站点是一个经得起考验的站点。当然，需要注意的是如果你列出了广告客户，那么该信息就会被你现在及将来的竞争对手得到，他们可能会与你的客户联系。

4. 广告定价

这里是列出定价的页面，也就是我们提及的"价目表"。将你的定价放置在前面中央位置，不要让购买者到处找这个信息。你的收费应该没有什么秘密。另外，注明价目表的日期，这样媒体购买者就会知道该价格确实适用于当前季度或当前时间段。

5. 站点访问量

这是网络媒体站点计量软件所显示的信息。图表和图形在这一部分有显著的作用。广告客户感兴趣的信息包括整个站点的印次数及你所销售的各种广告的印次数，还有过去 3～6 个月中你的站点的访问量的变化。有的时候一幅图的说服力要强于 1000 字的描述，而日站点访问量最能发挥图表的优势了。

6. 受众统计

此信息介绍站点受众的简况，如年龄、性别、收入及地理分布等。

7. 产品说明

此信息介绍每一广告产品的设计规格，包括以下部分：

广告尺寸：可以是按钮尺寸（120×60 像素）、条幅尺寸（480×60）或者其他尺寸。

广告到期日：创意必须在广告运行前提交的时间。

文件格式：广告最常见的是 GIF 格式，还有许多站点接收 JPEG 格式。此外，还要指出允许的格式以及富媒体规则。

文件大小：许多站点要求 12KB 或更小。

产品说明书的重要性毋庸置疑，它是沟通广告客户和发布站点最主要的信息渠道。有的时候我们并不能在站点中寻找到一个符合上述条件的完善的产品说明书，例如，图 9-10 中的搜狐广告服务频道，但是产品说明书中的信息我们还是能在其中不同的页面寻找到。从标准的观点来看，如果可能，各网站的广告服务频道中还是应尽可能地遵循产品说明书的体例。

图 9-10 搜狐网络广告频道/媒体软件包

8. 交付说明

这部分描述广告将以什么方式发送到站点，包括电子邮件、网络或FTP 等。

9. 报告

这一部分表示你以何种方式给用户提供关于他们的广告或赞助运行情况的报告。可以实时访问该信息，或者每天一次或每周一次；也可以通过电子邮件发送该信息或直接在线得到。如果你的站点由某行业公司进行专业的审计，那么该信息也要提供。如果站点被审计过，则该信息也要发布出去。

六、进行销售

1. 竞争分析

了解你的竞争对手是重要的，这样就可以预料并回答广告客户的诸多问题。你的广告客户将会检查刊登同类广告的其他站点，了解他们的受众及广告计划。即使你看到了你的站点完全不同于其他的同类站点，但是广告客户可能不这么认为。最好采取这样的观点：那些站点是很棒的，但你的站点是与众不同的，而且正是这些不同会帮助广告客户达到他们的活动目标。

2. 分时段销售

分时段广告已应用于网络广告，提供这种服务会使你在与没有这种服务的竞争对手的竞争中处于优势。例如 iDeal 公司，在它的拍卖站点 www. dealdeal. com 上增加了在午间报价截止之前的时段内网幅广告的运用。"如果我们使人们在拍卖的末尾报价，"iDeal 合作创建者 Jamie Locke 说，"那就会有助于使价格达到销售商所能接受的范围。"Internet 广告行家 MMG 的 JohnAudette 发现午餐时段的广告能提高 25％ 的点击率。另外的主要时间是刚刚下班（下午 5：00～6：00）及晚上 10 点以后。总之，"我们从传统媒体中了解到的关于分时销售的每一件事都要转化到 Internet 上来，"ORB Digital Direct 的 Laura Berland 说，"因为这儿不仅有传送信息的合适地点，而且有传送信息的合适时间。"①

七、与广告客户沟通②

1. 与谁联系

应该与谁联系自己媒体网站的网络广告销售呢？是对方的 CEO 还是营销经理？最好的答案是与两者都取得联系，当然也可以访问潜在客户的网站以决定与谁联系更好。

如果涉及广告代理商，你也许难以确定是与广告代理商联系还是直接与客户联系。同上个问题一样，答案是最好同双方都联系。这取决于你掌握的资料，如果你与客户有现成的关系而且有人把你介绍给广告代理商，最好告诉代理商，客户已经有购买意向，如果能够得到双方的支持，那么你的销售工作就已经取得了初步成效了。

然而，如果你首先已经与代理商建立了联系，再直接与客户联系就不太合适，对媒体客户来说，没有什么比销售人员绕开他们直接与用户联系更为令人生气的了。如果有必要与用户直接联系而你难以确定是否合适，最好征求广告代理商的同意。

2. 留下良好的第一印象

如果你决定与一个或两个合适的潜在客户联系，可以以一封私人化的 E-mail 开始。

邮件必须要简明扼要，如"我是××公司在××的代表，我们提供多种网络广告服务，包括标志广告、文本链接、E-mail 新闻邮件赞助等，这里有完

---

① Robbin Zeff & Brad Aronson 著，北京华中兴业科技发展有限公司译：《Internet 广告实践策略》，第 204 页。

② 《网上营销新观察》，见 http：//www. marketingman. net/2001/column/118. htm.

整介绍的网址链接，我们的标志广告费用最低 10 美元/CPM 起。"

这里的关键是尽可能附加个性化的信息，如"我想××公司非常适合于贵公司的网站，因为我们的受众……"最后，以这种语句结束："我愿意与您讨论合作的可能性，并且给您发送最新的媒体工具包，如果您不负责贵公司的网络媒体广告事务，请将这条信息转交给有关人员。"

3. 后续的礼节

在 E-mail 发出后 1～2 天，你可以打一个电话以加强效果，留下你的电话和电子邮件地址，等待他们和你联系。一般来说，倘若对方没有回复你的电话，一个月内最好不要与同一个人联系两次以上。

4. 更多礼节

一般来说，可用 E-mail 代替电话联系，因为许多媒体客户通常都比较繁忙，通过 E-mail 来回复你比较容易。一个销售人员如果每天都打电话推销是很让人反感的一件事。

邮件简短固然重要，礼貌也很重要。如果销售人员发送一些短小然而没有礼貌的邮件是再糟糕不过了，例如"事情进展如何"、"现在怎么样了"，更有甚者，把邮件标注为"紧急"。

一个销售项目完成之后，销售人员还有一件重要的事情，就是继续与客户保持联系，继续关注网络广告活动的效果并提出改进建议，例如，提供建设性的建议以增加点击率。

如果媒体客户购买了你的某项服务，最好让他们知道你很高兴建立与他们业务关系，而不在乎生意金额的大小，毕竟有生意总比没有生意要好，如果他们知道你的感激之情，下一次很可能还会从你那里购买；否则，如果你表现得很失望，可能就不会有下次了。

尽快回复媒体客户的问题和关心的事情，尽量在 24 小时内给予回复，如果暂时对问题无法回答，也要告诉顾客你正在寻找答案，不久即可回复。让顾客等待太长时间只会失去商机。

作为一个网络媒体销售人员无疑是很艰难的，在联系太多或太少之间仅一线之隔，同样，在应该同谁联系及如何联系之类的问题上有许多属于灰色区域，关键是找到在中间某处的微妙平衡。

如果要为网络广告销售定一个标准，那就是：始终以公平的价格向目标客户提供引人注意的、创造性的建议。

链接

新浪网广告销售

在广告销售方面，新浪的广告大体上分为广告公司代理与"直客"两部分。现在新浪的广告结构逐渐趋于合理，原先 IT 类广告独大，占总量的 70％多，现在只占 20％左右。负责市场与销售的 CMO 张政认为，这是实施广告公司代理商制度带来的变化。目前新浪的广告代理商数目已经发展到三四百家，新浪自己的广告业务人员也有 100 人左右，但张政不太鼓励自己的业务人员直接去拉大客户、抢订单，以避免与代理商展开竞争，而是要求他们做好服务工作。新浪 95％以上的广告都是通过广告公司签订的，因为张政认为，广告公司是网络广告价值链中很重要的一个环节，可以使得运作更加规范。

1. 在向一个新客户推荐广告版位时，新浪的销售人员会注意"受众人群的精准度"这一特征。比如面向年轻销售者的产品会推荐到"娱乐"频道，而一些面向成熟有产者的广告，则会推荐到"汽车"等频道。

2. 从第一天做网络广告起，新浪的销售人员便被灌输这样一个观念：能够卖出首页和黄金版位的销售人员不是好的销售人员，能够卖出三、四级页面的销售人员才是好的销售。他们会努力说服客户：三、四级页面可能浏览的客户绝对数量不多，但目标客户集群度高、网民粘度大，再配合一些专题，可能效果更好。

3. 另外，新浪还非常强调售后的沟通，比如世界杯、奥运会等重大活动时如何在新闻内容和链接上体现出对大客户的照顾等。客户反馈的满意度（投诉率）、广告公司中投放的力度与比例，都是衡量销售人员业绩的指标。

4. 发展新客户对新浪来说是一个很复杂的过程。广告部门突然接到某个不知名企业的来电时，"直客"部门会了解该企业的状况，甚至监测其从业资格（地产商的五证、保健品的批号等），同时通过当地的代理商（新浪在一些地方的代理商同时负责网络广告、分类广告、黄页、企业网站等业务）来了解其是否有持续的投放实力，在条件成熟之后新浪的"直客"部门会派人去当地考察、接洽。快签约的时候，新浪会推荐几个广告公司供对方选择。

图 9-11 为新浪网广告发布流程图：

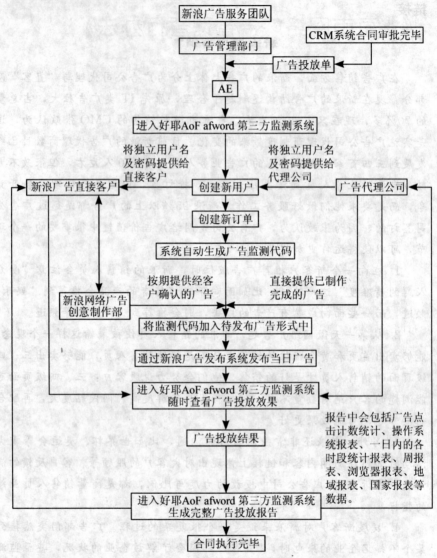

图 9-11　新浪网广告发布流程图

资料来源：www.sina.com.cn。

附：《北京市网络广告管理暂行办法》

第一条 为依法规范网络广告内容和广告活动，保护经营者和消费者的合法权益，依照《中华人民共和国广告法》（以下简称《广告法》）、《中华人民共和国广告管理条例》（以下简称《条例》）有关规定，制订本办法。

第二条 本办法所称网络广告，是指互联网信息服务提供者通过互联网在网站或网页上以旗帜、按钮、文字链接、电子邮件等形式发布的广告。

互联网信息服务提供者包括经营性和非经性互联网信息服务提供者。

第三条 互联网信息服务提供者发布网络广告，应当遵守《广告法》、《条例》和其他有关法律、法规、规章以及本办法的规定。

第四条 北京市工商行政管理局负责本市网络广告监督管理，并在HD315网站建立"网络广告管理中心"。区、县分局（含直属分局）负责对辖区内互联网信息服务提供者发布的网络进行监督管理。

第五条 本市行政区域内经营性互联网信息服务提供者为他人设计、制作、发布网络广告的应当到北京市工商行政管理局申请办理广告经营登记，取得《广告经营许可证》后到原注册登记机关办理企业法人经营范围的变更登记。

非经营性互联网信息服务提供者不得为他人设计、制作、发布网络广告。在网站发布自己的商品和服务的广告，其广告所推销商品或提供服务应当符合本企业经营范围。

第六条 经营性互联网信息服务提供者申请办理网络广告经营登记，应当符合下列条件：

（一）企业法人营业执照具有从事互联网信息服务的经营范围；

（二）在北京市工商行政管理局指定的网站（HD315）备案；

（三）具有相应的广告经营管理机构和取得从业资格的广告经营管理人员及广告审查人员；

（四）具有相应的网络广告设计、制作及管理技术和设备。

第七条 符合上述条件，申请办理网络广告经营许可证，应提交下列证明文件：

（一）在HD315.gov.cn网站上办理备案登记后，贴有备案标识的网站首页打印件；

（二）广告经营资格申请登记表（一式两份）；

（三）营业执照复印件（加盖发照机关备案章）；

（四）网站域名的注册证明（有效复印件）；

（五）广告管理制度（承接、登记、审查、档案、财务）及广告监测措施；

（六）《广告专业岗位资格培训证书》2 份（有效复印件）；

（七）《广告审查员证》2 份（有效复印件）；

（八）广告价目表。

对文件齐备、符合规定的，北京市工商行政管理局自受理之日起七个工作日内核发《广告经营许可证》。

第八条　已取得《广告经营许可证》的广告经营单位和发布单位经营网络广告的，应根据上述规定办理备案登记和网站域名的注册登记。取得网络广告经营资格的互联网信息服务提供者，应当在其网站备案栏中注明《广告经营许可证》号码。

第九条　经营性互联网信息服务提供者设计、制作、发布网络广告应当依据法律、行政法规查验广告主有关证明文件，核实网络广告内容。对内容不实或者证明文件不全的网络广告，不得设计、制作和发布。

第十条　经营性互联网信息服务提供者发布网络广告，应将制作完成并经过审查的网络广告上传至"网络广告管理中心"，同时附加网站注册得到的电子标识、企业所属审查员的代码，以及广告发布点的计划。"网络广告管理中心"将根据广告发布计划将该网络广告发送至目标网站，并于计划执行完毕后，将该广告的相关资料自动返还提交广告的网站。

对于已具有集中发布网络广告性质的网站或"网站联盟"性质的网络广告运作联合体，其广告发布部分的数据库应与"网络广告管理中心"实现联网。

第十一条　经营性互联网信息服务提供者应将发布的网络广告及相关资料保存留档一年，并不得隐匿、更改，在广告监督管理机关依法检查时予以提供。

第十二条　经营性互联网信息服务提供者的网络广告收入应当单独立帐，并使用广告业专用发票。

第十三条　互联网信息服务提供者不得在网站上发布下列商品或服务的广告：

（一）烟草

（二）性生活用品

（三）法律、行政法规规定生产、销售的商品或者提供的服务，以及禁止发布广告的商品或者服务。

第十四条　互联网信息服务提供者在网站上发布药品、医疗器械、农药、兽药、医疗、种籽、种畜等商品的广告，以及法律、法规规定应当进行审查的其他广告，必须在发布前取得有关行政主管部门的审查批准文件，并严格按照审查批准文件的内容发布广告；审查批准文号应当列为广告内容同时发布。

第十五条　互联网信息服务提供者在网站上发布出国留学咨询、社会办学、经营性文艺演出、专利技术、职业中介等广告，应当按照有关法律、法规、规定取得相关证明文件并按照出证的内容发布广告。

第十六条　互联网信息服务提供者应当将发布的广告与其它信息相区别，不得以新闻报道形式发布广告。

第十七条　本市各级工商行政管理机关广告监督管理部门应将网络列入重点广告监测范围，建立监测登记汇总制度。发现违法广告及时下载取证，保证网络广告监测及时到位。

第十八条　对取得广告发布资格的互联网信息服务提供者，北京市工商行政管理局将通过 HD315 网站向社会公告其名称、注册标识及广告经营许可证号，以供广大消费者认选，并方便消费者投诉、申诉、举报。

第十九条　违反本办法规定的，工商行政管理机关将依照《广告法》、《条例》等法律、法规的规定进行处罚。

第二十条　外商投资的经营性互联网信息服务提供者申请办理网络广告登记的，参照设立外商投资广告企业的有关规定和本办法执行。

第二十一条　本办法由北京市工商行政管理局负责解释。

第二十二条　本办法自 2001 年 5 月 1 日起施行。

本章主要概念回顾

网络广告、新媒体技术、网络广告定价、CPM、CPC、CPA、PFP

思考题

1. 请阐述网络广告目前定价方式的种类及其优缺点，并在此基础上思考网络广告未来有可能出现的定价方式。

2. 试阐述作为网络媒体站点，应如何利用用户注册信息进行网络广告的定位。

3. 请任选一个网络媒体，给它做出适当的媒体软件包/产品说明书。

4. 试阐述作为一个网络媒体广告的销售人员，你应该如何与你的广告客户进行沟通。

第十章 网络媒体的市场开发管理

网络媒体的市场开发首先意味着必须深刻了解其作为一种市场需求，所应遵循的基本的市场需求理论，在本书中，我们认为作为网络经济中的一种产品形式，网络媒体的市场需求理论与整个网络产品的市场需求理论在本质上应是一致的。因此，本章的第一节主要探讨网络产品的市场需求。

在了解了网络媒体市场需求的基本规律之后，本章的第二节将对网络媒体的目标受众市场的营销进行讨论。针对媒体而言，其市场只有一个，就是受众市场。受众对媒体的生存具有举足轻重的作用。只有掌握了目标受众需求的媒体才有可能无往不胜，网络媒体也概莫能外。

第一节 网络产品的市场需求

网络经济作为新兴的经济形式，既不是单纯的信息经济，更不是单纯的服务经济。这一点在网络产品的经营活动中尤为明显。经营活动是广义上市场这一概念的组成部分，而网络产品的经营活动中，其定位的准则来源于对市场需求的分析。在本节中，我们将眼光聚焦到网络产品的市场需求上，以传统经济中的市场需求原理为对照，分析包括网络产品在内的网络产品的市场需求，希望能引出一种模式，用以解释这个新兴市场中的市场需求，并对这一模式的特点进行一些相关讨论。同样的，作为网络经济中的一种产品形式，网络媒体的市场需求理论与整个网络产品的市场需求理论在本质上应是一致的。

一、市场需求原理

1. 从个别需求到市场需求

产品市场中每天都在发生无数次的交易，每一次交易都包含着一次交换，同时涉及影响供求双方的一些因素。显然，要对所有这些交易做一个没有遗漏的总结几乎是不可能的，因此，要掌握这些行为的规律，必须先对个别行为作一个概括性的描述。

首先看一下个别消费者的需求。价格与收入的变化影响着一个人的预算线，因此可以从这两个因素出发去确定消费者的选择。同样，这两个因素也影响某个人对一种商品的需求。个别消费者的需求变化是作为消费选择的结果而存在的。为了能够简明而感性地展现这些信息，我们下面以一个买主的唱片需求曲线来说明。在图 10-1 中我们可以明确地看到，当唱片价格下降时，需求量增加[①]。

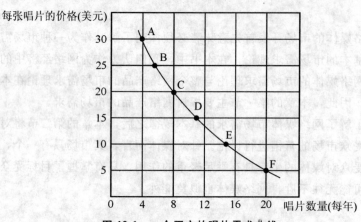

图 10-1　一个买主的唱片需求曲线

在讨论了个别消费者的需求曲线后，市场需求曲线又从何而来？西方经济学认为：市场行为其实就是所有个别交易行为的总和。假定某一市场中仅有 A 与 B 两个买主，A 与 B 的价格—数量的需求反映如图 10-2、图 10-3 所示。

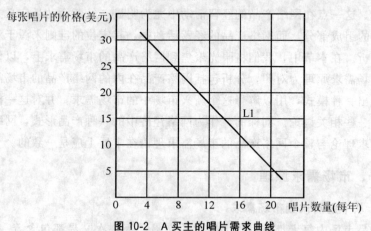

图 10-2　A 买主的唱片需求曲线

---

① 　欧文·B·塔克，秦熠群译：《现代微观经济学》（第二版），中信出版社 2003 年版，第 47 页。

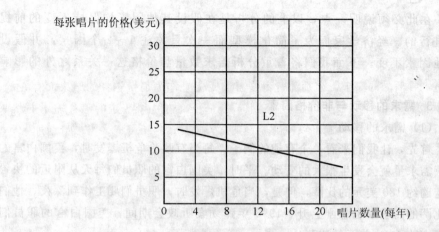

图 10-3　B 买主的唱片需求曲线

在仅有 A 与 B 的这个市场中，市场需求曲线很明显应当是两条个别需求曲线的加总。推而广之，在其他价格之下重复这一相同过程，就将产生市场需求曲线。如图 10-4 所示。

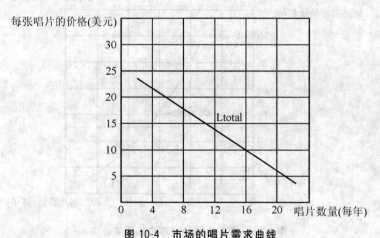

图 10-4　市场的唱片需求曲线

2. 需求定理

经过上述例子与图表的感性解释，我们可以引出需求定理。微观经济学中给需求定理做了一下概括，即指在规定的时间内，其他条件不变的情况下，某种商品的价格与消费者愿意购买的数量之间是一种负相关关系①。

---

① 欧文·B·塔克，秦熠群译：《现代微观经济学》（第二版），第 46 页。

在此必须说明一点，以上的分析是在假设其他因素均保持不变的前提下进行的。经济学家们为了简化模型而一次只关注 1～2 个因素，并假设其他因素不变。下面我们将着重分析需求数量与价格这一关系之外的影响因素。

3. 需求的移动与非价格因素

(1) 需求的移动

首先，让我们来看一个有趣的例子。每当有政治危机爆发时，美国白宫的比萨需求量就会发生很大的变动。平时，美国白宫的职员们每天从附近的快餐店定购约 180 美元的比萨，但是，当危机爆发时，职员们要工作到深夜，他们对比萨的需求量也急剧上升。1998 年弹劾案听政会期间，美国白宫的职员们每天定购 1000 美元的比萨![1]

但美国白宫比萨的需求量突然增加，不是价格变动的结果。可见除价格因素之外，其他因素也能造成需求的改变。以唱片市场需求为例，价格不变需求增加的情况如图 10-5 所示。

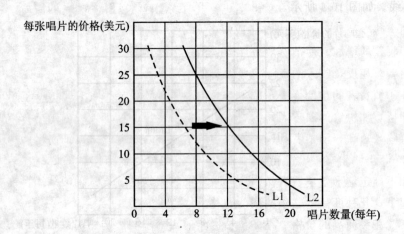

图 10-5　需求的增加（非价格因素改变）

(2) 需求改变的非价格因素[2]

①购买者的数量。在所有的可能价格水平下，新的消费者带来了额外的需

---

① 布拉德利·希勒，豆建明等译：《当代微观经济学》（第八版），人民邮电出版社 2003 年版，第 78 页。

② 欧文·B·塔克，秦熠群译：《现代微观经济学》（第二版），第 50～52 页。

求量，使得需求曲线向右移动。人口的增长容易增加购买量，使对某种商品或服务的需求曲线右移；人口的减少则反之。

②偏好。对于受广告影响较大的消费群体而言，时尚产品或性能优越的新产品会影响消费者购买特定商品或服务的偏好。如这两年手机销售在中国掀起了消费风暴，手机的需求曲线必然右移。而风靡一时的 BP 机已成为过时产品，被消费者所厌倦，其需求曲线无疑就左移了。

③收入。收入的变化对需求的影响是十分明显的，这一点我们在论及消费者的预算线时已有过论述。但以西方微观经济学观点来看，需求变化与收入变化的关系有两种可能，分为关于正常商品和关于低档商品两种。

正常商品是指收入的变化与其需求曲线之间为正相关关系的商品。对于多数商品及服务市场而言，收入的增加将引起购买者在任何可能的价格水平下购买数量的增加。因此，当消费者收入增加时，这些正常商品如住宅、汽车、美食等商品的需求曲线将向右移动。而收入下降时，这些商品的需求曲线则明显右移。

低档商品是指收入的变化与其需求曲线之间为负相关关系的商品。收入的增加会减少消费者对低档商品或服务如不知名品牌产品、公共汽车服务的购买。收入的增加，使消费者有能力去消费名牌产品、去购买汽车，而不是去购买前者。相反，收入的下降将导致对低档商品需求曲线的右移。

④消费者的预期。中东战争与海湾战争导致了美国等主要依赖进口中东石油维持石油供给的西方国家消费者对汽油需求量的增加。原因是消费者预期汽油将陷入短缺，消费者利用一切机会购买汽油，这导致了汽油需求的增加。又如 2003 年"非典"爆发初期，国内发生抢购板蓝根与白醋的情况。这也是在真相不确定情形下消费者做出这两种商品将紧缺的错误预期的结果。这些预期引起了这几种商品的需求曲线的右移。

⑤相关商品的价格。在非价格因素时对需求的影响中，最难理解的大概就是其他商品的价格对特定商品或服务的影响。我们使用非价格因素一词似乎排除了一切价格变化所引起的需求变动。而事实上，我们在定义其他条件不变这一前提时，已经包括了其他商品价格维持不变这一因素。例如，在瓶装饮用水市场中，农夫山泉价格的上扬很少能造成其他品牌瓶装饮用水需求的增加；新浪的免费邮箱突然收费的话，其他如网易、搜狐等公司的免费邮箱的需求无疑将增加。这是相关商品的一个类型：一种商品与另一种商品为夺取消费者而竞争，结果是一种商品价格的变化与其竞争者的商品需求是正相关关系。这两种商品称作互为替代品。

另一个类型是互补品。互补品的定义为：与另一种商品一起消费使用的商品。结果，一种商品价格的变化与和他一同使用的另一种商品的需求量负相关关系。如牙膏与牙刷，钢笔与钢笔墨水就是很好的例子。

二、网络产品市场需求

我们说网络经济是一种虚拟经济，不受时间与空间限制，这种虚拟性是由网络本身的性质决定的。网络上的各种经济活动，既可以是实物交易的虚拟化表现，也可以是完全虚拟的经济行为。但无论如何，其所具有的一切表现都可以归纳为信息和知识的生产、获取和使用的经济活动。[①] 既然是经济活动，就必然会与一些传统的经济学原理相符，当然也不排除相悖的情形。结合上述对市场需求的经济学理解，我们希望能够推导出一些与网络产品市场需求相关的规律。

1. 相符：网络经济外部性与梅持卡夫法则

网络经济的外部形式网络经济运行过程中所显现出来的重要特征。市场交易虽不涉及交易双方之外的其他市场主体，但却能影响交易双方以外的"外部"，即所谓的外部性。一般而言，外部性包括两个方面。一是使"外部"受损的状况（称为"外部不经济"），如工业污染。另一方面是使"外部"受益的情形（称为"外部经济"），如交通设施的建设。美国经济学家萨缪尔森把外部性定义为："在生产和消费过程中给他人带来非自信的成本或收益，即成本或收益被强加于他人身上，而这种成本或收益并未由引起成本或收益的人加以偿付。"[②]

一切网络（包括交通网络与传媒网络）都存在着明显的外部经济性。如在一个已存在的电话网络中，增加一个新入网者 A，入网的契约是 A 与电话网络运营商缔约的。缔约双方以外的人却是该契约的外部，但处在外部的某个早期入网者 B 却因此契约而得到了与 A 通话的可能。也就是说该契约为 B 带来了效益。这就是"网络的外部性"。

简单的数学运算告诉我们，一个网络的总价值（总效用与边际效用）会因为网络上节点（如电话用户）的增加而增加。网络规模越大，其外部经济性也将越大。并且当网络规模超过一个阈值时，外部经济性就会急剧增大。若将总数用以 TU 表示，节点以 n 表示，我们将得到一系近似于 $TU = N^2$ 的二次曲

---

① 张小蒂、倪云虎：《网络经济》，高等教育出版社 2002 年版，第 20 页。
② 同上书，第 26 页。

线。这一规律被鲍勃·梅持卡夫总结为：网络的价值以用产数量的平方速度增长。

反观 Internet，作为一个网络平台，用户拥有一个进行双向通信的网络环境。增加的用户使信息得以在更大范围内进行双向流动。这不仅增加了信息本身的价值，也提高了所有网络用户的效用。套用梅持卡夫法则的适用性，Internet 是符合这一法则的。

2. 相悖：边际效用递增规律

效用这一概念在传统经济学中被定义为一个人从消费一种物品或劳务中得到的主观上的享受或有用性，通俗地讲，就是满足。而边际效用则是指消费某种物品增加一个单位时所获得的效用的增加量。[①] 传统经济学认为，个人从某种物品中得到的享受或满足程度会随该物品消费的增多而下降。一个人很饿的时候开始吃面包，吃第一个时会觉得好吃，但一个接着一个吃下去，以后吃到的面包显然让他觉得越来越不如前了。这就是一个典型的边际效用递减的过程。

以上是传统经济学中所描述的边际效用递减规律。但在网络经济条件下，这一过程却表现为边际效用递增。有学者从六个方面证明了这一规律。[②]

（1）网络经济边际成本随着网络规模的扩大而成递减趋势。

信息网络成本由网络建设成本、信息传递成本、信息处理成本三部分组成。由于信息网络可长期使用，且其建设费用及信息传递成本与入网人数无关，因而网络建设和信息传递的边际成本为零。虽然信息处理成本随入网人数递增，但三部分综合后可知信息网络的平均成本递减，边际成本也随之缓慢递减。

（2）网络信息可以累积增值，并具传递效应。

信息通过累积和处理可以变换，是指它的形式与内容发生质的变化，以适应不同市场的需要。如可以把零散、片面、无序的大量资料、数据按使用者的要求进行加工、处理、分析与综合，从而成为极具参考价值的材料，成为价值更高的信息资料。

另外，信息使用具有传递效应。肯尼恩·阿罗提出："信息的使用会带来不断增加的报酬。举例来说，一条技术信息能够以任意的规模在生产中加以运用。"在信息成本几乎没有增加的情况下，信息使用规模的不断扩大，可以带

---

① 张小蒂、倪云虎：《网络经济》，第51页。
② 同上书，第51～52页。

来收益的增加。

（3）网络信息系统具有信息的自动记忆和自动生成功能。

每一个使用网络、接触网络的行为都会被自动记载，自动归类整理、自动存储进入数据库。这使信息在网络内自动整合，甚至生成层次更高、价值更大的综合性信息。这样信息网络规模越大、自动生成的信息就越多，信息成本就越低，从而产生的规模效应就越大。

（4）网络经济的创新效应非常明显。

莫尔法则告诉我们，计算机芯片的功能每隔 18 个月就翻一番，价格则下降一半。这一法则数十年来已持续被证实，它揭示了网络经济中信息技术创新的巨大经济效益的源泉。

（5）网络经济中存在着极强的学习效应。

学习效应主要体现在两个方面：一是来自于工作中经验的积累，二是来自于信息的知识的累积增值和传递效应（这一点在前面已有过论述）。美国经济学家保罗·默罗提出，单个企业对信息和知识投资的累积效果会对其他企业乃至整个经济产生正向的溢出效应，使整个经济的生产率有所提高。这种效应使知识总量的边际收益不断提高。

（6）网络经济中的消费行为具有显著的连带外部正效应。

连带外部效应，是指就某些商品而言，一个人的需求也取决其他人的需求。如果某消费者对某种商品的需求随着其他人的购买数量的增加而增加。则可称为外部正效应。如微软的 Windows 系列操作软件的流行，使得装有 Windows 系列软件的计算机更受青睐，以方便使用该软件。这一过程中，微软公司显然获得了明显的收益递增。

3. 猜测：网络产品市场需求规律的推导

在前面的论述中已提及传统经济学中对市场需求曲线的推导，也即市场需求曲线是个人需求曲线的加总，前提是除价格之外的其他因素均不变。现在我们尝试以这种方法来推导网络产品市场需求的曲线。

我们已经讨论了网络经济中的一些规律，这些规律与某些传统经济学原理相符，但与另一些传统经济学原理却有大的分歧，甚至表现为互相矛盾。这在推导网络媒体市场需求曲线时是一个决不能忽略的问题。而其中影响最大的，应当是网络经济中边际效用递增原理，其影响的结果使得我们在考虑用个人需求曲线加总的方法得到市场需求曲线时，不能简单地排除其他因素，只考虑价格因素来推导。

网络产品的需求价格取决于网络产品给消费者带来的边际效用，而后者又是由该网络产品的消费规模及需求量决定的，因此，网络产品的需求价格是由网络产品的需求量决定的。[1] 对个别消费者而言，其边际效用在不考虑网络外部性的情况下是递减的。但我们考虑的是整个市场。个别消费者的消费造成两个后果：一是该消费者本人的边际效用递减；二是该消费者的消费所导致的其他消费者效用的增加。这两个方面的叠加，很显然从整个市场而言，其边际效用是递增的。

有研究者提出了关于网络经济中的一个市场需求模型。边际效用决定需求价格，随着市场需求量的增加，消费者愿意支付的价格也就随之提高。但消费者对网络产品的消费有个特点，用户基数没有达到消费者认为的该产品能产生边际效用递增的临界值以前，消费者不会为重大需求量支付高的价格。即当该产品的需求量达到该临界值前，消费者认为仍是边际效用递减。因此在临界值被达到之前，市场的需求递减。由此，这些学者提出下面的网络产品市场需求曲线，如图 10-6 所示。

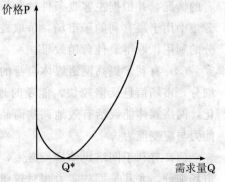

图 10-6 网络产品的市场需求曲线图

第二节 网络媒体的目标受众市场营销

本节将对网络媒体的目标受众市场的营销进行讨论，所采取的分析视角包括市场细分、目标市场选择和市场定位这三个相互关联的过程。

一、网络媒体市场细分

所谓网络媒体市场细分，是指网络媒体根据受众的需求和欲望、浏览网络新闻的行为及习惯等方面的明显的差异性，把网络新闻这一产品的整体市场分割为若干具有共性的子市场的过程。

---

① 张小蒂、倪云虎：《网络经济》，第 37 页。

1. 网络媒体市场细分的作用[①]

（1）有利于分析网络媒体市场，开掘新市场。在网络媒体市场细分的基础上，网络媒体可以深入了解网络媒体市场消费者的不同需求，并根据各子市场的潜在购买数量、竞争状况及本身实力的综合分析，发掘新的市场机会，开拓新市场。

（2）有利于集中使用自身资源，取得最佳营销效果。网络媒体通过网络媒体市场细分，可以深入了解每一个细分市场的需求状况和购买潜力及同行竞争者的情况，并根据主客观条件的分析选定网络目标市场。因此，可以将自身资源集中用于最有利的子市场，争取较理想的市场份额，以使有限资源得到较充分的利用，取得最佳营销效果。

（3）有利于提高网络媒体自身的适应能力与应变能力。网络媒体重视市场细分，市场信息反馈较快，能及时地掌握用户的需求变化。一旦市场发生变化，网络媒体能灵活有效地调整商品结构和市场布局，使自己具有高度的适应能力与应变能力。

（4）有利于网络媒体扬长避短，发挥优势，提高竞争能力。网络媒体通过市场细分，尤其是那些实力相对较弱的网络媒体，在网上具有与大型网络媒体平等的机会，只要自己的网站有特色，新闻有特点，只要认真研究市场细分策略，完全有可能在复杂的市场竞争中，发掘某些特定的市场，满足这部分用户的特定需要。

（5）有利于制定和调整市场营销组合策略，与竞争对手抗衡。市场细分后，每个市场变得小而具体了，细分市场的规模、特点显而易见。消费者的需要明晰了，各个网络媒体就可以根据不同的需求制定出不同的市场营销组合策略，由于为不同的细分市场提供不同的市场营销组合，网络媒体也较易觉察和估计消费者需求满足和需求变化以及竞争者的市场营销策略变化，信息反馈比较灵敏，使自身能够迅速而正确地调整其市场营销策略，不断提高目标市场的受众满意度。否则，离开了市场细分，所制定的市场营销组合策略必然是无的放矢的。

2. 网络媒体市场细分的标准

市场细分是一个辨别具有不同需求和不同行为的受众，并加以分类组合的过程。经过细分的子市场之间，受众需求具有较为明显的差异；而在同一子市

---

① 张泉馨、王凯平主编：《网络营销理论与实务》，山东人民出版社 2003 年版，第 97～98 页。

场内，受众需求则具有相对的类似性。市场细分的内在依据在于受众新闻需求和行为等方面的差异性，凡是构成受众需求差异的因素都可以成为市场细分的依据。传统的市场细分主要考虑地理因素、人口因素、心理因素、行为因素四大变量来细分市场。一般来说，对网络受众的细分可以依据网民的自然人口特征，譬如性别、年龄、学历、职业、收入等，也可以基于其社会经济特征，譬如地理区域、社会经济阶层、城市类别特征等，还可以基于其他更复杂的因素，譬如生活方式、性格特征、媒介习惯等来确定。

（1）地理因素

在传统营销中，由于消费者需求往往呈现出地区性差异，尤其是在中国这样一个幅员辽阔、历史悠久的国度，受区域地理、人文环境的影响，同一地区人们的消费需求具有一定的相似性，而不同区域消费者则会有差异较大的消费习惯与偏好。就如食品市场而言，我国就有"南甜、北咸、东辣、西酸"之说。所以，反映消费者地理特征的有关因素，可作为市场细分的重要变量。

而互联网由于其虚拟化及其信息传递的全球化特点，很大程度上淡化了由于地域因素所带来的需求差异，所以，在网络媒体市场营销中，区域的划分更加宽泛，比如可以根据互联网在我国目前的发展情况划分为：沿海、中部、西部。但鉴于网络媒体市场的虚拟化，地理因素一般不作为网络媒体市场细分的重点。

（2）人口因素

人口因素历来是细分市场常用的重要因素，因为消费者的欲望、需求偏好和使用频率往往和人口因素有着直接的关系，而且人口因素较其他因素更易测量，影响网络媒体市场开发的人口因素主要包括以下几个方面：

①收入

收入水平是购买力形成的重要因素，因此收入细分在传统营销中一直被广泛应用，例如汽车、服装、化妆品、金融业务和旅游等。根据 CNNIC 的调查数据，互联网用户的收入水平并不明显高于普通消费者，而以中等收入水平的用户居多，特别是由于学生网民的大量存在，低收入网民仍占据相当比例。这提醒我们的网络媒体进行市场开发时，不要全都把高收入市场当作目标市场。今天的互联网越来越趋于大众化，互联网从过去那种受过高等教育的、中高收入的人的专利，转变成受过基本教育的、收入还过得去的普通人都能使用的工具。

②教育

紧跟在收入变量之后的最重要变量是教育。受过教育的受众才能够很好地操作及鉴赏计算机及网络。与普通受众相比，网络受众更可能接受过大学教育。1997 年，约 21％的美国成年人具有大学学位，而网络用户中，42％的人完成了大学学业。

造成这个差异的原因很明显：接受过更高教育的人较多地有更高的收入。而且个人所受的教育越多，他越有可能接触网络。教育加强了支持网络使用的能力，鼓励使用网络工作及激励使用网络的兴趣。

③年龄

在美国，18～29 岁年龄段的人在网络用户中所占比例高于其在人口中所占比例。网络使用者年龄的峰值是 30～49 岁的人。超过前两者年龄的人上网是最少的。这个人群在教育和工作中很少接触网络。而退了休的人，其收入更是限制因素。

而在中国，根据 CNNIC 从 1997 年开始的历次调查，18～24 岁的年轻人所占比例是最高的，与其他年龄段相比占明显优势。根据北京华通现代市场研究公司基于科学抽样的网民电话访问，一个星期内真正在上网的网民中，约56％在 25 岁以下，80％的网民在 35 岁以下。① 细分这些群体，进而满足他们的新闻需求，对于各网络媒体来说，都有许多可以寻找的机会。

④性别

很自然地，男性比女性更为积极地使用网络，但男性所占比例在下降。1994 年，全球网络用户 78％是男性，1997 年该比例降为 61％，1998 年为57％。而在美国十几岁的男孩和女孩网络使用率相等。可以预见，在不久的将来，从全球互联网使用的发展情况来看，由于性别造成的网络使用差异将更为微小②。

（3）心理因素

传统的市场细分的标准和依据比较宽泛，与网络媒体的市场开发有很大的区别，在网络媒体的市场开发条件下，市场细分有"精深"的要求。细分的依据应把焦点放在网络受众的期望上，即受众的心理因素。主要从生活方式、个人性格、需求动机等因素划分，这些因素相互联系，交叉发生作用，网络媒体应综合研究，从而选择与确定对自身最有利的细分市场。按照一般的观点，对网络受众进行心理细分，可以按社会阶层、生活方式或个性特征来划分。

（4）行为因素

---

① 伍毅然：《互联网如何培养忠诚网民》，见 http：// www.tongyi.net。
② 沃德・汉森著，成湘洲译：《网络营销原理》，华夏出版社 2001 年版，第 116 页。

　　行为因素是指购买者对产品的了解程度、态度、使用，以及反应等因素，行为变量被认为是建立市场细分的最好的出发点。传统营销为了更好地把握消费者的消费行为，采取了很多便于获得第一手资料的行动，比如在购买现场安装摄像头以观察消费者的购买举动；分析顾客购买时的电脑结账单，以把握消费者的购买行为、需求数量及品种等。

　　网络媒体的市场开发在了解受众行为方面有得天独厚的条件，通过网络技术可以获得网络受众浏览网络新闻的时间、网页、浏览路径等，这些对于研究网络受众的行为是非常有帮助的。

　　传统营销的行为因素包括购买动机、购买时机、使用频率、忠诚程度等。网上行为变量还包括接入互联网的方式（专线接入、局域网接入、拨号接入）、到达途径（相关链接、搜索引擎、直接键入）、访问时间、上网地点、访问的规律性、忠诚度、访问频率、对站点的态度、互联网用户使用网络的水平、上网的经济来源。

　　3. 网络媒体受众市场细分的方法

　　以下我们就将叙述如何在网络上开展对网络媒体受众的信息收集。美国学者艾露斯·库佩曾对网络营销中消费者信息在网络上的获取进行了分类描述。① 在这里，我们借用前人的分类，进行网络媒体受众信息在网络上获取方法的分类。

　　（1）被调查者与数据来源

　　①行为者有意识：网上民意测验

　　网上民意测验为网络媒体提供受众的资料，比如对某栏目的喜好程度、接受度、知名度，以及意向及行为等。这种调查基于网络的互动性。一般以E-mail或建立网站的形式进行。资料获取的成本低，而回收率高。问题在于网上填写问卷会受网络环境影响，而且可能被调查者不具代表性。

　　②行为者无意识：个人网站

　　个人网站是网络用户表达自我意识的一个重要空间。个人网站的所有者往往会提供自己的个人资料，如兴趣爱好、经历等。这些都是宝贵的受众资料，但就个人网站所有者本身而言，并不是为提供其个人资料而建设网站的，因此，这些网站可认为是行为者无意识地在提供数据资料。

　　（2）调查者与数据来源

　　①行为者有意识：网上集中调查

---

　　① 艾露斯·库佩著，时启亮等译：《网络营销学》，上海人民出版社2002年版，第193页。

　　传统的集中调查往往由一个中立态度的主持人和三五个被调查对象参加，被调查对象进行意见交换，其中透露的信息被研究者记录，成为有用的参考数据。

　　在网络中，受众研究者可以采用类似 Net Meeting 之类的软件，进行网上集中调查。软件的使用使研究者可以方便地组织一个讨论群体。每位参与者的评论都将公布到发言板上，并被持续地记录下来，受访者因此可以查阅以前的评论。

　　网上集中调查的优势是不受时空的限制，可综合不同受众的信仰、经历与观点，而且比传统方式更为经济和便捷。其缺点在于一些现场的细节被忽略，一些丰富的内容如语气、体态这些足以影响交互活动的信息无法被观察。

　　②行为者无意识：网络跟踪器和数据分析

　　网络跟踪器是一种文本文件。当受众访问某网站时，该网站的服务器会在其浏览器中放置一个网络跟踪器。受众在页面中浏览时的一切活动都被网络跟踪器记录并返送回服务器。这些信息无疑是极具商业价值的。受众的偏好在此变得十分明显。这为网络媒体改善其内容、形式等方面都有很大的指导意义，而且也使网络媒体可针对各受众的偏好进行点对点的信息服务，进一步提高互动效率。但这种在无意识状态下被获取个人信息的行为是否具有道德上的可行性问题必须引起关注。

　　（3）既往资料的记录者与数据来源

　　①行为人有意识：网上新闻组

　　Use NET 也即新闻组，是指利用网络对各种话题进行信息交流的人的总和，其信息的发表均围绕一个中心议题展开，因此，属于有意识的行为。网络媒体可以从新闻组相关的议题讨论中获取许多有用信息。

　　受众对新闻组某专题的参与量反映了该专题受关注的广泛程度；受众会在对某专题室毫无利益驱动的情况下交流经验和观点（有利益驱动的话会招致其他参与者的反感）；新闻组中的专题可以十分细化，这为网络媒体提供了极为详细而直接的信息；新闻组的参与者如果表观出对某方面特别的兴趣，这也就将成为网络媒体可开发的领域。

　　②行为者无意识：电子邮件及数据库

　　对于电子邮件而言，其传递路径将经过网络的许多部分，如许多服务器，这就从技术上允许任何愿意并可能看到的人去获取这些邮件中存在的信息。虽然这些发送邮件的人希望保证其保密性，但不可否认这在技术上是可行的。当然，其中最大的障碍是道德问题。

如果网络媒体的调查可以通过以往记录的资料进行，那么网络数据库就是重要的信息来源了。数据库是指与某特定目标相关的信息集合。这个集合为高效检索而组织。数据库的组织形式和目标与网络媒体进行受众研究的要求不谋而合。

二、网络媒体目标市场选择

网络媒体的目标市场选择，目标市场是指经过市场细分后各个网络媒体各自决定进入的市场。目标市场选择就是网络媒体根据细分市场的市场潜力、竞争状况及自己所具备的资源状况等多种因素决定把哪一个或哪几个市场作为自己的营销目标的过程。

传统营销的市场细分理论可以帮助我们来评估和选择细分市场，以确定各网络媒体最终服务的目标市场。

1. 细分市场的评估

网络媒体对各种不同的细分市场进行评估，必须考虑以下几个方面的因素：

（1）细分市场的规模和增长的情况。有效的细分市场首先要有足够的受众数量，即具备一定的市场规模。网络媒体既不能只看到细分市场上单个受众的购买力，而忽视了该细分市场的受众数量；又不能只盯着受众的人数，而高估了其购买力。

此外，还要考虑到细分市场的成长性，即细分市场的增长速度。网络媒体市场的成长性也是毋庸置疑的，网络规模正在不断扩大，上网人数也在高速增长，而更为重要的是网民中的绝大多数都是年轻人，网络媒体可以随着这部分群体的成长而成长。细分市场的成长性，实质上是表明了这一市场可持续增长的前景。

（2）细分市场结构的吸引力。细分市场可能具备理想的规模和增长速度，但是一个特定网络的市场到底有多大，还取决于该细分市场结构的吸引力，即该细分市场的竞争状况：一个细分市场上如果已有许多很强的竞争对手，那么其吸引程度就会降低；许多现实或潜在的替代产品会限制细分市场中的价格和可赚取的利润；受众的相对购买力也会影响细分市场的吸引程度等。

（3）网络媒体自身发展的目标和资源。即使某个细分市场具有较大的规模和增长速度，也具备结构性吸引力，网络媒体仍需将自身的目标和资源与其所在的细分市场的情况结合在一起考虑。对于那些虽然具有较大的吸引力，但不符合网络媒体长期经营目标的细分市场是应该果断放弃的，因为尽管这些细分市场可能很具吸引力，但是它们会分散网络媒体的注意力和精力，使其无法实现其主要目标。

另外，即便是适合网络媒体经营目标的细分市场，也必须看网络媒体的资源状况与该细分市场是否相匹配。一般来说，由于大的网络媒体掌握着较多的资源（自然资源、人力资源和资金等），当然就有选择市场机会的优先权。但是，由于大型网络媒体的组织成本较高，一些市场规模不够大或长期效益不够好的机会就不得不放弃。

2. 网络媒体细分受众市场的选择

网络媒体在经过细分市场的评估之后，就要综合多种因素进行目标市场选择。网络媒体在选择目标市场时可以以下面几种模式进行，这两种模式主要着眼于满足受众的需要方面[①]。

（1）单一细分受众的单一需要

网络媒体选择细分受众时，最简单的方式就是只选择一个细分受众作为目标，并且只满足其中的一个需要。这种集中满中目标受众的一种需要的模式，可以在各细分受众群树立良好声誉。但缺点就是受一个行业的景气指数影响较大，运行风险较大。

（2）多个细分受众的单一需要

网络媒体在对细分受众评估后，可能会发现多个细分受众群都有很高的市场价值或成长性，且自身的目标与资源也符合。这样，网络媒体就可以选择多个细分受众，着重满足这些受众。这个模式中，即使某个细分受众失去吸引力，也仍然有周旋余地。这样就分散了目标市场单一造成的风险。

（3）单个细分受众的多个需要。网络媒体在细分受众评估后，可能会发现仅有一个细分受众群且有市场价值，或者在多个具有市场价值的细分受众中只有一个符合网络媒体自身的目标与资源。这样的情况中，网络媒体可以选择满足该单一细分受众的多个需要。如中青在线，为满足青年受众的多个需要，开通了《新闻平台》、《信息平台》、《商务平台》、《青年社区》等栏目，并辅以教育板块和人才板块，赢得了成功。

（4）多个细分受众的多个需要。对于某些实力雄厚的网媒而言，其资源充足，目标广泛，多个细分受众却是对其是有市场价值的，这样，采用着重于满足多个细分受众的多个需要这一模式也未尝不可。

---

① 赵曙光、耿强：《网络媒体经营战略》，第58～62页。

三、网络媒体市场定位

网络媒体的市场定位，是指网络媒体在选定的目标市场上，确定自己在目标市场的竞争地位，即通过向市场提供独特的网络新闻产品和服务，从而使自己的产品和服务与市场中其他竞争者区别开来，取得网络受众的认可。

1. 市场定位的依据

市场定位的依据常用的有以下几种①：

（1）根据具体的产品特点定位。构成产品内在特色的许多因素都可以作为市场定位的依据。近年来，互联网出现了很多销售实体商品的公司，世界上最大的网络虚拟书店美国亚马逊（Amazon. com）就是一个成功的典范。图书是一种非常适合于网络营销的品种，我国的网上书店 1996 年开始出现，最早的有北京的"万圣书店"和"风入松"书店。之后，杭州新华书店和上海南京东路新华书店都开办了网上书店，1999 年，北京图书大厦网上书店开业，成为国内最大的网上书店，从此，大大小小的网上书店如雨后春笋般出现在互联网上。目前，上网书店已有多家，但鲜有书店能做出特色，都是清一色的"大而全"或"小而全"，如果网上书店能结合自己的经营优势，按照图书内容（比如经济类、计算机类、生活类等）或服务对象（比如儿童图书、花季少女图书、老年图书）重新定位，相信会在激烈的网络图书市场竞争中占得一席之地。

（2）根据受众得到的利益定位。产品能提供给受众的利益是受众最能切实体验到的，也可以用作定位的依据。比如有些顾客不喜欢面对面地从售货员那里买东西，他们厌恶因为售货员的过分热情而造成的压力。对于这些喜欢浏览、参观的顾客而言，互联网是一个绝好的去处。他们可以在网上反复比较、选择合适的商品，在毫无干扰的情况下最后做出购买决定。

（3）根据受众的类型定位。根据受众的类型定位，可以使网络媒体有多种选择。例如专门针对财经用户的网络媒体、专门针对体育爱好者的体育新闻网站等。

2. 网络媒体的市场定位：确立竞争优势

市场定位包括三个步骤：识别据以定位的可能性竞争优势，选择正确的竞争优势，有效地向市场表明网络媒体的竞争优势。

（1）竞争优势的识别

竞争优势是指各网络媒体在为受众提供价值方面比竞争者更有效。对新闻网站来说，这种竞争优势可能是更全面的内容、独特的网页设计、更快的速度或其

---

① 张泉馨、王凯平主编：《网络营销理论与实务》，山东人民出版社 2003 年版，第 111～113 页。

他。网络媒体的定位是在浏览者心中建立起本网站区别于竞争者的独特性。显而易见，这种独特性应当是一种优势，是受众所注重的产品特征，而不应是一种劣势或不为受众所关注的特征。所以，明确竞争优势的本质是排列网络媒体可用于定位的各种要素，确定网站在哪些要素上具有优势，可以作为定位的竞争优势。

网络媒体可以从以下几个方面考察自身的竞争优势：

①新闻产品优势。不同的网络媒体提供网络新闻的方式及新闻产品的思想也各有不同。新浪是以快速、全面为优势；而人民网则是以真实性、权威性的价值观为新闻产品的优势。对于其他的网络媒体来说，也可以从自身的资源出发，来构建自己有别于新浪网、人民网这样的新闻产品优势，例如深度报道体裁的运用等。

②服务优势。网络媒体除了提供新闻产品外，还需要提供大量相关的服务。有很多服务应归功于网络即时互动的特性。通过与受众的互动，可以及时向他们传送网络媒体的升级服务等信息；还有利于及时发现不满意的受众，了解他们不满意的原因，及时处理，从而保持与受众的长期友好关系。

③形象优势。形象优势的建立对于网络媒体的市场定位是最为经济有效的。可以说，新浪的成功一定程度上也归功于它在网民心目中的品牌形象。

（2）竞争优势的选择

基于以上分析，假如网络媒体已很幸运地发现了若干个潜在的竞争优势，那么，网络媒体必须选择其中一个或几个竞争优势，据以建立起市场定位战略。

选择竞争优势就是根据网络媒体的目的和特点，选择自身可采用的定位要素，并且培养它，使之超过竞争对手。一般来说，选择竞争优势应遵循以下原则：一是优势不能过多，应控制在三项以内，过多的优势既导致可信度下降，也不容易引起受众的注意，更不要说记住了；二是短期定位可以选择客观、具体的要素，以强调不同的使用价值为目标，但要不断推陈出新，应避免诸如"X网站——服务最佳"、"Y网站——技术领先"等过于笼统而且没有特色的定位；三是长期定位宜选择文化等主观的、抽象的要素，给受众比较广阔的想象空间，以形成受众的品牌偏好为目标；四是短期定位应服务于长期定位，保持两者的协调一致。①

（3）市场定位的传播与送达

最后，一旦网络媒体选择了一个市场位置后，就必须采取各种手段，通过各种途径向目标市场示意自己的定位。选择适合的定位要素——竞争优势进行设计和推广，网络媒体的所有市场开发组合都应支持这一定位策略。

---

① 张泉馨、王凯平主编：《网络营销理论与实务》，第119～120页。

当然，实施定位战略要比制定战略更为复杂，所以，一旦网络媒体建立起理想的市场定位，就必须通过市场开发行为，连续不断地表现和小心谨慎地保持这种定位。另外，网络媒体也应密切关注市场营销环境的变化，适时地修改市场定位，以紧随受众需求和竞争者战略的变化。只是这应当是一种渐进的演变，以使受众顺应这种变化而不会感到困惑。

链接

《华尔街日报》中文网络版的生存之道

作为世界上最有影响力的财经报纸，《华尔街日报》百年来以其精准翔实的财经资讯和信息服务成为世界政治财经资讯服务的领先者，如今更是试图以互联网的形式将触角伸到中国内地。2002 年 1 月，《华尔街日报》推出了中文网络版，迅速吸引了大量的华人读者。解读《华尔街日报》中文网络版的内容特色和经营策略，有助于为国内正如火如荼的财经报刊如何"结网生财"提供参考价值。

和很多综合门户网站不同，《华尔街日报》中文网络版并不以游戏、聊天等功能为发展方向，而重点突出自己的内容优势，并且依靠母报，主攻财经领域，向读者提供取材于《华尔街日报》和道琼斯旗下其他刊物的重要商业、金融和科技资讯，网页配色统一，以蓝色、白色基调为主，也不刊登图片，风格朴素。

网络媒体经营是一种"速度经济"。《华尔街日报》中文网络版的内容更新迅速，新闻资讯全部是 24 小时不间断滚动播出，宣称"作为一名读者，无论你身在伦敦、香港还是纽约，也不论是在早晨、中午还是晚上，你随时都可以从《华尔街日报》中文网络版上得到影响你商业活动的最重要的新闻。"也因此，《华尔街日报》中文网络版所刊载的文章经常被其他各种网站和媒体转载或引用，如凤凰网、东方网、亚洲新闻网、新华网、中国青年报、经济观察报等等。

《华尔街日报》中文网络版内容的专业性较强，市场定位明晰。受众细分和受众定位是增加网络媒体目标精确性的重要手段。根据著名的 80/20 和 50/30 规则，20％的网络媒体受众创造了 80％的收入，但是另外 30％的受众消耗了网络媒体 50％的成本。对于只能以内容取胜的专业财经资讯类网站，准确的受众细分和受众定位就更为重要了。《华尔街日报》中文网络版目前则是采取会员免收费的制度，即使用者必须登录注册成为会员后才能成为该电子报的订户，在注册时，读者需填写一份十分详细的表格，注册后这些资料被传往美国总部，在掌握读者的初步情况后，网站还会有其他形式的读者调查。

一般的受众细分有两种类型，一种是以受众的自然特征为变量的细分，包括地理因素、人文统计、心理动机等；一种是以受众的使用特征即对网络媒体的具体行为反应为变量的细分，包括使用动机、使用时间、使用频率、利益需求、内容偏好、媒体忠诚度、网络态度等。通过受众的自然特征可以判断每个细分受众群的规模大小，未来发展趋势等，通过受众的使用特征能够测度出不同受众的市场价值，从而可以帮助决策重点开发和经营的市场，进行更准确的市场定位。《华尔街日报》中文网络版基本涵盖了以上这些部分，除此之外还进行了汽车拥有和购置调查、IT产品购买调查、旅游调查等。这些详细的调查不仅可以帮助其进行准确的市场定位，还可以帮助开展其他的互联网业务。

在报道立场上，《华尔街日报》中文网络版一般的经济新闻报道比较客观公正，但涉及中美两国的企业及利益时，往往自觉不自觉地站在美国立场上发言。2003年1月28日，《华尔街日报》中文网站发表了题为《华为被诉考验中国保护知识产权决心》的文章，宣称"如果美国地方法庭判决思科胜诉，那么根据国际条约，中国监管机构有义务执行有关侵权的判决。"关于知识产权的保护是一个很复杂的问题，尤其是发达国家与发展中国家的保护程度，都是一个争论越来越激烈的问题。而美国知识产权的保护标准，与TRIDS等目前国际组织制定的标准，以及发展中国家的标准，都是完全不一样的，可以说，在全球100多个国家和地区中，美国标准只是代表了"极少数"。中国加入WTO时，承诺的是"保证外国权利持有人在所有知识产权方面的国民待遇和最惠国待遇全面符合《TRIDS协定》"。但文章却认为，在知识产权方面，美国标准就是国际标准，就是中国应该遵守的标准。如果中国媒体和政府支持华为，那就是不尊重知识产权，是违背"国际规则"，是"错误的态度"。

本章主要概念回顾

市场需求　受众行为　网络媒体市场细分　网络媒体的目标市场选择　网络媒体市场定位

思考题

1. 对于一个市场来说，其市场需求改变的非价格因素有哪些？

2. 试简单阐述网络媒体市场需求的边际效用递增规律及其原因。

3. 在互联网上有哪些方式可以获取受众的资料，其各自的优劣点怎样？

4. 网络媒体受众细分的程序是怎样进行的？

5. 任选一网络新闻媒体，尝试从人口统计学的角度对其受众群体进行细分。

第十一章　网络媒体的电子商务经营

　　电子商务目前已成为互联网经济最重要的组成部分，它具有有效降低企业交易成本，提升企业竞争能力的特点，因此，受到企业的广泛关注。但电子商务绝不仅仅是商业公司或商业网站的专利；所有类型的组织，包括网络媒体在内，也都有能力实现具有自己特色的电子商务模式。网络媒体在开展电子商务方面还具有自己的优势，即拥有广泛的用户数量及媒体自身的公信力。许多网络媒体往往是从建立专业频道和刊登分类广告开始，渐渐发展到与经销商联合经营电子商务，从这种意义上讲，电子商务也是信息服务的一种自然延伸。由于有对用户的了解和媒体自身的公信力作支撑，而更容易被消费者所接受。如2002 年 7 月 16 日北京青年报网站推出了汽车团购的业务，开始接受用户的购买汽车的报名，网页自开通后日点击率保持在 6 万人次以上，到 8 月 6 日，正式注册用户达 2430 人，报名购车人数达 1543 人，在一周规定时间内交纳诚信金成为正式团购成员的购车者超过 200 人。2002 年 2 月新华网改版后推出的"新华服务"栏目，其中与"e 国 1 小时"联办的自选超市已实现了数百种商品的在线购买，并可在北京市四环路以内地区免费送货上门①。这些都是网络媒体在电子商务方面成功的尝试。随着网络的进一步普及，带宽和电子兑付等技术问题得到进一步解决，电子商务会被更多的网民所接受，网络媒体的电子商务将大有可为。

第一节　电子商务概述

一、电子商务的概念

　　互联网的出现，给社会生活的各个方面都带来了巨大的影响，商务活动也

---

　　①　赵志立：《新闻网站如何走出经营的困境——兼论新闻网站的赢利模式》，见 http：//www.cwmedia.org，2004 年 10 月 28 日。

不可避免地产生了很多新的形式，发生了很多重要的变化。就人们的日常生活来说，随着互联网的飞速发展，不少人都有了网上购物的经历。据 2005 年 7 月 CNNIC 公布的第十六次中国互联网络发展状况调查所得的数据表明，中国的网民数量已经超过了 1 亿，其中有过网上购物经历的网民总数达到了 2000 万以上，占到了网民总数的 20％以上。电子商务的飞速发展已经使它成为了互联网经济乃至整个互联网产业中非常重要的一个部分。

对于很多人来说，电子商务就是在互联网上购物。实际上，这只是电子商务的一个方面。联合国下属有关机构的电子商务工作组给出的定义是：电子商务指采用电子方式开展商务活动，包括在供应商、客户、政府机关及其他参与方之间，通过任何电子工具（如电子邮件或报文、EDI 技术、电子公告版、智能卡、电子资金转账和电子数据交换等）共享结构化和非结构化商务信息，来管理和完成商务活动、行政活动和消费活动中的各种交易。简单来说，电子商务是运用现代电子技术、通信技术及信息技术，利用计算机网络从事各种商务活动。由此，我们可以将电子商务这个概念划分为广义和狭义两类：

狭义的电子商务，指利用互联网进行商品交易活动，也称电子交易或网上交易。我们平时所指的电子商务的概念一般是指的这个概念。

广义的电子商务，不但包括电子交易，也包括企业组织内部利用电子手段进行的管理活动。比如说通过互联网（Internet）和内联网（Innernet）来对企业的商务活动进行管理。

本章中所说的电子商务是指狭义的电子商务。

电子商务按照交易主体的不同可以分为 3 类：

企业和企业之间进行的网上交易，称为企业间的电子商务（BToB，B2B）。这种电子商务的主要内容是生产原料或者成品的大宗采购及销售。

企业和消费者之间进行的网上交易，称为企业与消费者之间的电子商务（BToC，B2C）。这种电子商务的主要形式是零售商人将其电子贸易系统接入互联网，个人用户可以在网上浏览其虚拟店面货架上的各种商品，选择所需商品，并借助电子支付方式完成购物。

消费者与消费者之间进行的网上交易，成为消费者间的电子商务（CToC，C2C）。这种电子商务的形式发展十分迅速。

有的研究者把政府的角色独立出来，于是有了企业与政府间的电子商务（BToG），但是笔者认为由于企业和政府间的电子商务主要是指政府进行的政府采购，这种采购的性质和企业的大宗采购有些类似，BToG 可以归入 BToB 里面去，所以就不再单独列出了。

链接 1

何为 EDI

电子数据交换系统（EDI）是电子商务的一种形式，是指一个企业把标准格式的计算机刻度的数据传输到另外一个企业。在 20 世纪 60 年代，美国的很多企业认识到，他们和其他企业交换的很多单据都和商品运输有关系，比如发票、订单和提货单等。这些数据几乎在每笔交易中都包括同样的内容。另外，这些企业也意识到他们花费了大量的时间和金钱来向计算机输入数据。尽管每笔交易中的订单、发票和提货单中包含的大部分内容是一样的，如尺码、名称、价格和数量，每张书面的单据在表述这些信息时又有自己独特的各式。通过创建一套电子方式传输这些信息的标准化格式，企业可以减少失误，消除打印和邮寄成本，也不需要重新输入数据了。

通用电气公司（General Electric）和沃尔玛（Wal－mart）最早采用 EDI 来完善供货业务，改善与供应商的关系。其他的几家企业，如 Sterling（现已并入 Computer Associations）、Commerce One 和 Harbinger 在 EDI 的发展中也功不可没，他们为 EDI 的实施开发了必要的软件，提供了必要的链接。

资料来源：〔美〕加里 P. 施奈德著，成栋、韩婷婷译：《电子商务》，机械工业出版社 2004 年版。

二、电子商务的发展历程

人们所熟悉的电子商务都是通过互联网进行的，这种电子商务的发展也不过 10 年的历程。但是，从更广泛的意义上说，电子商务的存在已经有很多年了。几十年前，美国的各大银行间就开始使用电子资金转账（EFT），也就是通过银行间的通信网络进行的账户交易信息的电子传输。20 世纪 70 年代，企业间也开始使用电子数据交换（EDI）系统处理相互之间的各种商务数据。但是，这些早期的电子商务方式都建立在大量功能单一的专用软硬件设施的基础上，因此使用价格极为昂贵，仅大型企业才会利用。此外，早期网络技术的局限也限制了应用范围的扩大和水平的提高。

互联网的出现是电子商务得到飞速发展的一个契机，为其奠定了技术基础和市场基础。只要看一下电子商务在中国的发展，就可以看出互联网是怎样创造出一个新兴经济形式的。

电子商务概念在 1993 年引入中国。1996 年中国出现了第一笔网上交易。

1998 年以推动国民经济信息化为目标的企业间电子商务示范项目开始启动。自 1999 年以来，电子商务在中国开始了由概念向实践的转变，电子商务在中国取得了良好的发展。2000 年互联网泡沫破裂，对电子商务发展造成了沉重打击。但 2002 年增值服务的兴起和运营环境的成熟又积极促进了电子商务的发展。

从基础条件来看，目前中国电子商务的发展环境正在日趋好转，但尚存在一些制约因素。截至 2005 年 6 月，中国网民数量达到 1 亿，巨大的网民数量为电子商务的开展提供了无限的空间。物流方面，截至 2004 年末，我国已建立的各类配送中心 1000 多家，许多外国物流企业和运递业巨头也纷纷进入中国。支付方面，2004 年中国网上购物网上支付总金额达到 6.8 亿。

各种条件的不断成熟使电子商务得到了飞速的发展。受中国总体经济的强势增长及国内内需的拉动，中国电子商务市场也面临前所未有的机遇，据艾瑞调查公司（iResearch）统计调查发现，截至 2004 年底，中国电子商务市场规模已经达到了 3239 亿元人民币，iResearch 预计，到 2007 年，中国电子商务市场总体规模将会达到 17373 亿元人民币[①]。

全球电子商务的发展同样十分迅速，2004 年，全球电子商务的增长率为 25.3％，整体营业额为 27748 亿美元，通过电子商务实现的交易占全球贸易的 15％～20％。在电子商务的几种交易方式中，B2C 和 B2B 所占分量较重，而其中又尤以 B2B 所占比例最大。在全球电子商务销售额中，B2B 业务所占比例高达 80％～90％[②]。2000～2004 年期间全球各区域 B2B 类电子商务市场规模如下表所示：

表 11-1 2000～2004 年全球各区域 B2B 电子商务份额（单位：亿美元）

	2000	2001	2002	2003	2004	2004 年所占比例
北　美	1592	3168	5639	9643	16008	57.7％
亚　太	362	686	1212	1993	3006	10.8％
欧　洲	262	524	1327	3341	7973	28.7％
拉丁美洲	29	79	174	336	584	2.1％
非洲/中东	17	32	59	106	177	0.6％
总交易额	2262	4489	8411	15419	27748	100.0％

资料来源：根据水木清华 BBS 数据整理而成。

---

① 数据来源：艾瑞市场咨询公司调查报告。
② 数据来源：北京水清木华科技有限公司：《2005 年中国电子商务赢利模式研究报告》。

链接2

eBay 网站的创建

1995 年，皮尔·欧米达（Pierre Omidyar）还是 General Magic 公司的软件开发员。他在闲暇时间开了一家小网站，向人们提供变种的埃博拉（Ebola）病毒代码。他的女朋友喜欢收集薄荷糖自动售货机，但苦于找不到有同样爱好的人，欧米达决定帮她找到这些人，于是他给网站加了一个拍卖网页，让人们可以交换薄荷糖自动售货机和其他东西。欧米达的网上拍卖发展得非常迅速，这使他发生了兴趣，这样干了不到一年，他就辞去了原来的工作，全身心投入到自己创建的网上拍卖业务中去了。干到第二年末，欧米达的网站（这使已经改名叫 eBay）已经拍卖了价值超过 9500 万美元的商品。

这些成功鼓舞了欧米达，1997 年，他从基准风险投资公司（Benchmark Capital）获得了 500 万美元的资金。为了这项业务，基准公司还帮他招募了一批高水平的管理人员。1998 年 9 月，eBay 的股票上市，募集到 6300 万美元。两年内，它的销售额从 37.2 万美元增长到 4700 万美元。1998 年，它的净收入超过了 200 万美元。到 2002 年，eBay 上的注册用户已经超过了 5000 万，年拍卖额超过 80 亿美元，这些拍卖为 eBay 带来的收入为 1.08 亿美元，增长额超过 66%。

资料来源：〔美〕加里 P. 施奈德著，成栋、韩婷婷译：《电子商务》，机械工业出版社 2004 年版。

三、电子商务的优势与劣势

许多业务利用传统商务能够更好的完成，而另一些业务则是利用电子商务比传统商务更有优势。那些顾客需要亲眼看到、亲手触摸才能确定质量的商品更适合于传统商务，比如说新鲜蔬菜、肉类、珠宝等等，这一类商品如果顾客不能亲眼看到是不会轻易购买的。而另一类比较标准化的商品就比较适合于电子商务的开展，比如说图书、唱片、电子产品等。顾客不需要亲眼看到这些商品，只要看到书名或者产品的型号就能够知道其内容或者质量，从而可以决定是否购买。这也是为什么比较成功的电子商务网站中有很多是图书销售网站的原因。表 11-2 列出了一些分别适合传统商务和电子商务的业务：

表 11-2　适合各种商务活动的业务

适合电子商务的业务	适合综合的业务	适合传统商业的业务
图书和 CD 唱片销售 在线传输软件 旅游服务的买卖 运输货物的在线跟踪 投资或保险的买卖	汽车的买卖 在线银行 房屋租赁 房地产交易	冲动购买的商品 易腐食品的买卖 低价值商品的买卖 珠宝和古董的交易

资料来源：加里 P. 施奈德著，成栋、韩婷婷译：《电子商务》，机械工业出版社 2004 年版，第 9 页。

（一）电子商务的优势

在传统商务业务的各个环节上，买主和卖主都会发生一定的成本，这种成本称为交易成本。这种成本的主要组成部分是卖主为了向买主供应产品或服务而支付的设备或人员投资，还有用于信息的寻找和获得所耗费的资源。

电子商务的主要优势之一就在于可以有效地减少这种交易成本。理论上，一家企业可以通过互联网将产品的信息送达世界上任何一个角落，这样就为企业省去了一大笔用于建立分销网络的资金。这一点也形成了电子商务的第二个优势，就是通过互联网可以扩大企业的客户群，增加企业的销售机会。同样，在采购原料等方面，电子商务也可以为企业省去寻找信息所花费的成本。电子商务的优势之三在于使交易活动更加快捷和方便。通过互联网，企业的讨价还价和交易条款的传递都十分快捷。搜寻信息的便捷也可以大大缩短交易的周期。

此外，作为一种"基于国际互联网络的数据环境"，电子商务通过高速网络来实现信息的交流和共享，促使社会生产的分工进一步细化，将会使企业的架构具有极大的可重组灵活性，从而能在全球性的经济竞争中获得较大的自由和具有强大的竞争力。

首先，电子商务的出现改变了企业的竞争方式。它改变了上下游企业之间的成本结构，使上游企业或下游企业改变供销合同的机会成本提高，从而进一步密切了上下游企业之间的战略联盟。它还会促进企业的创新能力，包括开发新产品和提供新型服务的能力。电子商务使企业可以迅速了解到消费者的偏好和购买习惯，同时可以将消费者的需求及时反映到决策层，从而促进了企业针对消费者需求而进行的研究与开发活动。另外，它不仅会给消费者和企业提供了更多的选择消费与开拓销售市场的机会，而且能提供更加密切的信息交流场

所，从而提高了企业把握市场和消费者了解市场的能力。

其次，电子商务的出现改变了企业的竞争基础。电子商务改变企业竞争基础的最显著表现在于改变了交易成本。电子商务具有一次性投入（固定成本）高、变动成本低的特征，使那些年交易量特别大、批发数量大或用户多的企业发展电子商务，比年交易数量少、批量小的企业更易于获得收益。因此，那些交易量庞大、财力雄厚的企业发展电子商务，将比交易量小、财力不足的企业更容易获得竞争优势。电子商务也使企业规模影响竞争力的基础发生改变。

再次，电子商务的出现会改变企业形象的竞争模式。在线购物的经验表明，如果网上公司可以为顾客提供品种齐全的商品、折扣及灵活的条件、可靠的安全性和友好的界面，那么在线购物者一般不会强求一定要购买某种名牌商品。电子商务为公司或企业提供了一种可以全面展示其产品和服务的品种和数量的虚拟空间，起到提高企业知名度和商业信誉的作用。

（二）电子商务的劣势

经济学家发现绝大多数业务活动产生的价值会随着消费量的增加而递减，比如说，一个饥饿的人吃第一碗米饭的时候会获得一定的满足感，但是当他吃更多的米饭时，他从每碗米饭中获得的价值就逐渐递减。这种现象被称作"边际效应递减"。但是在互联网上这种现象出现了例外：上网的人或组织越多，网络对每个参与者的价值就越大。这种现象又被称为"梅特卡夫法则"，这种法则认为，网络经济的价值等于网络节点数的平方，网络上联网的计算机越多，每台电脑的价值就越大，"增值"以指数关系不断扩大。①

由此可见，电子商务实现赢利的一个重要条件是有大量的潜在客户拥有互联网设备并且愿意通过互联网购物。这一点使电子商务的风险系数加大，从而带来投资的困难，这是其劣势之一。

另外一个劣势就是由于技术手段的限制，很多业务不能通过电子商务来实现，例如上文提到过的珠宝交易，还有易腐食品的买卖。

除了上述两点，电子商务所面临的一个很严重的问题就是消费者的消费习惯及其对于电子商务安全性的疑虑。很多消费者不习惯面对电脑屏幕挑选商品，他们宁愿到百货商场里亲自购物。另外，很多消费者对于电子商务的安全性存有疑虑，所以他们不敢把自己的信用卡号码等个人信息用于进行网上消费。比如说在中国，具有网上购物经历的网民中，选择在线支付方式的仅为37.9%，相当数量的人选择邮局或银行汇款，这表明在线支付的功能还不完

---

① 杜骏飞主编：《网络传播概论》，福建人民出版社2003年版，第7页。

善，网民心理上对在线支付存在一定怀疑。怎样解决网民的安全性疑虑是电子商务面临的一个比较大的问题。

四、常见的电子商务赢利模式

目前互联网上存在的电子商务的赢利模式主要包括下列几种：

（1）拍卖，收取交易中介费。这种赢利模式在 C2C、B2B 中比较常见，像 eBay、一拍网等都属于这一类。

（2）销售平台，接受客户在线订单，销售商品赚取利润。这种模式比较符合消费者日常的消费习惯和消费心理，只不过将消费者日常的消费行为从线下转移到了线上。像当当网就属于这种模式。

（3）网站空间租用，收取费用。出租网上空间让用户开办网上自助店，网站收取服务费或租金，就像现实中的商店柜台招租一样。像新浪商城等就属于这种模式。

（4）信息发布，像供求信息、租赁信息等，收取信息费。这种模式一般见于房产交易和租赁网站。

（5）注册会员，收取会费，为会员提供信息发布等服务。这种模式一般存在于 B2B 的电子商务网站中。

（6）咨询服务，为特定行业内企业提供咨询服务，收取信息费用。这种模式在互联网行业中十分活跃。

（7）网上目录赢利模式。这种模式是利用网站发布商品目录，消费者可以利用网站或者电话下订单，虽然形式比较简单，但是这种模式对于那些对于网上交易仍然心存疑虑的用户是有一定的吸引力的。

应该说电子商务的这几种赢利模式各有其优势，具体采取哪种形式要取决于电子商务的具体内容。对于其中大部分的赢利模式来说，都有几个重要的问题需要很好地解决，比如说互联网交易的安全性问题，还有物流配送的问题等。

虽然这几种赢利模式都已经比较成熟，但是还有很多电子商务的赢利模式还在不断的探索之中。互联网新经济的魅力就在于此。

第二节　网络媒体中的电子商务

在本书的第一章中，我们对我国的网络媒体初步进行了划分，主要可以分为三类：中央新闻网站，像人民网、新华网、央视国际等网站；地方新闻网站，像东方网、千龙网、中国江苏网等；具备新闻登载权的商业网站，像新浪网、搜狐、网易等。据 CNNIC 2005 年 7 月发布的《第十六次中国互联网络发展状况统计报告》中显示，在中国的 1 亿网民中，有 37.8％的网民上网的主要目的是浏览信息，有 79.3％的网民经常上网浏览新闻。这意味着网络媒体的点击率是相当高的。高访问量使网络媒体具有了发展电子商务的一个非常有利的条件。在以上三类网络媒体上，不同程度地存在电子商务的痕迹。总体来说，从这三类网站的电子商务的活跃程度上来说，中央级新闻网站最弱，商业性新闻网站最强，地方新闻网站居中。下面我们分别就这三类网站上的电子商务现象加以分析。

一、中央级新闻网站

中央级新闻网站是我国互联网信息发布的权威网站。在三个最典型的中央级新闻网站——人民网、新华网、央视国际中，人民网、新华网没有提供网上交易的服务功能，而央视国际则拥有一个购物频道。这与它们各自的定位有关系。人民网的定位是"以新闻为主的大型网上信息发布平台"，"以向世界传播中国的声音为己任"，由此可见，人民网的网站建设主要着眼于新闻信息的发布；新华网的定位是"党和国家重要的网上舆论阵地"，同人民网的定位有些相似，也是着眼于新闻信息的发布和舆论的引导。而央视国际的定位是"以信息服务为主的综合媒体网站"，在央视国际的定位中，将"服务"作为一个比较重要的字眼，这也是它与前两个网站不同的地方。

央视国际的购物频道是一个比较简单的电子商务服务体系，并没有提供完整的购物链条服务。网页的功能主要是提供商品信息的介绍，然后顾客通过电话来订购特定商品。购物频道中提供的商品种类不多，但是都是属于比较高档的商品，像汽车、金烟杆等。

图 11-1 是央视国际购物频道的一个截屏图，可以看出，在央视国际购物频道中，诸如会员登陆、商品列表、购买渠道等要素都是具备的，央视国际的电子商务采取的是一种网上商品目录的赢利模式，并且将电子商务与电视购物结合起来，发挥其母媒体电视媒介的优势。但是这个购物频道给人的明显感觉就是商品种类比较少。而且大幅的汽车广告和高级烟杆的推介表明此购物频道的商品时走高端化路线的。

总体来说，中央新闻网站的电子商务开展得并不是十分活跃。这是由几个原因造成的：

中央新闻网站的定位：中央新闻网站是党和政府的喉舌，担负着进行互联

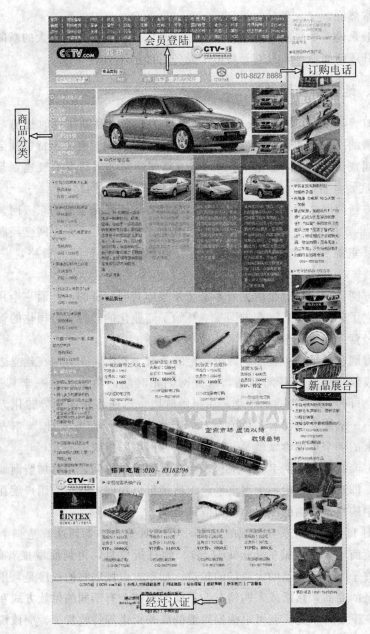

图 11-1 央视国际购物频道

网舆论引导的任务，这种相对比较严肃的定位使它们不能开展电子商务的业务。而且中央新闻网站一般着眼于新闻业务的发展，相对来说，对于电子商务不是非常热心。

一般来说，中央新闻网站可以依托于母体（传统媒介）强大的新闻资源一心一意开展新闻业务，没有开展电子商务的经济压力。

二、地方新闻网站

2001 年 2 月 7 日，时任中宣部部长丁关根在考察新华网时指出，要加快发展我国的网络新闻事业，尽快建成有规模、有影响、有中国特色社会主义的网络新闻宣传体系①。此后，中国的地方新闻网站如雨后春笋般建立起来。到 2002 年底，各省市自治区基本都建立起了自己的新闻网站。

地方新闻网站中的电子商务经营，比较有代表性是上海的东方网。东方网于 2000 年 5 月 28 日正式开通，在正式开通之前的 3 月，东方网已经向国务院新闻办公室提交了申请，以获得通过互联网上发布新闻的资格，获得批复同意。

东方网建立之初就是由上海多家新闻媒体共同注资的，开通一个月之后就正式成立了公司，此后，东方网基本开始了商业化的运行。公司化的管理使东方网在经营上成为了全国新闻网站的一个榜样。

东方网在电子商务方面也做了一定的尝试。其实，东方网在建立之初的目标就不仅仅是一个的新闻网站，东方网创始时期的负责人之一李智平就说："它（东方网）要成为一个产业，在起始阶段，迅速将新闻优势转化为网站品牌优势……最终开发出有特色的、有一定规模的电子商务项目。"东方网在电子商务上的一个重要尝试就是开设了"东方商城"板块。

东方商城是一个网上购物平台，由东方网提供空间，招募加盟商铺进行经营活动。即东方网提供一个网上平台，商铺可以在网上开店，用户就在这些网上商铺中购物，货物的配送由加盟商铺负责。

如图 11-2，进入东方商城的首页，可以明显地感觉到这就是一个大型的网上百货商场，从店铺的 banner 广告，到打折信息，再到商城推荐的店铺，都散发着平时人们熟悉的大商场的味道。在东方商城购物的程序是，用户挑选自己中意的商品，然后放入购物车，不同的商铺会有不同的付款方式和送货方式，用户下了订单之后就可以根据商铺的服务承诺等待收货了。应该说东方商城还不是非常完善，许多种类的商品并没有商铺来加盟。在网站的建设上与用

---

① 《丁关根在考察新华网时强调加快发展我国网络新闻事业》，见http://www.qing-daonews.com/content/2001-02/08/content_63323.htm。

图 11-2 东方商城

户的互动上也做得不是很好，比如说并没有指导用户购物的详细购物指南。

从地方新闻网站的总体来说，实行企业化运作的部分网站比较早的注意到

了电子商务对于网站经营的意义，也不同程度地开展了电子商务的业务。但是同样由于种种原因，地方新闻网站的电子商务水平还不是很高。这些原因包括：

地方新闻网站一般是由所在地媒体在政府主导下联合开办的，在网站经营上经验欠缺，没有足够的能力来开展电子商务。

地方新闻网站同时也是地方上的舆论喉舌，与中央新闻网站一样也比较重视新闻舆论的引导，网站其他业务的开展就有所欠缺。

由于地方新闻网站的用户多集中于本地，这给地方新闻网站电子商务的开展带来了两方面的影响：一方面，用户的集中使得电子商务的物流成本较低；另一方面，用户群有时候太小，达不到电子商务的要求，这也是地方新闻网站电子商务开展得不够活跃的因素之一。

三、商业性的新闻网站

在商业性新闻网站中，最具代表性的当属新浪、搜狐等门户网站。这一类网站是完全商业化经营的，其中有些已经在美国上市，所以，取得经济利润是这些网站经营活动的主要目的，这也使得他们与中央和地方的新闻网站有许多不同之处。这一类网站一般是完全公司化运行的，网站的各项业务都要经过严格的前期规划、成本审核、收益估算等环节才能推出，一旦认为对网站的收益有所损害甚至对网站的利润没有贡献，业务就会被取消，也就是说，这类网站对于其开展的业务首要的考察标准是能不能为公司带来利润。

除此之外，公司的战略化经营要求这类网站必须对互联网经济的任何一个新的动向保持敏感。网络经济中有一条著名的"达维多定律（Davidow's law)"，这一定律认为进入市场的第一代产品能够自动获得 50% 的份额。在网络经济中，先进入者总是能够获得巨大的优势，后进入者必须付出数倍的成本才能够取得与先进入者竞争的胜利。这是由于网络用户对于一些网络产品或服务的使用会产生习惯性，他们的消费行为显示出巨大的黏性。[①] 基于这一点，商业网站便不得不在竞争中"先下手为强"，对于某些有巨大前景的业务不惜在当前亏损经营抢占市场份额，以取得在竞争中的优势地位，这即是所谓的"烧钱"。

由于互联网的急速发展使电子商务具有了巨大的商业前景，对于综合经营性质的商业网站来说，这是未来一个诱人的利润增长点，所以各个商业网站纷纷涉足电子商务领域，力求占领更大的市场份额。

---

① 杜骏飞：《网络传播概论》，第 8 页。

以新浪网（图 11-3）为例，新浪网是国内经营比较成功的一个商业网站，2004 年的收入达到 2 亿美元。新浪很早就涉足电子商务领域，1999 年 11 月，新浪就建立了一个网络交易平台——新浪商城，这是一个和上文中介绍过的东方商城性质相似的网上百货大厦，新浪商城也是招募商户加盟，为商户和个人的交易提供一个网络平台，其交易过程和东方网的交易流程是相似的。新浪网在新浪商城上还提供了可以用 U 币（U 币是用户通过银行卡、宽带等方式预付给新浪的货币，可以用来购买新浪的增值服务及付费产品）进行购物的服务，这样就将网站的增值业务和电子商务结合起来，既可以吸引商城用户使用新浪增值服务，也可以吸引新浪增值用户进入新浪商城。

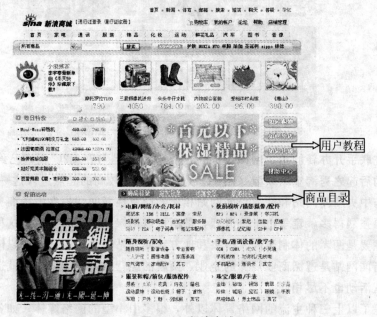

用户教程

商品目录

图 11-3　新浪商城

除了新浪商城，新浪还于 2004 年初和另一个互联网超级品牌雅虎合作开办了一个拍卖网站——一拍网（图 11-4），与 eBay 易趣等拍卖网站进行竞争，为此，一拍网实行的是免费政策，以此来对抗拍卖巨头 eBay 的收费服务。由于竞争的激烈和自己的后来者地位，新浪在一拍网上投入了大量的资源，这一切都是看中中国潜力无限的 C2C 市场，试图以新浪和雅虎两家公司的品牌优势和大量的投入能够在中国 C2C 市场的发展中分一杯羹。

搜狐在电子商务的浪潮中同样不甘落后，在开办搜狐商城效果并不理想的情况下，搜狐也将眼光投入了电子商务的未来之星——C2C 领域。不过与新

结合了雅虎和新浪两个网站logo特点的一拍网logo，说明是两公司合办的

图 11-4　新浪与雅虎合作开办的一拍网

浪雅虎联手开办新的拍卖网站不同，搜狐选择的是与在 C2C 领域已经有一定实力的后起之秀淘宝网联盟（图 11-5），以一个比较高的起点进入这一领域。

　　与中央新闻网站和地方新闻网站相比，商业性新闻网站在电子商务方面的意识要强烈得多，竞争也十分激烈，甚至可以用惨烈来形容。造成这种不同的原因主要是两者的体制不同。中央和地方新闻网站是政府主导下的媒体，而商业性新闻网站是遵循商业规律的企业，两者的经营目的不同，自然就造成它们的经营活动也不尽相同。

　　除了以上三种主流的网络媒体以外，很多中小型的网络媒体，如各种传统媒体的网站等，在电子商务经营中，也不乏亮点。如大洋网（广州日报网站）所开展的图书销售和 YNET.COM（北京青年报网站）开设的"团购"平台。

　　大洋网早在 2000 年就创建了具有明显电子商务意义的大洋书城。目前除广州总站外，还建有上海、北京两个分站。大洋书城接到顾客的网上订单后，工作人员会通过电话确认，然后利用《广州日报》自办发行网近 3000 人的配送队伍，短时间内把货品送到消费者手中。在支付环节上，大洋书城与广东银联合作建立了一个包括 12 多家银行支持的网上支付系统，加上货到付款、邮局汇款等手段，读者支付方式的选择比较灵活方便。解决了电子商务中配送与支付两大难题。大洋书城目前可提供 10 多万种图书及光盘、软件等出版物。

图 11-5 淘宝网

与大洋网略有不同，YNET 实施的是一种"团购"型的电子商务经营方式，利用自身平台提供强有力支持服务。2003 年 7 月 16 日 YNET 正式推出汽车"团购"网页，开始接受用户的购买报名。网页自开通后日点击率保持在 6 万人次以上，到 8 月 6 日，正式注册用户达 2430 人，报名购车人数达 1543 人，在规定时间内交纳诚信金成为正式团购成员的购车者超过 200 人。截至 8 月 12 日，最终完成购车手续的为 63 人。8 月 13 日举行了第一批交车仪式。YNET 在不到一个月的时间内完成了汽车团购的流程。截至 10 月底短短三个月的时间，共销售汽车 326 辆，包括捷达、宝来、桑塔纳、帕萨特、富康、赛欧、奇瑞、派利奥、POLO 等十几个品牌，销售量相当于北京中等规模的汽车经销商。在此基础上，YNET 进一步动作，于 2003 年 10 月 22 日宣布成立基于"团购"的崭新电子商务平台"Tuangou.com 商务中心"，且与中国银行结成战略合作伙伴关系。目前 Tuangou.com 商务中心已正式推出汽车团购、房产团购、建材团购等三个商务平台，还将陆续推出定位于高端市场与前卫产品的数码产品团购商务平台①。

---

① 钟心：《中国网络媒体经营模式探析：网络媒体十八种赢利模式》，见中国金融网（www. wowa. cn）。

四、网络媒体电子商务经营存在的缺陷

当前网络媒体电子商务经营是以电子商城的 B2C 网上购物形式为主的。B2C 的电子商务形式在我国的发展存在一定的缺陷，这些缺陷同样也在网络媒体中有所表现。

首先，B2C 电子商务对于支付、配送、法律、保障等综合环境的要求甚高，与我国的现实状况存在的差距太大，非一时之功可以转变，虽然有易趣、当当书店等这样的成功案例，但从我国的总体情况来看，在短期内还难以形成规模。

第二，对于 B2C 的间接电子商务，由于数量少、交易额小，使得配送成本相对所占比例较大，而这一部分成本已很难再压缩。

第三，虚拟购物的基础和意识在中国相对比较薄弱，虽然 CNNIC 的调查显示，网上购物者呈增长趋势，但与我国庞大的消费者市场相比，比例仍然是很低的，这种情况同样在短期内也难以转变。[①]

此外，从消费者的角度来看，在 B2C 电子商务，包括网络媒体的 B2C 电子商务中，消费者权益受到侵害的例子并不在少数，这表明现在网上购物的消费者权益并没有得到切实充分的保护。要使消费者放心接受 B2C 电子商务，还存在以下几方面的问题[②]：

1. 知情权难以保证。知情权是消费者应有的一项基本权利。《消费者权益保护法》第八条明确规定："消费者享有知悉其购买、使用的商品或者接受的服务的真实情况的权利。消费者有权根据商品或者服务的不同情况，要求经营者提供商品的价格、产地、生产者、用途、性能、规格、等级、主要成分、生产日期、有效期限、检验合格证明、使用方法说明书、售后服务，或者服务的内容、规格、费用等有关情况。"然而上网购物时，消费者获取信息的范围是有限的，它并不像传统购物时能看到、摸到真实立体的商品，并向售货员详细打听有关商品的基本情况。此时的消费者只能从网上提供的内容中获取有关商品的部分信息，看到的充其量也就是一张或几张关于商品的平面照片。因此，网上购物的消费者一般对商品信息的了解都是缺失的。

---

① 阿拉木斯：《关于电子商务与中国发展电子商务的若干思考（上）》，见中国电子商务法律网（www.chinaeclaw.com）。

② 曹文婷：《网上购物，是痛？还是快乐？——从网上购物看消费者权利的保护》，见中国电子商务法律网（www.chinaeclaw.com）。

2. 格式合同的制约。《消费者权益保护法》第二十四条规定："经营者不得以格式合同、通知、声明、店堂告示等方式做出对消费者不公平、不合理的规定，或者减轻、免除其损害消费者合法权益应当承担的民事责任。"由于网上购物的特殊性，格式合同不可避免地成了消费者和经营者达成合意的必要环节。现在的问题是经营者往往利用特权制定一些又长又复杂甚至危害消费者权利的条款，有时为逃避责任还会使用一些模棱两可的语言，一旦出了问题会以此为自己辩解。消费者有时为了图省事不会仔细阅读每一条款，有时就算读了也很有可能领会不到其中的微妙之处，即使发现有什么可疑的地方但为了及时买到所需商品也无暇顾及，因此，有时一个"我同意"的点击会给消费者带来了购物后一系列的麻烦。

3. 退货困难。《消费者权益保护法》第二十三条规定："经营者提供商品或者服务，按照国家规定或者与消费者的约定，承担包修、包换、包退或者其他责任的，应当按照国家规定或者约定履行，不得无故拖延或者无理拒绝。"可是网上购得的货物想要退掉并不是件容易的事，经营者往往找种种理由拒绝退货。有时甚至直接在格式合同中明文规定某些商品不得退货。就是退货范围内的商品，按经营者的烦琐规定也根本无法退换。

4. 无人问津的售后服务。许多网民表示，网上购物的售后服务较差，有时商品出了问题经营者能推则推，就算有售后服务也只是表面应付一下，许多问题根本得不到实质解决。

综上所述可见网络媒体 B2C 电子商务是一把"双刃剑"，趋利避害需要多方面的共同努力。比如消费者自身要有一定的警惕意识，购物前应该仔细阅读购物条款，对购物凭证应妥善保留等；网络媒体电子商城应本着对消费者负责的原则，努力提高自己的诚信指数；政府则可以借鉴传统消费市场对消费者权益的保护经验，对网上购物实行统一监管等。在所有确保我国网络媒体 B2C 电子商务顺利发展的举措中，尽快建立完备的网上购物消费者权利保护体系应属重中之重，我们只有将网上购物中出现的一些新法律问题、新法律关系及时纳入我国消费者法律保护的体系中，有效地调整在网上购物中产生的一切行为，才能使广大网上消费者的合法权益得到保障，从而确保网络媒体 B2C 电子商务的长远发展。

我国现有法律规定对网上购物消费者权益的法律保护条文散见于《民法通则》、《合同法》、《消费者权益保护法》、《电信条例》等法律法规中，但大多内容散乱，可操作性不强，远不能达到保护消费者的目的。这一切都需要加快立法速度，在参考国外先进立法经验的基础上于时机成熟时制定一部适合于我国

国情的电子商务法典。当然这是一个渐进的过程，前提是必须对我国现有立法进行完善，同时针对现在网络媒体 B2C 电子商务存在的问题应当及时做出反应，在相关制度、政策方面可以做一些有益的探索，结合上文中关于网络媒体 B2C 电子商务表现出的不足，我们可以做一下准备工作①：

1. 为确保消费者知情权最大限度的实现，除现有法律中的规定外，还应当在法律中明确规定对信息披露的具体形式，比如对有关商品或服务的重要信息应该放在介绍该商品或服务的主页上，对于其他一般信息则可以放在经链接才能显示的页面上。对于商品的正常使用方法如果在网上不能明确表达的，应当在货物实际交付给消费者时明确告知。同时，对于网页上显示的有关产品的图片信息必须真实，必要时应当包括多角度多方位拍摄的图片。此外，颜色也是很重要的信息，因此图片中所反映的色彩应当尽量真实，如不能完全做到一致的应有明确说明。

2. 对于格式合同的效力问题应当作必要的限制与说明。《天津市消费者权益保护条例》（草案）（征求意见稿）第十五条规定："经营者使用合同格式条款与消费者达成合意的，应当符合《中华人民共和国合同法》的有关规定；使用格式条款故意逃避其责任或者限制消费者权利的，其格式条款无效。"当然，在这个问题上的主要突破口应该是《合同法》。

3. 在退货的问题上，除了食品、卫生品等消耗性商品和录音录像制品外，其余的商品在出现质量问题时消费者有权要求退货。但是，消耗品超出安全保质期的除外，录音录像制品在不符合国家有关正版规定的情形下除外。因此，在这一问题上传统退货的规定有必要作进一步的完善，在维护消费者权益与保护商家利益两者之间找到适度的平衡。

本章主要概念回顾

电子商务　B2C 电子商务　EDI　达维多定律

---

① 曹文婷：《网上购物，是痛？还是快乐？——从网上购物看消费者权利的保护》，见中国电子商务法律网（www.chinaeclaw.com）。

思考题

  1. 请简要叙述电子商务的优劣势。

  2. 请结合我国网络媒体的几种类型，简要描述每一种类型的电子商务模式。

  3. 请展开思考一下，除了目前的电子商城形式以外，我国网络媒体的电子商务未来还会有什么新的发展趋势。

  4. 我国网络媒体的电子商务目前存在什么样的缺陷？

  5. 试任选一个网络媒体，评述其电子商务发展的现状及其不足。

参考文献及网站

一、参考文献

1. 闵大洪等：《网络媒体》，北京：北京广播学院出版社，2001年。

2. 匡文波：《网络媒体概论》，北京：清华大学出版社，2001年。

3. 刘连喜主编：《崛起的力量》，北京：中华书局，2003年。

4. 仲志远：《网络新闻学》，北京：北京大学出版社，2002年。

5. 雷健著：《网络新闻》，成都：四川科技出版社，1999年。

6. 董天策主编：《网络新闻传播学》，福州：福建人民出版社，2003年。

7. 郑晓明主编：《人力资源管理导论》，北京：机械工业出版社，2005年。

8. 刘宏：《中国传媒的市场对策》，北京：北京广播学院出版社，2001年。

9. 章平：《战略传媒：分析框架与经典案例》，上海：复旦大学出版社，2004年。

10. 邵培人、陈兵：《媒介战略管理》，上海：复旦大学出版社，2003年。

11. 王巍、吕发钦：《网络价值评估与上市》，北京：经济科学出版社，2000年。

12. 徐世平主编：《网络新闻实用技巧》，上海：文汇出版社，2002年。

13. 陈彤、曾祥雪：《新浪之道：门户网站新闻频道的运营》，福州：福建人民出版社，2005年。

14. 杜骏飞主编：《中国网络新闻事业管理》，北京：中国人民大学出版社，2004年。

15. 赵曙光、耿强：《网络媒体经营战略》，北京：新华出版社，2002年。

16. 张海鹰、藤谦编：《网络传播概论》，上海：复旦大学出版社，2001年。

17. 邓炘炘：《网络新闻编辑》，北京：中国广播电视出版社，2005年。

18. 何苏六等：《网络媒体的策划与编辑》，北京：北京广播学院出版社，2001年。

19. 冯英健：《Email营销》，北京：机械工业出版社，2003年。

20. 张小蒂、倪云虎：《网络经济》，北京：高等教育出版社，2002年。

21. 张泉馨、王凯平主编：《网络营销理论与实务》，济南：山东人民出版社，2003 年。

22．巢乃鹏、杜骏飞：《网络广告原理与实务》，福州：福建人民出版社，2005 年。

23．闵大洪：《数字传媒概要》，上海：复旦大学出版社，2003 年。

24．吴廷俊：《科技发展与传播革命》，武汉：华中科技大学出版社，2002 年。

25．匡文波：《网民分析》，北京：北京大学出版社，2003 年。

26．唐·泰普斯科特著，陈晓开等译：《数字化成长——网络时代的崛起》，沈阳：东北财经大学出版社，1999 年。

27．查克·马丁著，孟祥成等译：《数字化经济》，北京：中国建材工业出版社，1999 年。

28．卡奈姆·切斯等著，查川江等译：《网络事业圣经》，北京：中华工商联合出版社，2000 年。

29．帕特里西亚·华莱士著，谢影等译：《互联网心理学》，北京：中国轻工业出版社，2001 年。

30．布赖恩·卡欣、哈尔·瓦里安编：《传媒经济学》，北京：中信出版社，2003 年。

31．约翰逊、斯科尔斯：《公司战略教程》，北京：华夏出版社，1998 年。

32．里查德·L·达夫特著，李维安等译：《组织理论与设计精要》，北京：机械工业出版社，2005 年。

33．菲利普·科特勒著，梅汝和等译：《营销管理：分析，计划与控制》，上海：上海人民出版社，1990 年。

34．卡尔·夏皮罗、哈尔·瓦里安著，张帆译：《信息规则：网络经济的策略指导》，北京：中国人民大学出版社，2000 年。

35．M·珀特著，陈小悦译：《竞争战略》，北京：华夏出版社，1997 年。

36．F·赫塞尔本等：《未来的组织》，成都：四川人民出版社，1998 年。

37．迈克尔科特，加里哈默：《未来的战略》，成都：四川人民出版社，2000 年。

38．爱德华·赫尔曼、罗伯特·麦克切斯尼：《全球媒体——全球资本主义的新传教士》，天津：天津人民出版社，2001 年。

39．S·P·罗宾斯：《管理学》，北京：中国人民大学出版社，1997 年。

40．洛丝特著，孙健敏等译：《人力资源管理》，北京：中国人民大学出版社，2000 年。

41．R·泽夫、B·阿隆森著，北京华中兴业科技发展有限公司译：《Internet 广告实战策略》，北京：人民邮电出版社，2001 年。

42. 菲利普·科特勒：《营销学原理（第五版）》，北京：机械工业出版社，1991 年。

43. 欧文·B·塔克著，秦熠群译：《现代微观经济学》（第二版），北京：中信出版社，2003 年。

44. 布拉德利·希勒著，豆建明等译：《当代微观经济学》（第八版），北京：人民邮电出版社，2003 年。

45. 沃德·汉森著，成湘洲译：《网络营销原理》，北京：华夏出版社，2001 年。

46. 艾露斯·库佩著，时启亮等译：《网络营销学》，上海：上海人民出版社，2002 年。

47. 加里·P·施奈德著，成栋、韩婷婷译：《电子商务》，北京：机械工业出版社，2004 年。

48. 戴维·冈特里特著，彭兰等译：《网络研究——数字化时代媒介研究的重新定向》，北京：新华出版社，2004 年。

49. 埃瑟·戴森著，胡泳等译：《2.0 版，数字化时代的生活设计》，海口：海南出版社，1998 年。

50. 凯文·凯利著，萧华敬等译：《网络经济的十种策略》，广州：广州出版社，2000 年。

51. 钱伟刚：《第四媒体的定义和特征》，《新闻实践》，2000 年第 7、8 合期。

52. 雷跃捷、金梦玉、吴凤：《互联网的概念、传播特性现状及其发展前景》，《现代传播》，2001 年第 1 期。

53. 吴佶：《网络新闻报道比较研究——以 SARS 新闻报道为例》，南京大学新闻传播学院本科毕业论文，2003 年。

54. 巢乃鹏：《试论媒体网站的发展战略》，《新闻知识》，2003 年第 5 期。

55. 曾励：《品牌营销：中国新闻网站做强做大的必由之路》，《新闻学写作》，2004 年第 2 期。

56. 刘一丁：《国有企业资本运营研究》，东北财经大学博士论文，1998 年。

57. 陈彤：《网络媒体现状与新浪网的网络媒体实践》，2004 年中国网络传播学年会演讲稿。

58. 刘学：《中国网络新闻媒体研究》，《新闻与传播研究》，2002 年第 1 期。

59. 徐世平：《旗帜鲜明地表明我们的价值观——对网络新闻传播的新思考》，《新闻记者》，2001 年第 8 期。

60. 周科进：《网络媒体表现形式的集大成者：网络专题》，新闻战线，2004 第 6 期。

61. 张瀛仁：《台湾网络新闻媒体经营要素之研究》，硕士论文，2002 年。

62. 汪永东，许明峰：《加强通信短信息管理·规范短信市场发展》，《通信管理与技术》，2004 年第 1 期。

63. 孙旭培：《新闻投融资体制创新论》，《新闻界》，2001 年第 2 期。

64. 高福安、余璇：《市场经济条件下媒体经营管理思路》，《现代传播-北京广播学院学报》，1999 年第 6 期。

65. 程世寿、熊聪茹：《我国产业化媒体经营管理模式与组合模式浅析》，《当代传播》，2000 年第 3、4 合期。

66. 钟扬、叶海滨：《网络环境下媒体的人力资源能力建设》，《金华职业技术学院学报》，2002 年 3 期。

67. 虞宝竹：《媒体人力资源开发例证》，《新闻知识》，2003 年第 5 期。

68. 高梅：《媒体人力资源管理理念更新和机制创新的几点思考》，《电视研究》，2004 年第 3 期。

69. 郭乐天：《互联网虚假信息的控制与网络舆情的引导》，《新闻记者》，2005 年第 2 期。

70. 葛昀：《关于香港电视媒体新闻管理的借鉴》，《新闻大学》，2000 年第 2 期。

71. 赵晨妤：《新闻媒体广告的经营与管理》，《中国记者》，1997 年第 3 期。

72. 乔焱林：《系统方法在媒体广告经营中的运用》，《新闻前哨》，1998 年第 2 期。

73. 倪玮：《信息类媒体的广告经营策略》，《出版发行研究》，2003 年第 8 期。

74. 颜景毅：《加入 WTO 后的媒体广告经营新策》，《郑州大学学报（哲学社会科学版）》，2001 年第 6 期。

75. 黄绍平：《现代化销售及信息媒体——电子商务》，《机电新产品导报》，1998 年第 Z6 期。

76. Barney. Jay. *Firm Resources and Sustained Competitive Advantage. Journal of Management*，1991，17（1）。

77. Prahalad. C. K. and Gary Hamel. *The Core Competence of the Corporation. Harvard Business Review*，1990，May-June

二、参考网站

1. 南方网　（www. southcn. net)

2. 媒中媒网　（www. mediaok. net)

3. IT 经理世界　（www. ceocio. com. cn)

4. 博客中国　（www. blogchina. com)

5. 新浪网　（www. sina. com. cn)

6. 成都大成网　（www. cddc. com. cn)

7. 中华传媒网　（www. mediachina. net)

8. 中国新闻传播学评论　（www. cjr. com. cn)

9. 东方网　（news. eastday. com)

10. 天极网　（www. chinabyte. com)

11. 艾瑞市场咨询　（www. iresearch. com. cn)

12. 网上营销新观察　（www. marketingman. net)

13. 传媒网　（www. wowa. cn)

14. 中国电子商务法律网　（www. chinaeclaw. com)

15. 中国互联网络信息中心　（www. cnnic. net. cn)

16. 紫金网　（www. zijin. net)

17. 传媒观察　（www. chuanmei. net)

18. 网络传播研究网　（www. cmcrc. com. cn)

19. 五洲传媒　（www. cn5c. com)

20. 中国网络传播研究　（www. chinacr. com)

21. 神州学人网　（www. ce. cn)

22. 新华传媒工场　（www. xinhuaonline. com)

23. 京华传媒网　（www. jhcm. com)

24. 慧聪报刊资讯网　（www. media. sinobnet. com)

25. 华文报刊网　（www. chinesebk. com)

后　　记

　　1987 年，美国加利弗尼亚州的《圣何塞信使报》将其报纸内容尝试性地放到了互联网，开辟了网络媒体的新纪元。自此以后，网络媒体一直处于飞速发展的历程中，其社会影响也日益深远。

　　然而，不可否认的是，20 年的风雨远远不足以形成人们心目中完美的网络媒体形态，网络媒体也还远远无法承载人类所赋予它的深刻使命。对于当前的网络媒体来说，需要进一步改良和完善的地方显然还有很多，这其中当然包括网络媒体自身的经营与管理。这本教材的写作也正是基于这种思考，在其他条件都稳定发展的情况下，制约网络媒体的一个重要因素就是如何更好地拓展和利用自身战略资源，加强自身的经营与管理，以取得更好的市场优势。

　　在编著本书的过程中，编写者充分感受到了这项工作的艰巨性。虽然本书的编写者中既有从事过传媒产业研究的学者，也有正在网络媒体从事经营管理工作的业者，但本书的编写难度仍然出乎所有编写人员的意料。其中所遇到的最大的两个困难是：首先，"网络媒体"这一概念是有专指性的，与网站概念有明显不同，因此普通的网站经营与管理思路只能作为参考，而不能全盘照搬；其次，"网络媒体经营与管理"这个概念又意味着必须要能成功地将工商管理学中有关知识与网络媒体的实际情况有机的结合，而不是"两张皮"的运用。为此，编写人员广泛地参考和利用了新闻传播、工商管理等领域大量相关论著和期刊论文，访问了大量相关的业界和学界的学术站点，对其中许多具有教学价值的材料及观点作了力求全面的介绍和引述。然而即便如此，在本书现有版本完成之时，上述两大难题仍然没能得到很好的解决，这很大程度上是因为知识水平或实践经验的不足而导致的，但让编写者感到欣慰的是，毕竟我们迈出了第一步。我们同时非常冀望读者能够在阅读此书的过程中为我们指出不足，提供更多的思路，以使本书在重印和再版时能够有所改进。惠函请致：江苏南京，南京大学新闻传播学院，网络传播研究中心（邮编 210093），或请发电子邮件至：cmcrc@nju.edu.cn。

　　本书编撰、修订工作的承担者如下：全书纲目结构和编撰计划由巢乃鹏、李海权拟订。第一章：黄娴执笔，巢乃鹏修订。第二章：巢乃鹏、郝剑斌执笔。第三章：巢乃鹏执笔。第四章：王斌执笔，巢乃鹏修订。第五章：王斌执笔，巢乃鹏修订。第六章：李海权、巢乃鹏执笔。第七章：李海权执笔。第八章：吕孟旦执笔，巢乃鹏修订。第九章：吕孟旦执笔，巢乃鹏修订。第十章：桑蕴倩执笔，巢乃鹏修订。第十一章：徐笑古执笔，巢乃鹏修订。文中注释校对、附录、参考文献由黄娴、吕孟旦、李赫然、巢乃鹏编定。

感谢南京大学新闻传播学院方延明教授、丁柏铨教授、段京肃教授、刘源教授、杜骏飞教授对本书的关心和支持。

感谢教育部人文社会科学研究规划基金项目"中国网络广告业的运营现状及发展对策"及南京大学文科基金项目"中国网络媒体：产品差异化战略研究"对本书的支持，使编写者能有机会进行大量的文献检索和调研。感谢福建人民出版社所给予的信任，特别要感谢魏芳编辑，她的敬业精神是我们勤勉工作的动力源泉。

巢乃鹏

于南京大学网络传播研究中心

2006 年 7 月 2 日

图书在版编目（CIP）数据

网络媒体经营与管理/巢乃鹏主编．－福州：福建人
民出版社，2007.1
大学新闻专业网络传播教材
ISBN 978-7-211-05366-7

Ⅰ．网…　Ⅱ．巢…　Ⅲ．计算机网络－传播媒介－
经济管理－高等学校－教材　Ⅳ．G206.2

中国版本图书馆 CIP 数据核字（2006）第 092304 号

大学新闻专业网络传播教材

网络媒体经营与管理

WANGLUO MEITI JINGYING YU GUANLI

巢乃鹏　主编

*

福建人民出版社出版发行

（福州市东水路 76 号　邮编：350001）

三明地质印刷厂印刷

（三明市富兴路 15 号　邮编：365001）

开本 730 毫米×990 毫米　1/16　20.75 印张　2 插页　362 千字

2007 年 1 月第 1 版

2007 年 1 月第 1 次印刷

印数：1－2000

ISBN 978-7-211-05366-7/定价：31.50 元

本书如有印装质量问题，影响阅读，请直接向承印厂调换。